U0184704

淤泥质海岸带
生态修复技术与工程案例

主 编

顾宽海 谢立全 刘 磊 徐 俊

副主编

肖 望 刘 勋 刘 芳

上海科学技术出版社

内 容 提 要

本书基于淤泥质海岸带的地形特征与生态环境特点，着重论述淤泥质海岸带生态修复工程的设计理论与技术方法，归纳相关施工工艺及管护方法，并详细剖析了四个典型淤泥质海岸带生态修复工程案例，总结海岸带生态湿地、海岸带生态廊道、海岸侵蚀修复及人工沙滩、海岸带污染治理、微地形塑造等淤泥质海岸带生态修复工程技术的新成果与发展趋势。

本书由专业设计人员与高校教师合作编著，这不仅加深了理论与实践的结合，也有利于一些工程实际问题的解决，可以给从事淤泥质海岸带生态修复工程的设计、施工人员提供很好的参考借鉴。

图书在版编目（CIP）数据

淤泥质海岸带生态修复技术与工程案例 / 顾宽海等主编. -- 上海 : 上海科学技术出版社, 2024.3
ISBN 978-7-5478-6544-6

Ⅰ. ①淤… Ⅱ. ①顾… Ⅲ. ①淤泥质海岸－海岸带－生态恢复－案例 Ⅳ. ①P737.12

中国国家版本馆CIP数据核字(2024)第048310号

淤泥质海岸带生态修复技术与工程案例

主　编　顾宽海　谢立全　刘　磊　徐　俊
副主编　肖　望　刘　勋　刘　芳

上海世纪出版(集团)有限公司
上 海 科 学 技 术 出 版 社　出版、发行
(上海市闵行区号景路 159 弄 A 座 9F - 10F)
邮政编码 201101　www.sstp.cn
苏州工业园区美柯乐制版印务有限责任公司印刷
开本 787×1092　1/16　印张 12.75
字数：290 千字
2024 年 3 月第 1 版　2024 年 3 月第 1 次印刷
ISBN 978 - 7 - 5478 - 6544 - 6/X・68
定价：128.00 元

前 言

海岸带作为海洋与陆地交界的狭窄过渡带，拥有丰富的自然资源、特殊的环境条件和良好的地理位置，这使其成为人地矛盾最多、生态环境压力最大的地带。海岸生态带属于具有特定自然条件的复杂生态系统，生物多样性丰富，生产力和经济潜力极高，往往能提供多种重要的生态系统服务功能，包括防风减浪护岸、碳储存、为动植物提供生境、水质净化与污染控制等。但同时，海岸生态带也是世界上最具生态敏感性、最脆弱的生态系统之一，在农业开发、水产养殖、港口建设、石油开采等人类活动之下，生态带面积萎缩、生态功能退化、物种多样性衰减等生态环境问题产生，严重威胁区域和国家的海洋生态安全。其中，淤泥质海岸带的生态环境问题尤为突出。

淤泥质海岸带在我国分布广泛，主要分布于辽河三角洲、渤海湾至莱州湾、海州湾至浙江中部、福建中部、广东珠江三角洲与广西钦州湾，但是在人类活动的影响下，分布发生了巨大的改变。我国淤泥质海岸带岸线长度的占比从 20 世纪 40 年代占我国大陆岸线 50%锐减至 8%，原有自然海岸逐渐被人工海岸所取代。淤泥质海岸生态系统所具有的类型多样性与生态水文过程复杂性由其滨海特点所决定，完全不同于陆域生态系统。以往基于陆域生态系统的保护规划与格局优化理论不能适用于滨海淤泥质海岸生态系统保护规划的理论和实践，因此迫切需要建立适用于宏观尺度下陆海统筹的生态保护、修复理论和方法构架。该理论方法构架应综合考虑对海岸带生物多样性、生态多维连接性和生态系统服务功能等多目标的保护与修复，通过不同目标之间和保护水平的权衡，构建海岸生态带生物多样性和生态系统服务功能整体优化的保护和修复格局。

当前，海岸带保护与生态修复已成为国内外关注的热点之一。2018 年 10 月 10 日，习近平总书记主持召开中央财经委员会第三次会议，专题研究提高我国自然灾害防治能力，并指出要针对关键领域和薄弱环节，推动建设若干工程。通过科学规划保护与修复区域，确定海岸带保护和修复关键格局，继而对海岸带区域社会经济活动进行合理的空间管控，促进海岸带生态系统结构与功能的持续改善与健康发展，已成为学术界和管理者的共识。海岸带保护与修复空间规划涉及局域、区域（流域）和国家等不同空间尺度，尤其是涉及珍稀鸟类迁徙的海岸生态带保护，其所涉及的空间尺度需要大一些。总体而言，局域尺度多关注具体技术措施、潜在生态影响和环境风险等，比如通过地形塑造优化提升生物栖息地质量；通过对退化植被与土壤进行修复，改善海岸带生态系统服务功能、降低海岸带区域生态环境风险等。

基于现状的水文-土壤-生物等海岸带生态系统组成结构要素优化，难以考虑未来人类社会经济活动不确定性带来的各种影响，特别是在此背景下如何权衡同一时空条件下海岸带保护修复与人类社会经济活动对海岸带资源的需求矛盾。为实现淤泥质海岸生态修复的韧性设计，本书注重淤泥质海岸各类生态系统自身的生态恢复与减灾协同，结合工程案例，强化了不同类型的海岸整治修复技术，初步形成了类型齐全、内容完整、技术相对完善的淤泥质海岸带生态保护修复技术体系，为淤泥质海岸带生态保护与修复的设计、施工人员提供参考。本书具有以下特点：

（1）全书章节按淤泥质海岸生态带的概述与生态问题，以及生态湿地、生态廊道、侵蚀海岸及人工沙滩、海岸带污染治理的修复技术和工程典型案例的顺序进行编写。

（2）主要遵循海岸带修复的国家相关政策和要求，包括《中华人民共和国海洋环境保护法》、《海滩养护与修复技术指南》（HY/T 255—2018）、《堤防工程设计规范》（GB 50286—2013）、《海堤工程设计规范》（GB/T 51015—2014）。

（3）对于淤泥质海岸生态带的修复技术，在生态湿地和生态廊道的建设过程中，微地形塑造是一种重要而应用广泛的工程技术，第6章增加了该技术的介绍，有助于读者对淤泥质海岸生态带修复设计方法的理解把握。

（4）为了理解淤泥质海岸带生态修复技术方法，第7章结合工程案例对此进行了分析。

（5）参考了淤泥质海岸生态带修复的国内外最新研究成果，也融入了编者的研究成果与设计经验。

全书由顾宽海统稿，编写人员具体分工如下：第1章由顾宽海、谢立全、刘磊、周旋编写；第2章由宋厚燃、肖望、顾雯叶、张嵩云、李小虎、谢立全、黄家坪编写；第3章由汤俐、刘芳、朱爱华、唐慧燕、曹永勇、刘艳双、杨维阔、顾宽海编写；第4章由朱晔慧、徐俊、周松泽、刘勋、谢立全、寇佳、赵旋、刘万龙编写；第5章由刘成军、宋厚燃、刘磊、顾宽海、谢立全、王建军、孟瑞编写；第6章由李海玲、顾宽海、肖望、刘成强、闫虹、冯光瑞、李俊林、谢立全编写；第7章由周松泽、王家宁、宋厚燃、阮晓波、田鹏、沈伟学、徐俊、彭玮、顾宽海编写。

本书在编写过程中得到了中交第三航务工程勘察设计院有限公司、连云港金海岸开发建设有限公司、同济大学、中交天津航道局有限公司等单位科研人员的大力支持和帮助，同济大学研究生俞月林、李文麟、吴亚玮、金玉童和季一帆为本书的文稿整理和绘图做了大量工作，特此表示感谢。

本书虽经多遍审阅校核，可能还存在不妥、疏漏甚至谬误之处，恳请读者批评指正。

编 者

2024年1月

目 录

第 1 章

绪　论

我国作为海洋大国，拥有丰富的海岸资源，其中大陆海岸线超过 18 000 km，海岛岸线超过 14 000 km。海岸是一种具有高价值、多功能、稀缺的自然资源，在经济服务（比如港口航运、旅游娱乐）、生态服务（比如生物繁殖及物种保护、污染净化）、文化服务（比如景观欣赏、休闲娱乐）、灾害防御（比如防浪挡潮、防洪排涝）等方面均作用巨大，沿海地区的经济发展、社会稳定与海岸的可持续发展和利用密切相关。沿海省市居住着全国 40%以上的人口，2022 年全国海洋生产总值 94 628 亿元，占国内生产总值的 7.8%。

海岸带（coastal zone）是海洋和陆地相互作用的带状区域，包括海岸线向陆域拓展的陆地部分和向海域延伸的近岸海域。根据地貌特征的不同，海岸带主要分为淤泥质海岸、砂砾质海岸、基岩海岸和生物海岸。我国海岸带涉及沿海 11 个省（区、市）的 54 个地级以上城市以及港澳台地区，集中了全国 30%的大中城市、近 20%的人口和 35%的 GDP 总量，是我国城镇化程度最高、人口密度最大、经济最发达、工程建设活动最强烈的地区。海岸带同时也是生态环境脆弱带，滨海湿地退化、海岸侵蚀淤积、水土污染、海水入侵等环境问题突出，红树林、珊瑚礁、海草床、动植物等生物多样性被破坏，地震、海啸、风暴潮、地质灾害等自然灾害频发。相比之下，淤泥质海岸带物种资源更为丰富，受人类活动影响更为剧烈，因而其生态也更为脆弱，面临着更为严峻的生态环境问题。

淤泥质海岸带多是通过河流携带丰富的粉砂和黏土等堆积并受强盛的潮流作用冲淤而成，主要由淤泥、粉砂、黏土等细颗粒物质组成，岸线平直且潮滩发育、潮间带广阔。我国主要分布地位于渤海湾西岸、江苏省的淤泥质平原以及辽东和东南沿海部分淤泥质港湾等，岸线长度约 4 000 km。近几十年以来，淤泥质海岸经过了围海造田活动、围塘养殖、城市化、港口码头建设及开发区的建设等阶段变化，海岸线不断向海推进，大规模的人类活动改变了海岸自然形态，给海岸环境带来了巨大的挑战。淤泥质海岸带生境退化、岸线人工化、水质恶化、生物多样性被破坏等问题日趋严峻，因此为保障淤泥质海岸带的可持续发展与利用，必须及时维护和改善生态环境质量，提升生态服务功能，增强对海洋经济发展的支撑作用，推进淤泥质海岸带的生态修复。海岸带的生态修复涉及生态学、规划学、海岸动力学、环境工程学、工程管理等多门学科，其修复技术复杂且综合性强，亟需一本内容全面、应用方便、能充分反映当前淤泥质海岸带生态修复技术水平和经验的专著，给相关设计、施工人员提供一个内容丰富、实用好用的工程设计、施工和管理的强有力工具。

1.1 淤泥质海岸的主要生态问题

海岸带既是受陆地影响的海洋部分，又是受海洋影响的陆地部分，因此其生态发生改变的诱发因素众多，作用机制也很复杂。气候变化、大气 CO_2 浓度升高、养分过多输入、化学污染、泥沙输入减少、土地复垦、围填海等正在从根本上改变海岸海洋化学，其变化速率在全球尺度上远远超过早期和近期的生态学记录。我国海岸带出现的生态环境问题(图 1-1)，有的源于陆地，有的源于海洋，形成于陆海相互作用过程之中，受到人类活动与气候变化双重影响(图 1-2)。特别是当前的人类社会经济活动，给海岸带生态环境带来了空前的压力，使海岸带成为我国乃至全球三大生态环境脆弱带之一，主要表现在自然海岸线消失过快、滨海湿地面积大幅萎缩、海岸侵蚀严重、水体和沉积物污染、海水入侵、极端风暴潮灾害、海平面上升、海域富营养化、微塑料污染等方面。

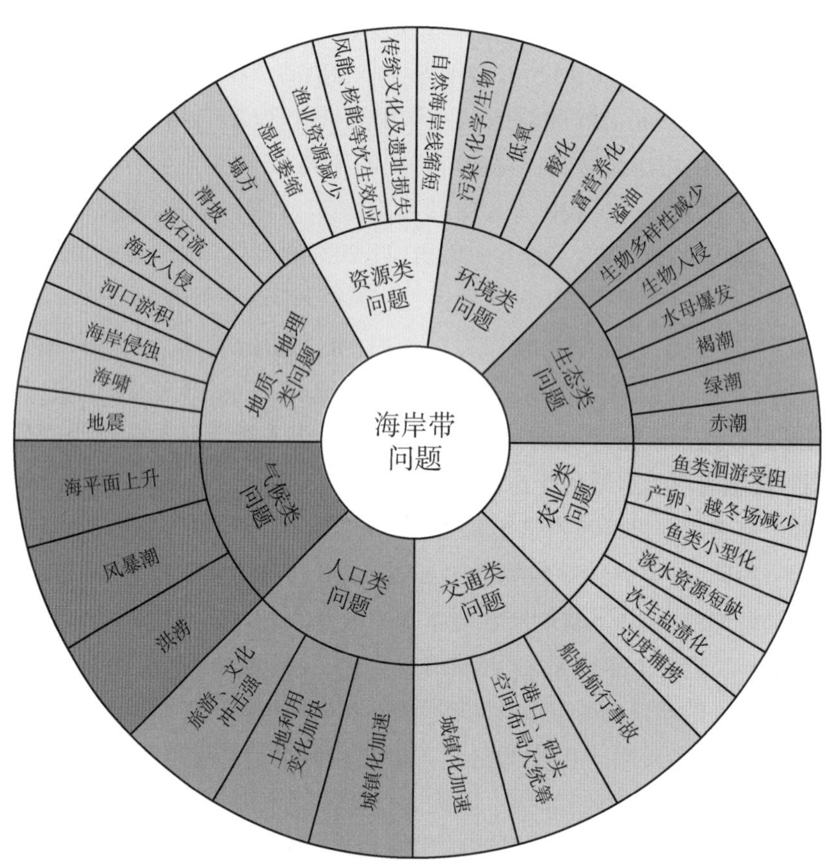

图 1-1　我国海岸带问题综合示意图

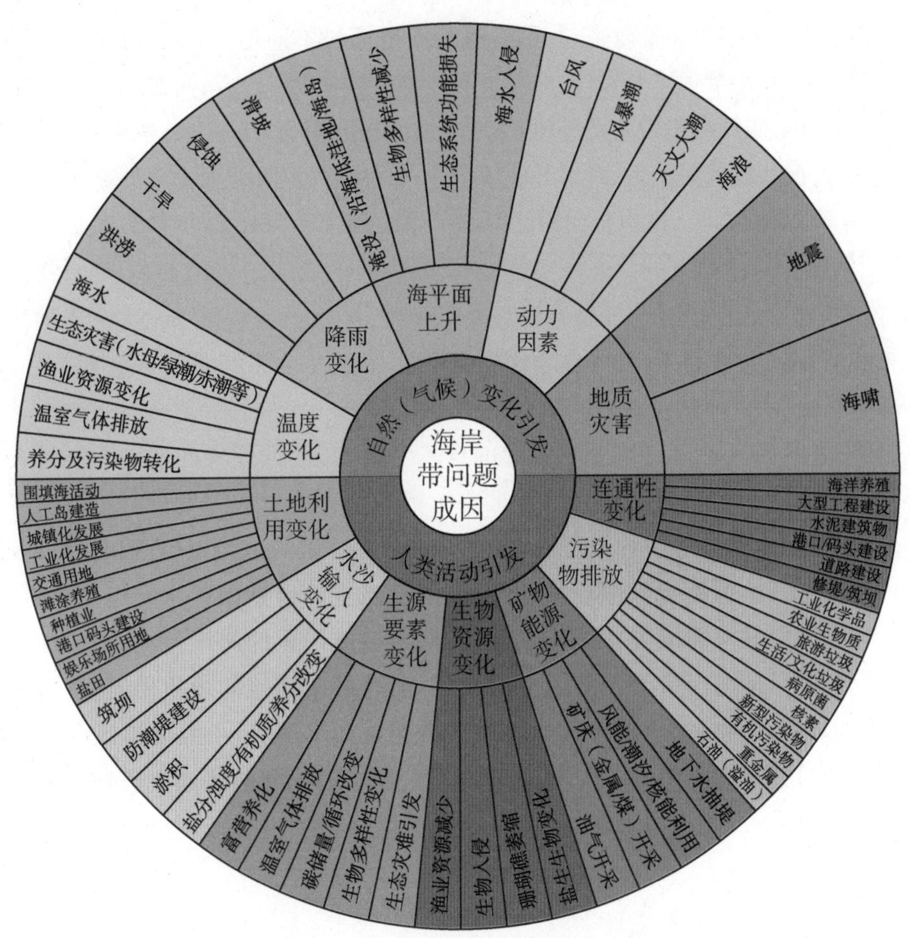

图 1－2　我国海岸带问题成因集成示意图

1）自然岸线消失过快，导致生态格局被破坏

自然岸线是由受人类活动影响较小的海陆相互作用形成的岸线，是一种可以造福人类的资源，是一种独特、有价值、不能替代的资源，为维持生态安全、地球稳定性提供基础，对海水的涨潮落潮起到缓冲作用。基于 2017 年海岸带岸线统计数据，自然岸线长度占比从 20 世纪 40 年代占我国大陆岸线 50％锐减至 8％，原有自然岸线逐渐被人工岸线所取代。人工岸线在消浪减灾方面起到了十分重要的作用，具有积极的社会服务功能，但其结构设计和材料使用往往采用大量钢筋混凝土或抛石等硬质材料，未兼顾生态友好性，忽视了其对海陆能量和物质交换的阻隔作用及生态方面的影响，破坏了海岸带生态系统的完整性，导致海岸带生态空间破碎化，生态系统损失严重，蓝碳储量及增汇潜力也大幅度降低。

2）滨海湿地面积大幅萎缩，导致生态服务功能下降

滨海湿地是海岸带生态系统的一个重要组成部分，具有很高的综合价值和强大的生态服务功能，可为近岸和浅水生物资源提供大量的营养物质，并实现防潮护岸、涵养水分、降解污染、维持区域生态平衡、提供旅游资源等功能。然而，人类的大量开发活动导致了湿地的面积萎缩，生境丧失、斑块化、破碎化，水动力条件紊乱和生物多样性严重被破坏等一系列问

题。据不完全统计，自1980年以来，我国沿海围填海面积不断增加，达到了近千万亩。一些沿海地区围填海呈现为规模增长过快、海域资源利用粗放，严重侵占滨海湿地、河口、海湾、滩涂等重要生物栖息地，破坏海岸带生态环境，引起周边海洋沉积动力的突变，也面临严重的工后地质灾害隐患。目前我国滨海湿地、红树林破坏严重，累计丧失滨海滩涂湿地约220万 hm^2，约占现存滨海湿地面积的37%。红树林面积已由40年前的4.2万 hm^2 减少到不足1.5万 hm^2。

由于围填海和滩涂养殖的大规模实施，不仅减少了滨海湿地生境面积，而且改变了近岸水动力，加剧了海岸线侵蚀。这极易导致鱼类产卵场、育幼场和索饵场发生严重的生态环境破坏，底栖生物多样性被破坏，水体自净化功能降低，致使生态系统服务功能整体性下降。

3）海岸侵蚀加剧，导致滩涂减少

海岸是一种具有高价值、多功能、稀缺的自然资源，其侵蚀现象的发生不仅与人为因素相关，还与自然因素密不可分。人为因素主要包括不合理的岸线开发、围填海、入海河流上游的水坝建设与调水调沙等多种人类活动，使得向下游输送的水沙减少，引起河口及近海水动力和沉积环境变动，最终导致海岸侵蚀加剧、滩涂减少。自然因素主要包括风暴潮、海啸等作用，天气系统引起海面的异常升降，会在短期内造成严重的海岸侵蚀，水位极速上升叠加局部波能集中等，使海岸带潮流波浪作用增强，加速海岸潮滩的物质损失，从而引起海岸侵蚀。据统计，近几十年来，全国大部分开敞式淤泥质海岸遭受侵蚀，河口区及岛屿尤为严重，海岸侵蚀或滑坡导致滩涂资源丧失，使得沿海公路、农田、建筑等遭受破坏。入海河口的海岸不稳定或淤积不仅影响海上交通，而且加剧了滨海城乡洪涝灾害，导致海水淡化、取水口变迁等重大损失。

4）海岸带水体和沉积物污染严峻，人类健康受到威胁

近年来，近岸海洋环境污染呈现立体、复合污染的新趋势。渤海沿线、长江三角洲和珠江三角洲的近岸水域严重污染，陆源污染物排海总量仍在不断攀升，严重污染水域面积不断扩大，对海洋生态环境影响日益严重。研究表明，重金属、放射性废弃物、有机物质及营养盐会在沉积中聚集并随沉积物运移，容易产生二次污染，并会对环境产生持续性的危害。同时，近岸海域营养盐结构失衡，导致有害藻华频发。2021年，我国海域共发现赤潮高达58次，大面积赤潮集中在渤海湾、长江口外和浙江中南部海域。

综上所述，在人类开发活动、气候变化等因素的共同作用下，海岸带生态系统遭到破坏甚至严重退化，改变了原本需要数十年、数百年、数千年甚至更长的自然进程所塑造形成的淤泥质海岸带自然状态，严重影响海洋可持续发展。因此，开展海岸带生态修复工作显得尤为迫切，对于优化沿海生态安全屏障体系、维系生物多样性和提高人民生活质量都具有重要意义。

1.2 淤泥质海岸生态修复及展望

1.2.1 海岸带生态修复工程的主要修复内容及技术

针对导致淤泥质海岸带生态问题的自然因素和人为因素的主要特点，本书提出相应的

海岸带生态湿地、海岸带生态廊道、海岸带侵蚀修复、海岸带污染治理四大修复内容(图1-3),并系统性地给出水动力修复、海堤生态化、海岸动力控制等淤泥质海岸带生态修复技术;而在生态湿地和生态廊道的塑造过程中,微地形塑造也作为一种重要的工程技术被引入。同时,为提供更好的生态海岸休闲娱乐功能,往往需要在淤泥质海岸带修复中进行人工沙滩的建设,本书中也增加了人工沙滩建设技术内容。

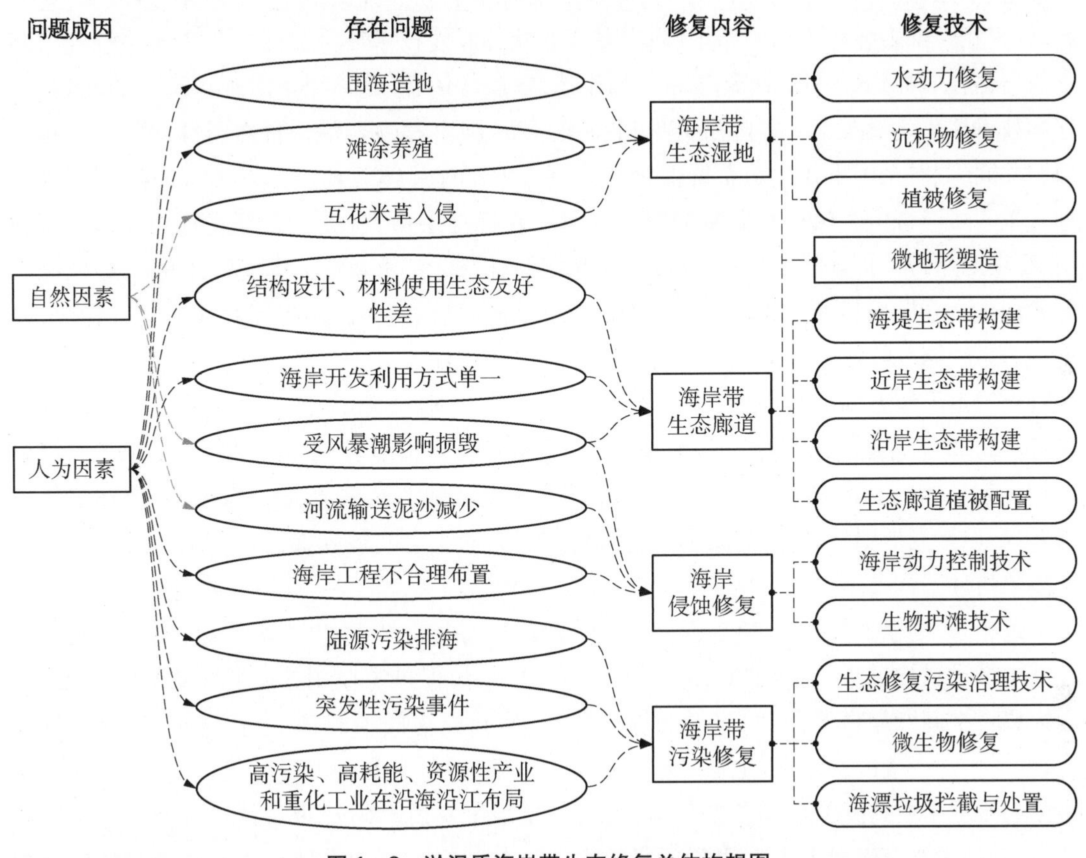

图1-3 淤泥质海岸带生态修复总体构想图

1.2.2 海岸带生态修复的展望

我国早在1982年就已正式颁布了《中华人民共和国海洋环境保护法》,之后签署并加入《联合国海洋公约》,标志着我国海洋生态法制建设逐渐标准化和国际化。党的十八大报告明确指出,面对资源约束趋紧、环境污染严重、生态系统退化的严峻形势,必须树立尊重自然、顺应自然、保护自然的生态文明理念,把生态文明建设放在突出地位,融入经济建设、政治建设、文化建设、社会建设各方面和全过程,是实现中华民族永续发展的理性选择。对于我国海洋战略与向海图强,习近平总书记在十八届中央政治局第八次集体学习时强调,我们要着力推动海洋经济向质量效益型转变、着力推动海洋开发方式向循环利用型转变、着力推动海洋科技向创新引领型转变、着力推动海洋维权向统筹兼顾型转变。近年来,《全国海洋经济发展"十四五"规划》《"十四五"海洋生态环境保护规划》和《水运"十四五"发展规划》等政策文件的出台，为海洋强国建设指明方向，明确了海洋生态环境治理目标和实施方针。

为推进近岸海域生态环境整治修复工作，提升海域和海岸带的环境和生态价值，增强对海洋经济发展的支撑作用，自然资源部、生态环境部等部门制定、出台了海岸线保护与整治修复的相关指导性文件和标准，支持开展海岸线生态修复项目，开展珊瑚礁保育工作及其配套措施，加强海洋污染防治力度，落实海洋生态保护补偿和生态损失赔偿制度等。2019 年起，国家相关部委陆续编制发布了《海岸带生态减灾修复技术导则》《海岸带生态系统现状调查与评估技术导则》等一系列海岸带区域生态调查、评估、修复导则指南。2020 年以来，在规划和技术体系建设及工程实施层面取得持续进步，国家发改委联合自然资源部等多个相关部门共同编制《全国重要生态系统保护和修复重大工程总体规划(2021—2035 年)》，安排计划一系列海岸带生态保护和修复的重大工程。在标准层面，自然资源部主管部门组织编制了 21 项海岸带保护修复工程技术标准，包括红树林、盐沼、珊瑚礁、海草床、牡蛎礁、砂质海岸等典型生态系统现状调查和评估技术方法 10 项，海堤生态化、围填海工程生态海堤建设、典型生态系统修复技术方法 10 项，监管监测技术方法 1 项。沿海各省市也根据海岸保护与利用特点制定了地方标准，以保护地方区域内典型海岸生境资源，为海岸线的修复提供引导和规范。2022 年，自然资源部发布了《海岸带规划编制技术指南(征求意见稿)》，规定了省级海岸带规划编制的总体要求、基础分析、战略和目标、规划分区、资源分类管控、生态环境保护修复、高质量发展引导以及保障机制等重点内容，为国土空间规划在海岸带的规划传导提供了技术指导。

近年来，国家加大投入力度支持海洋生态修复，每年支持近 20 个海洋生态修复项目，修复需求带动科技进步，推动了海洋生态修复科学研究，促进了应用技术和工程技术的发展。因海岸带空间背靠腹地、面向海洋的地理特点，使其成为低碳的源、汇积聚带，绿色开放空间，陆海生态衔接的过渡带，生物多样性丰富的重要区域，人类与海洋相处的缓冲带，在海岸带生态修复中要高度关注其长期效应。但是，受限于发展时间较短与技术标准未完善等原因，成功的大规模海岸带生态修复项目较少。随着越来越多的小型生态修复项目的经验积累和新科技的涌现，海岸带生态修复正朝着大规模、长周期的方向发展。同时，时代的发展对海岸带生态修复提出了更高的要求，海岸带生态已逐渐从生态修复发展到场景营造、塑造低碳海岸，修复技术也向多元合作、人海和谐的综合性解决方案发展。

综上可知，海岸带生态修复设计理论与工程应用虽然已经取得了长足的进步，但鉴于海岸带生态修复工程的复杂性，还存在较多的关键技术难题有待进一步研究。近年来，以下三个方面的内容引起了人们的广泛关注。

1) 完善设计技术标准

目前的海岸带生态修复设计规范标准主要为一些技术导则或技术指南，国家层面的相关设计规范和标准还比较缺乏，广大设计人员在参考这些技术导则或指南时，仍需依靠自身技术水平和工程经验选取一些设计参数，易造成取值过大或过小，最终导致工程投资浪费或安全风险增加。因此，迫切需要构建符合我国海岸带生态环境实际状况的设计标准体系，编制具有普适性的生态修复技术手册，提高生态修复效果。

2）优化生态模型与生态评估方法

海岸带生态修复属于交叉学科范畴，其综合性强，理论不成熟，很难用一种或者一套生态模型与生态评估方法涵盖。其修复效果面临各种不同的边界条件，如修复规模、修复类型等，目前各种生态模型与生态评估方法较多，与工程实际情况不完全吻合。如何优化生态模型与生态评估方法，将是未来的重要发展方向之一。

3）修复技术多元化、综合化

海洋生态文明在很大程度上决定了人类的未来，海岸带生态修复过程中需要重点关注陆海统筹、区域联动的生态环境保护修复机制，加快海岸带综合治理，逐步构建科学合理的自然岸线格局，充分发挥海岸带国土空间资源宝库、经济潜能、环境本底和生态屏障作用。海岸带生态修复应遵循自然恢复为主、人工修复为辅的原则，将生态恢复与生态减灾相结合。一方面，要实现生境—植被—底栖生物全链条修复，以提高海岸带的生态功能；另一方面，根据修复对象的特征和类型，因地制宜地选用生态修复技术，发挥其减灾增效功能。另外，在选择海岸带生态修复技术时需统筹考虑陆源污染治理和海湾综合修复相结合的模式，统一规划。因此，未来的海岸带生态修复必然是向多元统筹的综合性解决方案发展。

第 2 章

海岸带生态湿地

湿地是地球三大生态系统之一，对调节气候、水源变化、维持生物的多样性等方面尤为重要，享有“地球之肾”之称。《关于特别是作为水禽栖息地的国际重要湿地公约》(简称《湿地公约》，又称《拉姆萨公约》)会议文件认为，湿地泛指沼泽、泥滩与泥炭沼地带，当中的水体可以是天然的或是人造的，可以是永久存在的或是暂时性的；当中的水分可以是静止的，也可以是流动的，可以是淡的、咸的、也可以是半咸半淡的；当中包含潮退时水深不超过 6m 的浅海区域。《湿地公约》根据基底特征的不同，把湿地在一级分类中基本分为五大类：近海及海岸湿地、河流湿地、湖泊湿地、沼泽湿地、人工湿地(库塘)。近海及海岸湿地是海岸生态系统的一个重要组成部分，以滩涂、河口水域、盐沼等淤泥质海岸湿地类型较为普遍。本章重点论述海岸带生态湿地的修复技术与设计方法。

2.1　海岸带生态湿地修复设计

2.1.1　定义和功能

滨海生态系统是海陆两相的过渡带，通常是指从滨海平原外缘一直到海水浪基面以上的地带，具有活跃的物流、能流和高生产力，但是自然因子急剧的梯度变化和脉冲式的强劲输入使该系统处于脆弱状态，人为干扰给该系统带来的危害更大。其典型断面形式如图 2 - 1 所示，滨海生态系统根据潮汐作用可分为潮上带、潮间带以及潮下带，海岸带生态湿地一般位于宽阔的潮间带和潮上带，是滨海生态系统的主要部分。

海岸带生态湿地的临海一侧在低潮位时恰好能满足底栖植物的光合作用，而其陆侧部分可达海洋对地下水产生水文影响的边界。海岸带生态湿地的纵深空间分布常超过数千米，覆盖了从潮滩、盐沼、红树林到淡水沼泽，形成独特的感潮生态系统(图 2 - 2)。一般认为，海岸带生态湿地边界范围：陆缘为含 60%以上湿生植物的植被区，水缘为海平面以下 6 m 的近海区域，包括自然或者人工的、咸水或者淡水的所有富水区域。

作为湿地的重要类型，海岸带生态湿地在滨海资源与环境中占有突出的地位，具有很高的综合价值和强大的生态服务功能：①有一般湿地的几乎所有的生态价值功能；②是盐业生

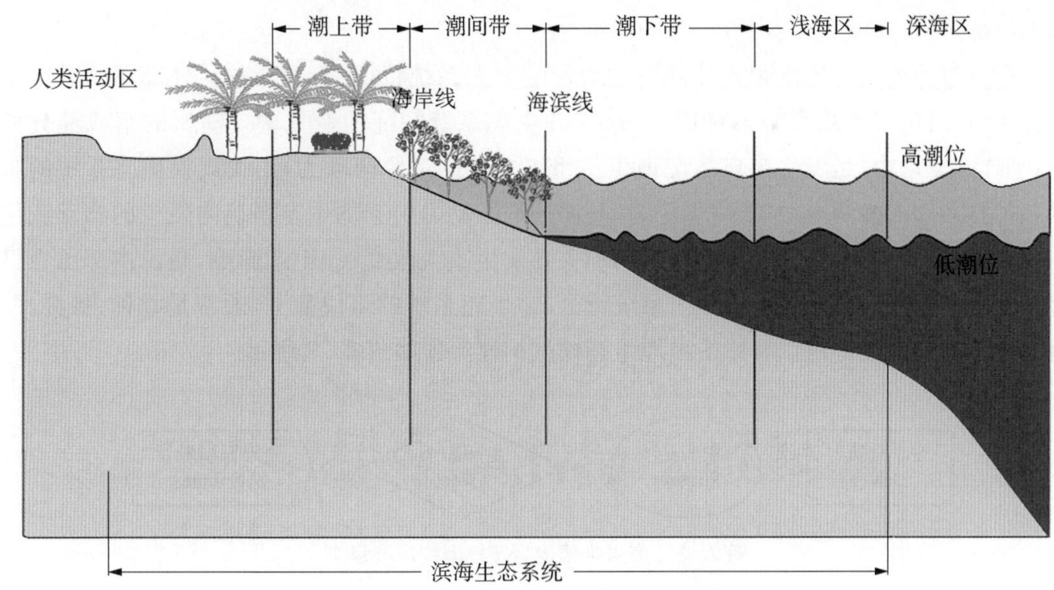

图2-1 滨海生态系统断面示意图

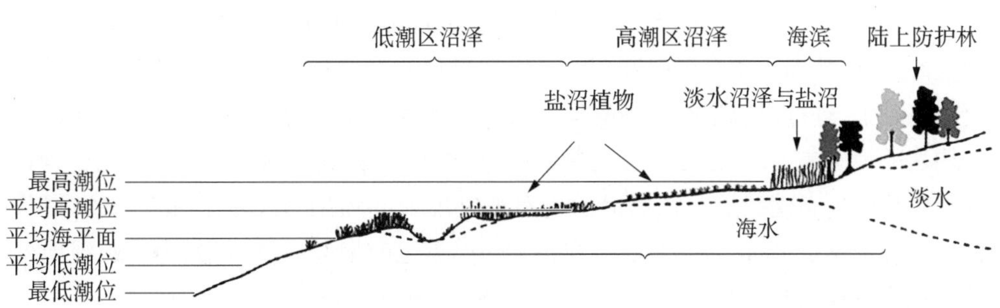

图2-2 海岸带生态湿地断面示意图

产和海水养殖的主要场所;③为近岸和浅水生物资源提供了大量的营养物质;④是鱼虾等生物资源繁育、索饵的主要场所;⑤是许多珍稀濒危生物的迁徙停歇地、繁殖地和重要的栖息地,生物多样性极其丰富;⑥具有防潮护岸、涵养水分、降解污染、维持区域生态平衡、提供旅游资源等方面的功能。

2.1.2 生态模型、评价指标与方法

2.1.2.1 生态模型

生态模型以现实生活中各类生态系统作为研究对象,是对现实生态系统的抽象化、简单化和公式化的表述,用它来揭示、预测生态系统中的各类现象。海岸带湿地生态模型是以海岸带生态湿地为研究对象,对其生态系统组成、结构、过程和功能进行简化、类比或抽象,是用来反映湿地生态系统各种过程和关系的定性或定量化工具。构建海岸带湿地生态模型是开展湿地生态系统评价和修复的基础,通过生态模型可以有效识别人类活动对湿地生态系统的驱动与胁迫、这些驱动与胁迫产生的一系列生态效应,以及湿地生态系统对此所表现出

来的特征。

海岸带湿地生态模型涵盖外部驱动力影响生态系统特征的一般路径:外部驱动力产生内部压力,对生态系统产生各种影响,反映在生态系统特征的变化中。模型的组成部分如下:①外部驱动力,是发生在自然湿地生态系统之外的主要驱动力,对大规模生态系统的影响包括自然和人为两方面;②内部压力,是由外部驱动力引起的生态系统内发生的物理或化学变化,导致生态系统中生物成分、格局和关系发生重大改变;③生态影响,是由内部压力引起的物理、化学和生物反应;④生态系统特征,是生态系统的组成部分,通常是物种、种群、群落或过程的功能性体现。海岸带湿地生态模型构建流程如图 2-3 所示。

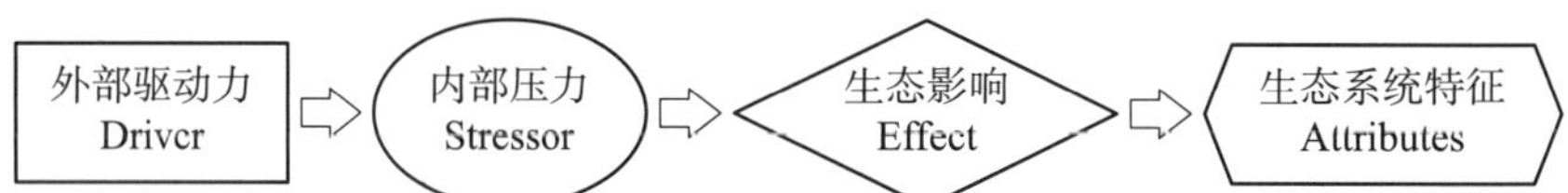

图 2-3　海岸带湿地生态模型构建流程图

海岸带生态湿地构建生态模型,首先需要湿地生态系统及其形成与演化的驱动因子、胁迫因子、效应因子和表征因子的识别与分析,这是进行湿地生态模型构建的基础;其次,在进行湿地生态系统"外部驱动力—内部压力—生态影响—生态系统特征"因子识别及其因果关系分析的基础上,进行湿地生态模型的构建;最后,在生态系统管理理论指导下,探讨湿地生态模型构建的理论与方法,建立相应的湿地评价、规划、预测与预警的综合评价与管理体系。

海岸带湿地生态模型是一种灵活的生态恢复规划、评估工具,在任何给定的时间,都能反映区域或整个系统的科学知识现状,在科学与决策之间架起一座桥梁,为实施湿地生态保护与管理提供设计指导。

2.1.2.2　生态评价指标

关于海岸带生态湿地的生态评价,早期的评价指标主要集中在化学和生物方面,诊断海岸带生态湿地的退化程度,而缺乏对湿地进行系统性的生态分析。随着人们对湿地生态系统和功能的理解不断深入,逐渐引入生态指标评价生态系统对外界的反应,此时基于模糊综合评价、层次分析法、"压力-状态-响应模型"等诸多生态学方法及模型的生态评价体系不断完善。

基于不同的评价目的,生态湿地的评价指标也不尽相同。例如,湿地生态系统恢复评价指标体系,是要恢复到其初始的结构和功能条件构建的指标体系,该体系一般包含了物种多样性和群落多样性、本地物种的出现、对于生态系统长期稳定起重要作用的功能群体的出现、生态系统能够为种群繁殖提供生境的能力、生态系统功能维持能力、生态系统景观的整体性、生态系统潜在威胁的消除、生态系统对于自然干扰的恢复力、与参考地点具有同程度的生态系统自我支持能力等指标;湿地生态系统健康评价体系,是从多角度、多途径诊断湿地系统的生态健康状况,涵盖物种种类、空间层次、生产力、传粉或播种者、种子产量及种子库的时空动态等评价参数。也有不少学者基于社会经济、环境污染及保护情况等角度选取人口密度、垦殖指数、生态多样性指数、植被覆盖率、栖息地保护等指标,建立湿地生态系统健康评价指标体系。

国内外诸多学者构建了不同的湿地生态指标评价体系，下面对淤泥质海岸带湿地生态指标进行系统性的论述。若要针对性地评价某一具体湿地的生态性能，可以在此基础上根据评价目标的不同增设更加具体的评价指标。

淤泥质海岸带湿地生态指标按《海岸带生态系统现状调查与评估技术导则》(T/CAOE 20—2020)，可以分为湿地植被、生物群落、环境要素和威胁因素。在进行湿地生态状况评估时，可以考虑盐沼植被、生物群落、环境要素三个方面，评估指标及权重见表2-1。

表2-1　淤泥质海岸带生态湿地健康评价指标

评估内容	评估指标	权重
盐沼植被	盐沼面积	20
	盐沼植被盖度*	20
	盐沼植被带宽度	10
生物群落	大型底栖动物密度	15
	大型底栖动物生物量	15
环境要素	沉积物 pH 值	10
	沉积物有机碳	10

注：* 盐沼植被盖度为评估区域内所有样格盖度的平均值。

1）盐沼植被调查

盐沼植被的评估指标一般包含盐沼面积、盐沼植被盖度以及盐沼植被带宽度。这些指标可通过遥感识别与现状核查获取，盐沼植被带宽度按照盐沼生境在垂直海岸线方向上的平均长度计算。

植物群落样方调查应对样格逐一进行植物群落特征调查。调查内容一般包括植物种类名称记录，植物盖度、密度、平均高度等指标调查，生物量调查等。

2）生物群落调查

生物群落指标揭示了湿地内物质多样性的程度，是评价海岸湿地生态系统健康的重要指标，一般调查大型底栖动物密度和生物量，部分湿地也需要调查鸟类种类及数量。大型底栖动物群落调查应与植物群落样方调查同步开展，调查每个样方内大型底栖动物的种类、数量和生物量，生物量仅测定湿重。鸟类调查时间，各地应根据本地物候特点确定。

3）环境要素调查

沉积物性状决定了湿地的生产能力，一般采用沉积物有机质含量来衡量。底质环境调查应与植物群落样方调查同步开展，应在进行植物群落调查的样格内采集样品。

水质调查断面附近有沟渠或近岸水体时，应与植物群落样方调查同步开展一次水体环境调查，调查指标包括温度、盐度、浑浊度、溶解氧、pH 值、铵盐、硝酸盐、亚硝酸盐、活性磷酸盐、总有机碳等。

2.1.2.3 生态评价方法

1) 综合评价指标体系的构建

在生态评价体系中，指标是进行生态评价的依据。影响待评价对象的因素往往是多而杂的，仅依靠单一指标进行评价，无法保证评价结果的客观合理性。因此，需要将能表征待评价对象的多项指标进行汇总与筛选，通过合理分层等方式，构建一个科学合理的综合评价指标体系，对待评价对象做出整体性的评价。

综合评价需要根据所给的条件，采用合适的方法，给予每个评价对象(即评价指标)一个评价值，在此基础上，择优排序筛选，然后通过对所有评价指标的综合对比分析，给出一个最终评价结果，为实际修复工程提供参考。

在进行综合评价时，各项指标权重的不同以及对定性指标的界限评判等，可能会随着评价者的主观意识而改变，因此评价结果存在一定的主观性。所以在进行综合评价时，以客观性为基础，提高评价方法的科学性，从而保证评价结果是真实有效的。综合评价的结果可以为事物认知及分析提供一定的参考，但不能作为评价主体或相关部门进行决策的唯一依据。

综合评价的方法有许多种，但总体思路基本一致，即熟悉评价对象、筛选评价指标、构建指标体系、确定各项指标权重、建立综合评价模型、得出评价结果这几个环节。其中筛选评价指标、确定各项指标权重、建立综合评价模型这三个环节是影响最终评价结果的关键环节。

2) 评价方法和模型的选择

(1) 压力-状态-响应(PSR)模型。PSR 模型，是从压力(P)、状态(S)和响应(R)三个维度对人与环境之间的联系和相互作用进行分析，通过选取合适的评价指标可以定量地衡量人类活动对自然环境的干扰和威胁程度，是目前国内外评价湿地健康状况常用的框架。

① 压力指标，包括对环境问题起着驱动作用的间接压力(如人类的活动倾向)，也包括直接压力(如资源利用、污染物质排放)。这类指标主要描述自然和人类活动给海岸湿地所带来的影响和胁迫，所以应当选择能够反映当地海岸湿地生态系统某一特定时期资源的变化趋势及其利用强度。

② 状态指标，主要指在自然和人类活动影响的环境下，对其施加一定的压力后改变了其原有的性质或自然资源的数量。状态指标选取能反映海岸带生态湿地环境要素的变化，因此该指标选择主要考虑海岸带湿地生态系统的生物、物理化学特征及生态功能。

③ 响应指标，反映了社会或个人为了停止、减轻、预防或恢复不利于人类生存与发展的环境变化而采取的措施。

(2) 层次分析法。层次分析法是一种多目标、多准则的决策分析技术，也是一种定量分析与定性分析相结合的有效方法。主要分析步骤一般包括建立层次结构矩阵、构造判断矩阵并计算相对权重、进行一致性检验、计算组合权重，得到各元素的总层次排序、结论分析。

它把复杂问题分解为各个组成部分，将这些要素按支配关系分别组成有序的递阶层次结构，通过两两比较的方式确定诸要素的相对重要性，然后综合人的判断对决策方案的优劣进行排序层次分析法体现了人们决策思维的基本特征：分析、判断、综合。也因如此，该方法在于人的主观判断，对建立层次结构、构造判断矩阵有很大的影响，使其主观性很强，一般仅用于方案的优选。当问题的因素较多、规模较大时，就需要决策者对问题有比较深入的了解。

(3) 模糊综合评价法。模糊综合评价法是基于模糊数学隶属度理论的一种综合评价方法，能对多因素影响的目标作出总体评价。该方法对层次复杂的问题评判效果比较好，数学模型简单，但存在对隶属函数的确定没有系统的方法，评价的过程运用了大量的人的主观判断，各因素权重的确定带有一定的主观性等局限性。

模糊综合评价法的一般步骤如下：确定评价因素集、确定各评价因素的权重、确定评价集、进行单因素评价、建立模糊关系矩阵、多级模糊综合评价、确定评价等级。

由于海岸带湿地生态系统的复杂性和多样性，目前还未形成一套普遍通用的理论体系和评价方法。本书认为在实际的生态评价过程中，需要根据研究区域的环境条件和社会经济特点，选取合适的指标建立符合当地实际情况的评价指标体系和评价模型。其中 PSR 模型能在考虑到各个要素之间相互作用的情况下，将湿地生态系统的各个要素相互联系起来，更具自由灵活性、逻辑性和综合性。因此，本书建议可优先考虑 PSR 模型。

3) 评价指标数据的获取

评价指标的数据获取方式比较多，常用的有收集调查区域的历史资料，包括常规监测、专项调查、文献资料等获得的生态系统数据；也可以通过遥感数据、实地调查数据和统计数据进行收集。

获取收集的数据应有代表性、能够反映生态系统变化，当历史资料齐全时，以历史资料作为评估的参照系；当有部分历史资料时，以部分历史资料作为评估的参照系，数据缺少部分仅对现状开展描述性评价；当缺乏历史资料时，仅开展生态现状评估，结果宜作为以后评估的参照系。

4) 应用分析

以温州市蓝色海湾整治行动项目为例，该项目重点实施了洞头中心渔港清淤疏浚、半屏山及东岙沙滩整治修复、沿岸海洋生态廊道建设等工程，加强陆源污染及近岸固体废弃物清理及海洋环境跟踪监测技术，现已于 2018 年年底基本完工。采用模糊综合评价法对该项目的实施效果进行评价，评估指标包含水清指标、岸绿指标、滩净指标、湾美指标、物丰指标、人和指标、管理保障和约束指标 8 个要素层，选取了具有可操作性、区分性、普适性和易获取等特点的 16 个指标因子，并进行无量纲化处理，采用等权重计算方法，对整治修复工作开展前后进行蓝色海湾指数评估。整治修复前后，蓝色海湾指数分值变化至 4.82，在分级评估中属于“好”级别，表明在温州市洞头开展的蓝色海湾整治行动项目整治修复效果好。

2.1.3　设计思路与方法

在我国淤泥质海岸带生态湿地生态系统中，较大面积的盐沼湿地已在人为干扰与自然侵蚀的共同作用下，逐渐受损、退化并消亡。近年来，各级政府部门已逐渐意识到盐沼湿地对于海洋生态系统保育、沿岸带城镇可持续发展的重要价值，一些地方尝试开展了针对盐沼湿地的生态恢复工作，然而盐沼湿地生态修复是一项长期而漫长的工程，在人工干预工程措施实施后，仍需要较长时间来自然恢复。早期的恢复工程主要以小尺度、零星的单个项目为主，至21世纪初重心逐渐转移至大尺度的区域性的盐沼湿地的恢复。

开展区域性盐沼湿地生态修复工程设计前应首先通过生态系统现状调查评估，进行生态问题诊断，分析湿地受损或退化的胁迫因子，开展生态健康评价；其次，根据评价结果提出工程设计原则、理念和思路；最后，根据区域的现状条件和历史情况，筛选海岸带生态湿地生态修复技术，编制实施方案以及管护与现场跟踪监测方案。

2.1.3.1 设计原则

1）尊重自然，恢复为主

遵循自然规律，充分发挥海岸带生态湿地自我修复能力，即使针对受损严重的湿地，仍应尽可能地利用其尚存的自然恢复能力，在此基础上进行人工强化干预，以便尽快达到自然湿地的特征目标。在进行海岸带生态湿地生态修复之前，应通过充分了解拟要修复区域的气象、水文、土壤、原始景观格局等自然条件，掌握湿地内主要生物(目标恢复生物)对不同环境要素的适应性，初步预测海岸带生态湿地的自然演替方向及自我修复能力等，找到拟修复的海岸带生态湿地的自然规律；在遵循这些自然规律的情况下，充分了解并发挥海岸带生态湿地的自我修复能力，尽量减少人为干预的手法。但是，必须指出的是，当海岸带生态湿地的自我修复能力基本丧失时，人工干预不失为一种高速有效的方法。

2）因地制宜，科学规划

由于不同海岸带生态湿地的自然环境及生态环境问题各有不同，其具有较强的地域差异性及区域特殊性。在进行海岸带生态湿地生态修复时应当因地制宜，根据具体自然环境条件及施工技术条件，制定不同的生态修复方案，做到“一地一案”，切记不能盲目照搬照抄其他治理修复方案；同一个区域内不同段的自然环境及生态环境问题也会有所不同，故可以对海岸带生态湿地进行有效分区，针对不同分区的具体情况采取相应的修复措施。

3）局部与整体相协调

海岸带生态湿地作为一个完整的生态系统，在设计生态修复时首要应尽量考虑周全生态系统中各个因素，保持整体的和谐健康，而对景观、经济等方面的赋能考虑应放在其后。海岸带生态湿地营造的基本方法，从生态角度来说，首先要对地区水域、陆域的功能作全面分析，确定湿地的确切位置与范围；其次要对场地附近或原有湿地内生物的生活环境进行调查和收集资料，找出目标湿地的食物链以及食物链各生态位的代表性生物；最后找出代表性生物生存和繁殖的水质及土壤条件，包括水质、波流、海岸侵蚀状况、潮间带宽度、润水时间、底质种类、含水量、地面坡度等。搜集到了这些条件，也就容易产生其上位或下位的生物，形成一套自然的生态系统，从而达到重建修复湿地的目的。

4）陆海统筹，整体实施

遵循基于陆海统筹原则，从生态系统维度考虑，将海岸带生态湿地生态修复与污染治理、垃圾清除、围填海管控有机结合，切实提升修复成效。从生态系统完整性出发，以提高生态与减灾协同增效为目标开展系统修复，避免修复工作导致海洋生态系统的割裂和损害。坚持综合治理修复和加强管控相结合、整体施策，建立健全运营维护等长效保障机制，促进修复项目持续发挥生态效益。充分考虑生态修复活动空间上的系统性和时间上的连续性，分步骤、分阶段进行修复工作，并开展全过程的监督、生态环境跟踪监测和适应性管理。

2.1.3.2　设计理念

1）基于自然的解决方案理念

国际自然保护联盟（IUCN）将基于自然的解决方案（nature-based solution, NbS）定义为"保护、可持续管理和恢复自然生态系统和改良生态系统的行动，以有效和适应性地应对社会挑战，同时提供人类福祉和生物多样性利益"。NbS 要求人们更为系统地理解人与自然和谐共生的关系，更好地认识人类赖以生存的地球家园的生态价值，提倡依靠自然的力量应对海岸带生态系统退化，打造可持续发展的人类命运共同体。NbS 通过倡导人与自然和谐共生的生态文明理念，构筑尊崇自然、绿色发展的社会经济体系，以有效应对生态变化、生物多样性，实现相关可持续发展目标。

NbS 包含多种与自然合作以实现社会效益的方法，包括基于生态系统的适应（EbA）、基于生态系统的减灾（DRR）和基于生态系统的缓解（EbM）。例如，针对沿海和海洋栖息地的 NbS 包括保护红树林、盐沼、海草和珊瑚礁，从而减少暴露在气候变化相关风险下的可能，并提供自然保护。

NbS 与我国提倡的生态文明建设理念也是完美契合的，生态文明建设理念秉持尊重自然、顺应自然、保护自然，坚持节约优先、保护优先、自然恢复为主的方针，更加注重综合治理、系统治理、源头治理，推进山水林田湖草沙一体化保护和修复，提升生态系统质量和稳定性。

2）可持续性修复理念

可持续发展就是指既满足当代人的需求，又不损害后代人满足其需求的能力。多数发达的资本主义国家在发展经济时，都经历了环境"好—坏—好"的转变过程，这不仅加大了环境的治理成本，而且也很难恢复到原来的状态。发展中国家由于缺乏资金和技术，更容易产生各种环境与生态问题。目前已有一部分湿地生态系统正在经历"好—坏"这个阶段，在湿地生态系统的保护和管理中，不应该走"先污染、后治理"的道路，必须走环境保护和坚持发展并重的道路，走可持续发展之路。

3）互动共生理念

互动共生理念强调了事物之间的关系及其相互作用，它包括互动和共生两个方面的含义。互动性强调的是湿地生态设计与实际使用人群之间的作用关系，它具有社会学方面的含义，它促使生态设计成为人与环境之间的纽带，将环境生态与使用人群更加密切地联系在一起，也使得使用者在空间中的活动情况成为评价该区域生态设计好坏程度的一个重要指标。而共生性则是强调环境设计生态化、可持续发展，它倾向于生态学的理论研究，将人与环境平等对待，使生态设计保有环境原本的自然状态，使其对环境本身造成的影响最小化，仅仅是为人类提供与自然环境亲密接触的便利性。"互动"与"共生"概念的提出，主要是针对目前现实社会中人际关系的冷漠、人与自然环境的隔绝以及人与其他生物体之间关系的疏远几个方面的问题，强调人作为一个特殊的生物体所具有的主观能动性在生态设计营造中占有的主导地位。旨在从环境入手，以生态设计改造的方式，为人提供与他人、与环境以及其他生物体之间平等交流的平台，并从中得以愉悦身心，最终达到促使社会关系和谐稳定发展的目标。

2.1.3.3 设计思路

在海岸带生态湿地生态修复中，涉及因素众多、内容复杂，总体而言可根据受损程度分成两大类，一类是自然恢复，另一类是重建修复。当海岸带生态湿地生态系统受损不超过负荷且可逆的情况下，压力和干扰消除后，恢复可以在自然过程中发生，此时以自然恢复为主；当海岸带生态湿地生态系统受损超负荷且发生不可逆变化时，仅依靠自然难以或不可能使系统恢复至初始状态，需要借助人为干扰措施，才能使其发生逆转，此时以生态重建修复为主。本节将重点介绍以重建修复为主的设计思路。

生态重建修复，首先需考虑水动力条件、沉积物性能等湿地生境恢复，其次在此基础上开展生物多样性修复，最终逐步使生态系统恢复到一定的功能水平。生境恢复不仅直接影响湿地生态环境的理化性质及营养物质的输入、输出，也是最终选择湿地生物群落的主要因素之一，包括区域环境内水质、水文特征、水生生物的总体协调控制、净化恢复等。生物多样性修复是在生境营造的基础上，采取生态方法提高区域内的植物、鸟类、两栖爬行动物、鱼类、哺乳类动物等的生物量和种类。

2.1.3.4 技术路线

海岸带生态湿地生态修复技术路线包括生态项目规划、资料收集与调查、问题诊断与分析、生态修复目标确定、生态修复方案设计、生态修复项目实施、生态修复评估与监测(图 2-4)。

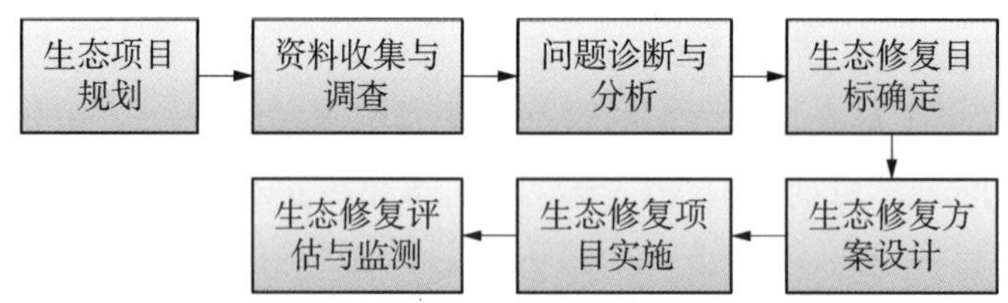

图 2-4 海岸带生态湿地生态修复技术路线

1) 生态项目规划

生态项目规划要立足于区域尺度开展项目实施的可行性和必要性分析，充分体现海洋生态修复的整体性和系统性特征。项目规划方案应选取一个或多个退化的海岸带生态湿地作为区域生态修复的备选选项；从重要性、可行性、必要性对这些选项进行分析排序以确定海岸带生态湿地的生态修复区域。

生态修复重要性考虑的因素主要包括生态重要性、社会重要性、经济重要性及可能产生的效益等。

生态修复可行性考虑的因素主要包括自然生态方面的可行性(生态修复措施在实际应用中是否可行；修复后的生态系统是否有自我维持能力)、社会经济方面的可行性(是否满足相关的区域规划；是否获得相关组织机构及个人的支持；生态修复成本是否在可以承受的范围之内)等。

生态修复必要性考虑的因素包括海岸带生态湿地的退化对生物多样性（物种灭绝）、污染物降解及水质净化、岸线抵御自然灾害、区域生态平衡、社会经济发展等方面负面影响程度。

2）资料收集与调查

海岸带生态湿地区域及其附近区域的相关基础资料与数据一般需要通过资料收集和现场调查来获得。

资料收集主要是收集工程区域所处的自然环境信息（如气温、降水量等气候条件）、海岸湿地不同历史时期（即退化前后）的基础遥感影像与地理环境信息数据（当退化前的历史数据无法获得，可以收集或实地调查拟选取的参照系统进行替代）、相关区域规划、社会经济概况等。

环境调查主要是在拟要重建修复的海岸带生态湿地开展现场环境踏勘，了解拟修复湿地的现状，开展必要的水文水动力、地形地质、海洋环境质量、生物资源、污染源情况等方面现状调查，为项目实施方案设计提供必要的基础数据资料。

3）问题诊断与分析

导致生态系统退化的因素有很多，凡是干扰系统内各组成成分及其生态学过程的因素都可能引起系统退化。根据生态系统的干扰动因，干扰可分为自然干扰和人为干扰，其中人为干扰是当前生态系统退化的主导因素。

海岸带生态湿地生态系统的干扰因素主要包括：围海造陆、围垦筑堤、疏浚等工程建设，如港口、农业、围垦养殖；污染，包括陆源和海上污染，如工业污水排放、养殖污染等；渔业资源过度利用，如渔业捕捞；台风、海啸等自然灾害性破坏；海岸植被砍伐或破坏；采砂；外来物种入侵；全球气候变化等。这些干扰因素或单一或多种，或强或弱，或间断或持续地干扰生态系统，生态系统退化及其恢复在很大程度上取决于干扰的类型、强度、持续时间和频度。

海岸带生态湿地问题诊断是生态修复途径及其措施制定的基础。问题诊断主要采用参照系统类比法，即通过对比湿地生态系统干扰前后，或与目标参照系统的生态状况进行对比，诊断生态系统的退化程度。

生态湿地问题诊断需要采取科学的、合理的诊断途径。理论上，受损或退化的湿地生态系统在组成、结构、功能、过程等方面均有所表现，因此海岸带生态湿地生态系统问题诊断途径可包括：生境途径，如土壤、水质、水文；生物途径，如湿地植被、底栖生物、鸟禽；生态系统功能途径，如湿地植被生产力、固碳量；生态系统服务途径，如海产品供给量；景观生态途径，如关键景观类型面积、景观破碎度。根据诊断途径及其筛选的诊断指标数量，诊断方法可分为单途径单因子诊断法、单途径多因子诊断法、多途径综合诊断法。与单途径单因子、单途径多因子相比，多途径综合诊断相对复杂，但诊断结果通常更接近实际情况，更能反映湿地生态系统的健康情况。

4）生态修复目标确定

确定生态修复的目标是实施生态修复工程的必要前提。生态修复的基本定义为辅助正在退化、受损或面临消亡的生态系统自我修复的过程，或者说促使生态系统复原到接近受干扰之前的状态。从这个定义来看，海岸带生态湿地生态修复的目标可设定为复原到“受损或退化之前的自然状态”。因此，在许多生态湿地修复的具体工程实践中，常常将现状受损退化湿地附近的无干扰自然湿地作为对照样地，以确定需要导入的主要植物物种类型及其空间分布格局，以及相应的生态工程调控手段。然而，在工程实践中，生态学家们逐渐认识到，海岸带生态湿地修复工程很难达到100%的复原目标，这与海岸带生态湿地的本底环境条件、受干扰程度、修复时间等有关。因此，对以“复原”为主要目标的海岸带生态湿地生态修复工程，在实施前必须对“对照样地”的水文水质现状、基底条件、植物分布格局、生物群落状况等开展系统的生态学、环境学调查，辨识湿地植物与本地自然环境长期相互作用下形成的湿地生态系统的结构特点与功能特征；另外，同样要对目标修复湿地的受损和退化状况进行调查评估，识别主要干扰因子、生态系统结构与功能受损害的具体症状。在此基础上，以生态学的基本原理为指导，结合工程可实施性的要求，最终确定合适的恢复目标。

海岸带生态湿地修复除了要对湿地进行“复原”以外，还有观点认为要更进一步地“重构”，即通过人工辅助，重新构建一种具有可持续性的，同时有利于人类与自然的生态系统，以使得这种生态系统能够为人类提供更好的生态服务功能，诸如削减陆源污染，保护近岸免受台风、海啸灾害的影响等。因此，在制定海岸带生态湿地修复目标时，要同时考虑其具有自然属性和人类社会属性。

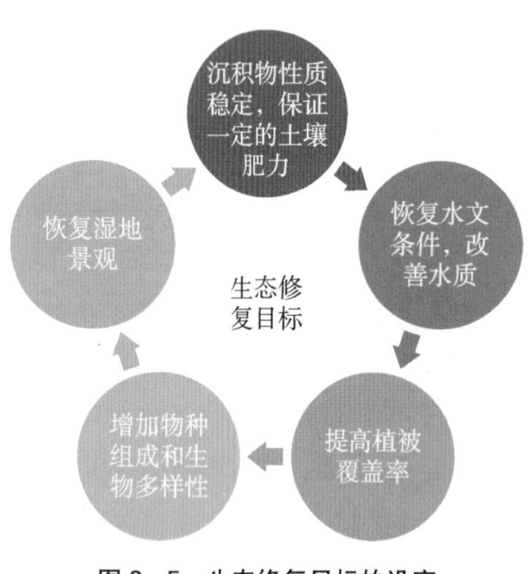

图 2-5　生态修复目标的设定

综上所述，在制定海岸带生态湿地生态修复目标时应考虑以下几点(图 2-5)：①实现生态系统地表基底的稳定性；②恢复湿地良好的水文条件，改善湿地的水环境质量；③恢复植被和土壤，保证一定的植被覆盖率和土壤肥力；④丰富物种组成和生物多样性，提高生态系统的生产力和自我维持能力；⑤恢复湿地景观，增加视觉和美学享受。

5) 生态修复方案设计

当海岸带生态湿地的受损程度超过其自我恢复能力时，需要制定一些人为工程措施方案辅助进行湿地生态修复。生态修复方案设计是整个海岸带生态湿地生态修复的重中之重，目前亟需生态修复的海岸带生态湿地都需要一定程度的工程措施辅助进行生态修复工作，以加快生态修复速率。海岸带生态湿地生态修复方案设计应以生态修复目标为导向，以水文、地质、生态环境等资料及数据为基础，根据生态修复规划设计的基本原则，针对海岸带生态湿地的退化机理及特征，制定科学合理的海岸带生态湿地修复方案与工程措施。

6) 生态修复项目实施

项目实施是海岸带生态湿地修复成败的关键。因此，在生态修复项目实施的过程中应该明确生态修复项目的施工工艺、技术要求及主要工程量，制定海岸带生态湿地生态修复项目实施计划进度表和时间控制节点表，提出针对海岸带生态湿地生态修复的合理监管措施，依据实施方案有序推进海岸带生态湿地生态修复项目的实施。

7）生态修复评估与监测

项目竣工后，依据生态修复目标、工程内容与考核指标等，开展必要的评估调查与跟踪监测，编制项目监测与评估报告。

湿地生态修复跟踪监测的内容宜涵盖湿地植被、其他生物群落、环境要素和胁迫因素等，跟踪监测基本要求可以参考《海洋生态修复技术指南(试行)》。在开展监测评估前需确定每个监测内容的监测参数、监测点位、监测时间与频率等指标。

(1) 监测参数选取。监测参数一般包括结构参数及功能参数，用于监测与评估相关的生态系统结构与功能，对于海岸带生态湿地，其生态修复监测参数主要从地形地质、水文水质、生物资源、土壤沉积物等几个方面选取。

(2) 监测点位设置。应在生态修复区、参照区及可能对生态修复造成影响的周边区域都设置相应的监测点位。监测点位的数量应考虑生态修复的类型、恢复区规模及项目经费等因素。

(3) 监测时间与频率。根据生态修复的目标实现的难易程度不同，监测时间跨度一般为3～5年不等。监测频率随着生态修复时间的推进而逐渐降低。实施后的2～3年需每年进行监测，此后每隔几年进行监测直至达到预期的标准(生态系统各组分功能正常)。

在海岸带生态湿地生态修复项目涉及开展湿地植被种植的，应在植被种植后开展短期监测，掌握种子萌发率、根/茎/幼苗的成活和定植情况。6个月后可每年开展1～2次监测，掌握植被的修复面积、保有面积、株高、盖度、密度、成活率等情况。对于退化海岸带生态湿地的生态修复，如涉及生境修复和有害生物清除等胁迫因素消除，应包括生境要素和胁迫因素的监测。条件允许的项目，除分析修复目标实现情况所需的监测内容外，可开展连续的综合性生态监测。

项目效果评估的目的主要是通过监测手段分析项目实际实施内容与考核指标的符合性，评价项目实施的完成情况与实施效果。根据"全面评估，突出重点"的原则，通过定量和定性相结合的方法，分析海岸带湿地生态修复后，生态修复各分项目标和总体目标的实现情况，客观评估生态修复工程实施的成效和存在的问题。

修复效果的评估针对生态修复目标的实现情况开展。通过时间序列对比法，对生态修复工程区域的连续跟踪监测结果进行评估，分析海岸带生态系统变化趋势；然后根据分析结果，采用与目标值对比法，对比修复区域生态修复前、后的监测结果，评估生态修复目标的实现情况。

2.1.4 总体设计内容

尽管恢复生态学强调，要对受损生态系统进行及时修复，但恢复生态学更强调尊重自然规律，注重自然生态系统的保护。对于轻度受损、恢复力强的海岸带生态湿地生态系统，主要采取去除外界压力或干扰、封滩保育的方式，加强保护措施，促进生态系统自然恢复。只有在自然恢复不能实现的情况下，才考虑人工辅助的生态修复措施，下面重点对海岸带生态湿地人工强化修复措施及技术的介绍，主要围绕水动力修复、微地貌修复、沉积物环境修复、湿地植被修复等方面开展生态修复。

1）水动力修复

海岸带生态湿地水动力修复主要包括水系连通技术和微地形塑造技术，根据湿地水道淤塞现状实施相应修复措施。

（1）水系连通技术。因海岸工程导致潮汐受阻的海岸带生态湿地，在实施围垦堤坝拆除、退塘等基础上，充分考虑湿地近海的潮时、潮型、潮位、潮差、波浪等多方面因素，利用已有的潮汐汊道，必要时通过数模计算结果进行设计，实施潮沟疏通与重建，使海岸带生态湿地的潮汐水系得以有效恢复。

（2）微地形塑造技术。海岸带生态湿地的微地形条件决定了湿地内的淹水深度、淹水频率及淹水时间，而这些参数对湿地植被及其他生物的生长具有重要影响。因局部区域的地貌变化（人类活动或自然形成的区域异质化地貌）不适于目标生物生长时，可以采用微地貌修复技术对海岸带湿地生境进行修复，即通过改变部分小区域的高程等方式对海岸带生态湿地内的微地形进行人为的改造与控制，使湿地内的淹水深度、频率及时间满足海岸带生态湿地植被及其他生物的正常生长需求。

2）沉积物环境修复

海岸带生态湿地沉积物在上游下泄泥沙与海洋潮汐共同作用下形成，当泥沙来量下降，或风浪侵蚀力加强时，湿地沉积物可能在短期内大量损失，继而植物消亡，因此沉积物改良修复常常是受损湿地恢复的关键步骤之一。在人工干预改良沉积物过程之前，需要预先评估沉积物原料的材质特性，如“黏土”和“沙土”质沉积物适用于不同的湿地恢复场地和先锋植物；另外，对沉积物的营养条件和受污染程度也必须进行调查评估，以确保沉积物有利于先锋植物自然生长的同时，不对周边水域产生二次污染。除了直接的沉积物改良之外，对于一些坡度较大、自然侵蚀较为严重的湿地边缘，也可采用土工护坡结构消减风浪与固定沉积物，如固沙网、松木桩、土石坝等。

3）湿地植被修复

我国主要的海岸带生态湿地植被类型为芦苇、互花米草（已定义为外来入侵物种）、海三棱藨草、柽柳、盐地碱蓬、茅草、短叶茳芏等。在我国海岸带生态湿地生物种群修复实践中，北方以盐地碱蓬、柽柳等为主，南方以芦苇、海三棱藨草等为主，根据湿地植被退化现状，可采取自然恢复、人工种植（移植）等方式进行湿地植被修复。

湿地植被自然修复主要采取去除外界压力或干扰、封滩保育的方式，促进湿地植被自然恢复。如修复的区域湿地无法通过自然再生能力实现植被自然恢复时，采用人工种植的方式修复湿地植被。湿地植被的人工种植（移栽）坚持采用乡土物种的原则。根据湿地植被的繁殖方式，采用根、茎、种子繁殖等进行种植或移植。考虑一年生与多年生植物的特性和耐盐、耐淹程度，在其适宜生境进行科学扩种，以提高成活率，促成待修复湿地植被的快速修复。

2.2 海岸带生态湿地修复技术

2.2.1 水动力修复技术

湿地水动力条件是湿地健康与否的决定因素，它是海岸带生态湿地的重要组成部分，直接影响湿地生态环境的理化性质及营养物质的输入、输出，也是海岸带生态湿地生物得以生息繁衍的重要基础。

"水系连通"被认为是海岸带生态湿地影响生态水文过程的最基础要素之一，近年来也被越来越广泛地应用于水文学以及生态水文响应的相关研究。一般认为，水系连通是水文循环中某几个要素的静态组成或动态连接，退化湿地生态系统中的水系连通往往较差，导致内部水体中营养物质含量在多变的外界环境中出现大幅波动，水系连通的中断或受阻将降低物种在不同生境间的迁移能力，增加物种种群的孤立，严重影响栖息地生物的物种稳定性以及群落结构的抵抗力，使得生物多样性被破坏。湿地水系连通可采用围垦堤坝拆除、潮沟修复与重建、微地貌整饰等措施。在采取工程措施连通湿地水系时，都应构建数学模型，并进行水文计算，对提出的措施方案进行合理性论证。

2.2.1.1 围垦堤坝拆除

根据调研，目前有许多工程由于前期围垦造堤而造成海岸带生态湿地内潮动力减弱，可以考虑对现状的围垦堤坝进行拆除以恢复湿地正常的潮动力水文环境。

堤坝拆除对于围垦造堤型湿地生境退化具有重要意义。例如，在20世纪90年代，由于风暴潮的影响，荷兰Schelde河口部分围海造田的围堤发生溃口，经过十多年发展，曾经的盐田成功变成了盐沼湿地，因此越来越多的科研人员开始关注利用堤坝拆除进行海岸带生态湿地的生态修复研究。目前，对于堤坝的拆除可以分为两种模式：堤坝全部拆除与开口式拆除（部分拆除）。

1）堤坝全部拆除

原始自然条件下的湿地外围是没有堤坝遮挡的，与周围滨海环境在水文上是彼此连通的，因此堤坝全部拆除模式通过全部堤坝的拆除达到湿地水文与外界完全连通、提高湿地潮动力条件、恢复原始海岸湿地自然景观格局的目标效果。全部拆除模式的工艺较为简单，最重要的是将拆除方量计算准确，并且对施工过程进行严格规划管理，最大限度地减少对周围生态系统的破坏；但是堤坝全部拆除模式工程量较大，不够经济。因此，堤坝完全拆除的修复模式适合于只有堤坝完全拆除才能使盐沼湿地潮动力恢复的情况，或者生态修复目标要求较高的海岸带生态湿地，如生态修复目标为恢复原有自然环境景观状况、要求修复后的湿地景观尽可能接近自然的生态修复项目。

2）开口式拆除（部分拆除）

开口式拆除则是通过在现有堤坝上进行开口并配合相应的潮沟开挖达到湿地水文与外界连通，提高湿地潮动力条件、恢复海岸带生态湿地生态系统的目标效果。开口式拆除工艺相对复杂，其最大的困难在于确定开口的数量、间距等，以确保开口后的潮动力条件能够满足湿地植被群落的健康发展。

开口式拆除既可以满足生态修复的一般需求，又可以保留原有堤坝抵御风暴潮的功能，且成本较低。因此，在实际的应用中，除特别要求的生态修复项目需采用全部拆除，其他情况建议采用开口式拆除。

为保障恢复水体的流通与交换，围垦堤坝的拆除方案需开展水体交换数模论证，综合考虑海洋潮汐与河口径流的综合作用动力变化过程，同时设置多种方案进行比选，以确定最优方案。后续章节以滨州海洋生态修复项目套尔河至顺江沟入河口段水动力恢复的数值模拟应用进行举例分析，详见 2.2.1.4 节。

堤坝拆除施工技术和方法的介绍详见 6.4.2 节。

2.2.1.2　潮沟修复与重建

海岸带生态湿地由于潮沟系统退化与阻塞而导致湿地内潮动力减弱、湿地水文环境退化，可以考虑进行潮沟系统的修复。

潮沟是海岸带生态湿地的重要组成部分。对于一个面积较大的湿地，潮沟的存在在一定程度上可以增加湿地内的潮动力，还可以起到水质交换、潮汐循环、增加湿地生态性的重要作用。

潮沟恢复与重建可以从平面形态、级数、密度、截面等方面考虑，潮沟系统的平面形态可分为平行、树状(细长与非细长)、支流状、辫状、连通型，设计时可参考区域历史潮沟或附近区域现状潮沟的形态确定。潮沟级数与湿地的面积息息相关，面积越大的湿地，其潮沟的级数就越多，面积越小的湿地，其潮沟的级数就越少；湿地水动力条件越强，其潮沟的级数就越多；建议不要设计过多级的潮沟，一般以一、二级潮沟为主。潮沟密度通常用单位面积潮滩上的潮沟长度来表示，与潮盆的纳潮量或者潮差呈显著正相关关系；同时，潮沟密度与潮滩植被也有一定的关系，而与沉积物中的黏土含量呈负相关关系。潮沟横剖面的断面形状有V形及U形，其中V形具有更稳定的边坡比，U形具有更大的纳潮量，在进行设计时需同时考虑边坡稳定和纳潮量，建议采用V形和U形结合的梯形截面形态。潮沟宽度一般根据自然沟渠而定，当需要新建潮沟时，一级潮沟宜设计为 2～4 m 宽，二级潮沟宜设计为 1～2 m 宽。

潮沟按深度不同可分为深水沟和浅水沟：深水沟的水深长期保持不低于 2 m，主要目的是让游禽、鱼类等湿地动物在低潮时也有生存空间；浅水沟水深 0～30 cm，潮沟坡度在 2°～5°，可为涉禽类水鸟提供栖息环境。

综上所述，在进行海岸带生态湿地潮沟恢复设计时通常可以采取以下措施：

(1) 针对潮沟淤积阻塞的区域，可因地制宜设计一级和二级沟渠，改善水系连通性。

(2) 针对水文环境受人为活动严重干扰的区域，可结合水文模型确定潮沟开口位置、深度、宽度、走向和数量。

(3) 可通过改变局部区域的高程、疏通小支流和沟渠等方法，提高水系连通性。

潮沟的具体疏浚技术和施工方法详见 6.4.1 节。

2.2.1.3 微地形塑造

当海岸带生态湿地由于滩面微地形变化而导致盐沼湿地水文环境不适于目标生物生长时,可以采用微地形塑造技术对海岸带生态湿地的水文环境进行修复。盐沼湿地的微地形条件决定了盐沼湿地内的淹水深度、淹水频率及淹水时间,而这些对湿地植被及其他生物的生长具有重要影响;不同淹水深度梯度下的植物生境和群落类型都表现出较大差异,水深从高到低变化的过程中,优势植被也从水生植物过渡到旱生植物;干旱时期(水深较低),淹水频率及淹水时间较低,旱生植物的覆盖度增加,而在丰水期或洪水漫滩时(水深较高),水生植被覆盖度增加。因此,当滩面微地形由于自然及人为因素发生变化时,海岸带生态湿地植被群落也会随之发生相应的变化甚至退化。此时则需要通过对湿地内的微地形进行人为的改造与控制,使湿地内的淹水深度、频率及时间满足湿地植被及其他生物的正常生长需求。对于海岸带生态湿地的微地形塑造,一般可以从地形高程改造与地形坡度改造两方面展开。

1) 地形高程改造

地形高程与当地的潮位之间的相对关系决定了不同地形高程的淹没时间及频率,是影响海岸生态湿地植被及其他湿地关键物种生长的重要因子。因此,湿地的微地形塑造最重要的是对目标生物生长地形高程的修复,将目标生物生长所需的最适地形高度阈值及现状地形下的湿地滩面地形高程进行对比,选择地形抬升工程或地形降低工程来进行滩面高程的改造。

2) 地形坡度改造

地形坡度是海岸带生态湿地微地形塑造需要考虑的另一个重要因子,通过地形坡度的设置与改造可以模拟天然潮滩坡度,同时在滩面较窄时满足多种不同湿地生物的生长高程需求。地形坡度的改造跟地形高程改造的原则一样,根据目标生物生长所需的最适宜地形坡度阈值进行确定。但是,在实际工程应用中,基本上稳定的湿地地形坡度都是一个接近于零的数值。因此,在实际坡度改造过程中,为方便施工,可以把自然动力较强的区域(潮水经常到达的区域)内的坡度设计为 0°,经过一定的年限可自然形成坡度;而对于自然动力较弱的区域(潮水不易达到的区域),可以设计成一定坡度的形式(在施工条件不利及项目经费较为紧张的情况下可将其设计为 0°)。

采用微地形塑造技术也能够改善海岸带湿地内盐沼植被种子截留状况,以达到修复湿地植被生长区域的目的。关于微地形改造技术和施工方法的介绍详见第 6 章内容。

2.2.1.4 水动力修复技术应用案例分析

以滨州近海海域套尔河口至顺江沟段生态修复工程为例,分析水动力修复技术在海岸带生态湿地修复项目中的应用情况。该工程依据工程区域生态现状,通过实施微地形塑造、水动力修复等工程措施,提高水体的复氧能力,改善近海水域水质,恢复区域水动力条件,从而最终达到提高区域生态环境质量的目的。

1) 项目概况

滨州海域生态修复工程位于滨州市沾化区北部海域,原生生态系统主要包括盐沼、牡蛎礁、滩涂、滨海湿地等,因大范围开展人工养殖和盐田生产活动,致使滨海湿地、滩涂范围被逐渐侵占,造成当地滩涂生物文蛤、沙蚕等底栖生物大面积退化,珍稀鸟类觅食栖息场所被破坏，给本就生存空间严重受限的生态系统造成了新的威胁。套尔河河口至顺江沟段围堤内水域面积 1 760 hm^2，内外侧海域完全封闭，造成部分海域水质富营养化，水体恶化，滨海湿地生态系统功能受损。为修复该区域生态系统，有必要通过拆除部分围堰、打通水体通道，以期恢复海域水动力。为确保设计方案合理可行，构建二维水动力对流扩散耦合模型，对工程区域内的水体交换过程及驱动机制进行了模拟研究，确定不同的水交换通道宽度下的水交换特征及其提升方案。

2）数值模拟

该项目通过 MIKE21 模型软件建立水动力模型、对流扩散等数值模型，研究分析不同开口宽度与区域内水动力和水体交换的关系，并对滨州海域套尔河河口至顺江沟段海域生态修复工程的水体交换通道宽度及生态修复水位提出建议。在模型中设置 3 个水体交换通道，西堤设置 2 个过水断面均宽 40 m 的通道，东堤设置 1 个，对东堤通道宽度不同（40 m、60 m 和 80 m）进行水体交换量影响模拟。研究表明：在拆除部分内隔堤的前提下，利用东堤水体交换通道调度，在区域内能有效提高水体交换效率，15 d 基本可以使工程区域的整体换水效率达到 70％以上，20 d 基本可以使工程区域的整体换水效率达到 90％以上（图 2－6）；当区域内高程为 0.79 m 时，平均每天上水时间为 2.1～2.6 h，满足种植碱蓬的要求。

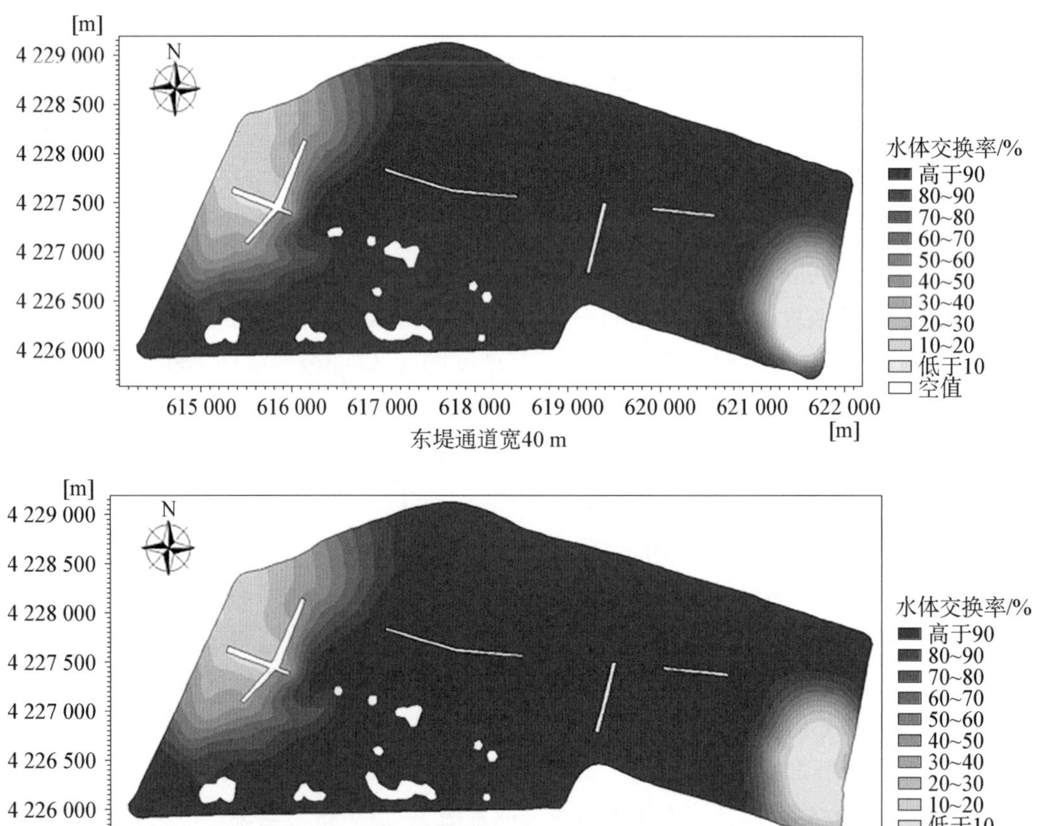

东堤通道宽40 m

东堤通道宽60 m

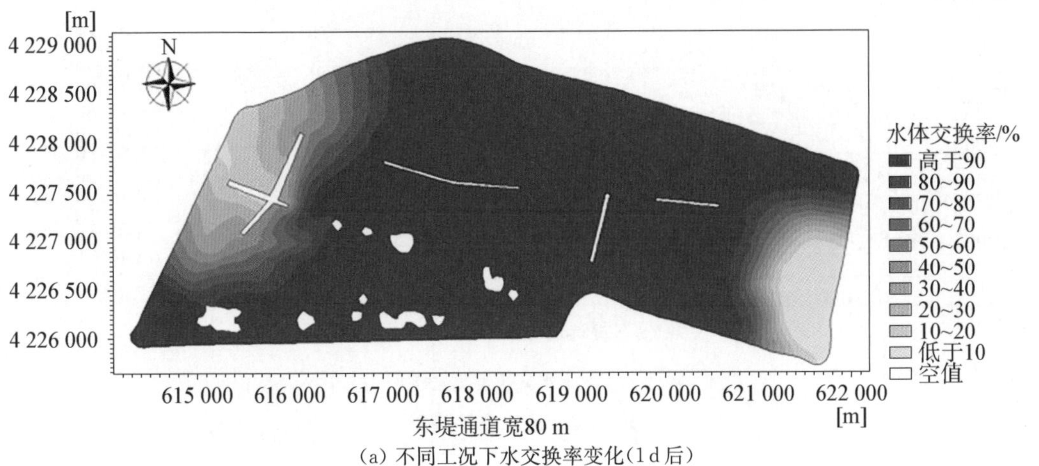

(a) 不同工况下水交换率变化(1 d 后)

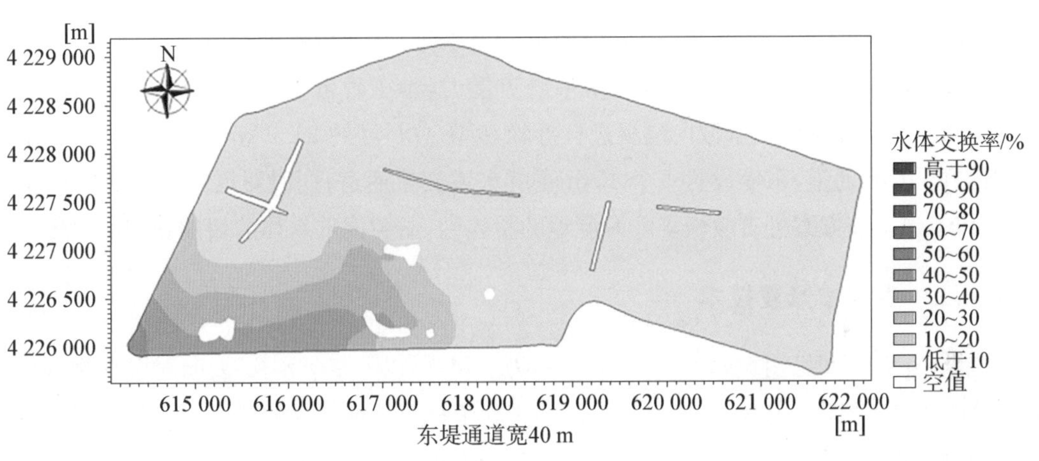

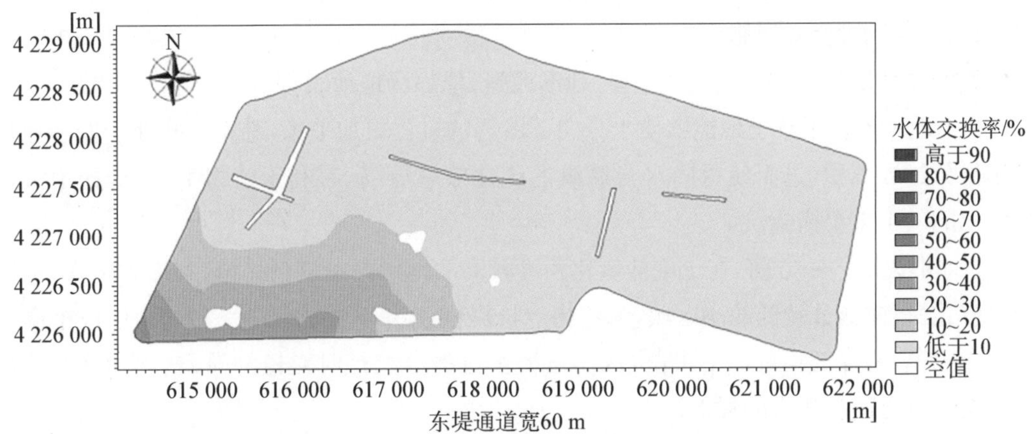

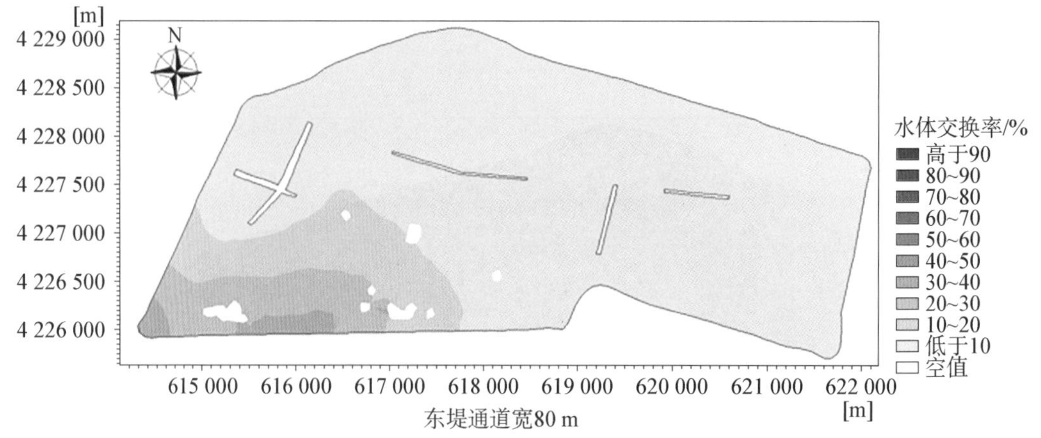

(b) 不同工况下水交换率变化(20 d 后)

图 2-6　水体交换模型

3) 技术措施

为恢复湿地的水文动力环境，满足湿地最低需水量，并形成周期性淹水区域，维持较丰富的生物多样性，又不能降低现有围堤防浪减灾能力，本工程依据数值模拟结果，确定了如下修复方案：对围堤内北侧水域内隔堤进行拆除，拆除总长度约 24.2 km；在西堤设置 2 个过水断面均宽 40 m 通道，东堤设置 1 个 40 m 宽度水体交换通道；同时对退化和堵塞的潮沟进行疏通和扩建。该方案可有效恢复滨海湿地的整体性，避免内部水体的切割和交换不畅。

2.2.2　沉积物修复技术

海岸带生态湿地生态修复常以水动力作用为主导，辅以人工干预，必要时对沉积物进行修复，并重点针对沉积物的盐碱性进行修复，使其有利于盐沼植被生存的状况。修复措施主要包括五个方面：物理修复措施、工程修复措施、化学修复措施、生物修复措施和综合修复措施。

2.2.2.1　物理修复措施

常见的物理修复措施包括土地平整、地形改造、增加场地地表覆盖等措施。

(1) 土地平整。平整土地能够使水分向下渗透的过程更加平稳，避免一些处于低洼地带的土壤盐分过度累积，进而使得降水与灌溉的脱盐效率更高，有利于植物生长，是盐沼湿地种植绿化的一个重要措施。

(2) 地形改造。一方面，在土壤盐碱化程度较高的地形高点进行种植，利用大树穴、微区改土等方式，形成盐分较低的小区域，为植物生长提供先决环境基础；另一方面，可以抬高地面形成台田模式，降低相对地下水位，从而缓解土壤盐分上行时对植物根系造成的伤害，通常用于重要景点面积较小的局部绿化。

(3) 增加场地地表覆盖。在进行生态修复时，可以在种植穴内覆盖稻秆、稻草、粗砂、炉灰渣等，通过设置填料层，切断蒸发渠道，控制盐分上移，达到治理效果。

物理修复方法总体上易于操作，相对比较简单，具有广泛的应用范围，几乎可以应用于所有类型的地域及盐碱地。然而，由于工程量大，客土耗费较高，物理修复技术未来发展空间仍然非常有限。

2.2.2.2　工程修复措施

利用工程措施修复沉积物的盐碱性，需要掌握"盐随水来，盐随水去；盐随水来，水散盐留"的水盐运动规律，在此基础上建立系统完善的排水和灌溉管网，灌水冲洗、引洪放淤，严格控制地下水位，持续洗盐脱盐，以达到盐碱地修复的目的。工程措施包括灌水洗盐、暗管排盐、明沟排盐、蓄淡压盐等。

(1) 灌水洗盐是指人工浇灌地下水或降雨，使土壤中的盐分在水压作用下下渗到深层土壤，从而达到降低表层土壤盐分的效果。

(2) 暗管排盐是将带孔隙的管道铺设于地下一定深度，待灌溉用水或降雨或直接汇入管道中的地下水通过管道排出土地，带走盐分，从而修复盐碱地。

(3) 明沟排盐是指通过在湿地系统中每隔一定的距离挖取一定深度的沟渠，来排出盐分，修复盐碱地。

(4) 蓄淡压盐是指在盐碱地上拦蓄淡水以淋洗土壤降低盐分的方式。该措施主要通过区域内排水管网形成内循环系统，不对外排水，通过循环灌水压盐，使盐分下渗。

目前，我国利用工程措施修复盐碱地，主要通过构建排盐管网来进行灌溉和雨水收集，从而控制地下水位，实现盐碱地脱盐的目的。

2.2.2.3　化学修复措施

化学修复措施一般指利用化学修复剂(包括酸性改良剂、矿物改良剂)、有机肥等与土壤本身产生化学反应，降低盐碱度，增加土壤肥力，从而改善盐碱土壤的理化性质。

常见的酸性修复剂包括 PAM、腐殖酸、黑矾、醋渣等，它们可以平衡土壤酸碱度，提高绿化植物的耐受力。常见的矿物修复剂包括多种石膏、硫酸亚铁等，它们可以降低盐碱土壤 pH 值，从而缓解盐碱化。常用的有机肥包括厩肥、草炭、泥炭等，它们能够增加土壤有机质，改善土地理化性质，增强透气性，优化土壤颗粒构造，进而促进植物生长。种植绿肥也是盐碱地修复的有效方法，绿肥作物的种植可以增加地表覆盖，减少土壤水分蒸发，其根系活动也能在一定程度上增加土壤肥力。

2.2.2.4　生物修复措施

生物修复措施被认为是沉积物修复最根本有效的措施之一。生物修复措施主要包括三个方面：

(1) 对有经济价值的盐生植物和耐盐植物进行引种和驯化。例如种稻洗盐，是我国海岸带盐碱地生物修复的主要措施之一。稻田种植需要在生长期进行淹灌，其间大量的排水换水可以有效排除土壤盐分。

(2) 进行抗盐新品种和转基因抗盐植物的培育。例如袁隆平团队研制的"超优千号"海水稻，可以在 0.3%～0.5%盐分浓度的土地生长，且亩产可达 300 kg 以上。

(3) 增加土壤中的噬盐微生物等。例如利用氧化硫硫杆菌能够有效降低土壤 pH 值，且对植物没有伤害。通过生物修复方法修复盐碱地简单易行，且脱盐效果稳定，同时可以保持水土，维持生态平衡。此外，生物修复可以提高土地经济效益。从可持续发展角度出发，生物修复方法是开发利用盐碱地最行之有效的方法之一。

2.2.2.5 综合修复措施

海岸带生态湿地沉积物的修复需要进行全面的规划，将各项措施综合起来，并根据不同地区盐碱化程度的高低，因地制宜地采取较合适的修复措施，形成完整的修复体系。在进行海岸带生态湿地修复时，可选择盐碱滩地物理-化学-生态综合修复及植被构建体系和复合生物-生态强化水面流湿地净化体系。

盐碱滩地物理-化学-生态综合修复及植被构建体系主要包括四点：①利用地下沙柱群打造蓄雨入渗工程，最大限度拦蓄降雨来提高夏季蓄淡压盐的效果；建立盲沟、淋层、集水井结合的地下排水排咸工程将盐水收集起来排出。②通过有机肥料和草炭及盐碱土修复剂等，改良土壤结构，在土壤快速脱盐的同时形成植物所需的立地条件。③利用截渗工程防止返盐，将盲沟和土工布隔离层相结合，阻断土壤水毛管上升作用，运用截渗沟防止周围盐土中盐分的渗入。④引进筛选本土耐盐植物和经过驯化的耐盐园林植物，适地适树，提高苗木成活率，科学造林。

复合生物-生态强化水面流湿地净化体系主要包括：一是高含盐再生水洗盐技术，在建设初期预先用高含盐再生水注入场地压盐，利用水盐运动规律，通过表层盐溶和淋洗作用，将场地土壤盐分带出；二是盐碱土壤基底防盐与控盐技术，优先选用排盐毛管、暗沟，铺设可降解塑料膜，原土拌沙等简易防盐措施；三是耐盐先锋植物选择与优化配置技术，根据沿水流方向下游盐分逐渐增高的特点，分级配置耐盐植物；四是缓冲带将生态护岸与湿地缓冲带相结合，打造立体岸线，缓冲带基底做防盐处理，处理厚度一般为 6 cm 左右，设计宽度为 15～20 m，其上打造草坪绿化、草本植物、乔冠木等多层次立体植被群落结构。

2.2.2.6 沉积物修复技术应用案例分析

以永定新河口综合整治项目为例，分析沉积物修复技术在海岸湿地生态修复项目中的应用情况。本工程主要采取岸堤浅滩清淤、盐渍化土壤修复等措施对海岸湿地沉积物进行修复。

1）项目概况

天津滨海新区地处华北平原北部，区域岸线具有河口、海岸湿地、浅海滩涂等多种生态系统，自然地理景观多样性丰富。工程区域属于海河流域北系支流，是永定河、潮白河、北运河、蓟运河四条支流的共同入海河道，也是海陆相互作用最活跃的地区，海岸滩涂宽阔平坦，岸滩分带明显，在滩涂表面覆盖有很厚的松软粉砂或淤泥(图 2－7)。此外，入海河口是北京和天津重要的排污口，河口区沉积物有较强的吸附作用，经调查，工程区域岸滩污染物富集程度高，特别是硫化物、重金属等污染物含量较高。

2）技术措施

(1) 岸堤浅滩清淤。在海岸带生态化建设过程中，岸线沉积物环境是构建生态海岸的基本要素。工程区域为粉砂、淤泥质海底底质，对京津陆源排放污染物具有较强的吸附和沉降作用，致使永定新河口生态系统长期处于亚健康和不健康状态。通过实施海岸带浅滩清淤，改善永定新河口沉积物质量和人工海岸地质环境条件，增强岸堤水体循环流动，提升局部水

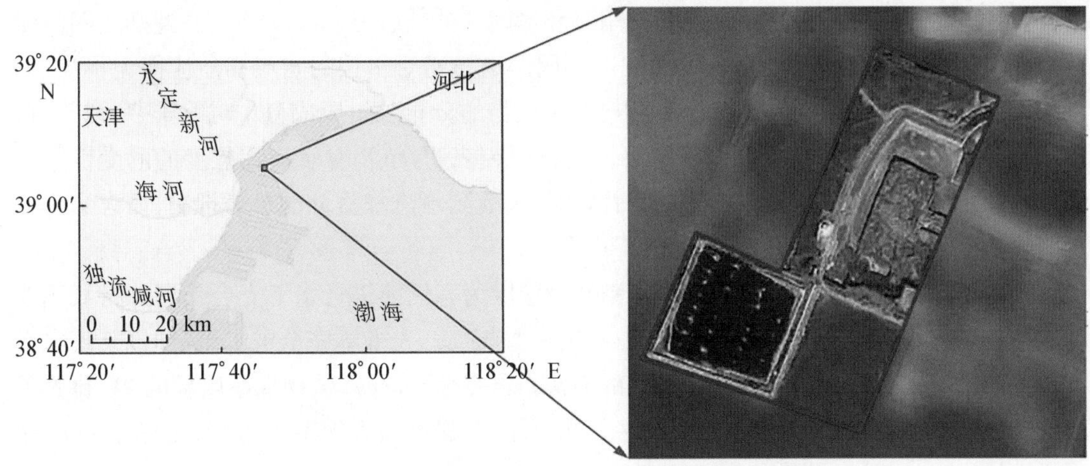

图2-7　天津永定新河口综合整治项目地理位置

体自身净化能力，提高海洋生物栖息环境质量，增强岸堤浅滩对海洋生物群聚效应。

(2) 盐渍化土壤修复。项目所在区域土壤盐渍化严重，人工海岸生态化建设需对回填盐碱土壤进行生态修复。先依据工程区域土壤特点，利用营养盐运移、渗透系数和土壤盐土运移规律，对人工海岸盐渍化土壤进行室内改良模拟研究，优化改土培肥技术。再在工程区域土壤改良区铺设一级排盐管和二级集水管相结合的控碱体系，包含种植土、淋层、排盐沟、集水管、排盐管、排盐井(观测井)，同步建设若干强排井，优化暗管排盐技术，更换项目示范区表层客土，集成有机肥与山皮砂等环境友好材料进行培肥，通过深耕等措施保证土壤中有益微生物生长。采取盐渍化土壤修复措施，为工程区域植物生长提供良好的土壤条件。

2.2.3　植被修复技术

湿地植被是指生长在地表过湿或有季节性或常年性积水、土壤潜育或有泥炭的地段上的植物群落，由湿生、沼生和水生植物组成。湿地植被修复技术泛指通过自然或人工手段使得湿地植被得到有效修复的过程。植被修复主要包括三个方面的内容：①植被生长环境分析。②植物选择。选择本地植物，并根据工程区自然地理条件确定目标植物，一般选用抗污染能力强、根系发达且具有良好环境适应能力的植物。③种植方式。种植时应根据不同植物的特征，选择合适的种植季节和种植方式。

2.2.3.1　植被生长环境分析

海岸带生态湿地环境对大部分植物来说是一种胁迫的环境条件，胁迫因子主要包括水位变动和潮水水淹、较高和较易变动的含盐量以及由还原性的基质条件造成的缺氧与有毒化合物的毒害作用等，滩涂植物可能还会经历夏季水分亏缺、强光照和高温的胁迫，但是仍有一些滩涂植物对滩涂环境条件具有较高的适应性。

目前大量研究表明，影响湿地植被的主要因素为潮汐影响和盐分胁迫。

1) 潮汐影响

海岸带生态湿地不仅含盐量高，而且湿地植物还要耐受周期性的水淹。潮汐变化(水淹时间、水淹深度)会影响滩涂植物光合作用对环境因子的响应方式。水分条件特别是潮汐变化对湿地植物光合作用有着显著的影响。不同湿地植物对水位的响应和适应能力不同,如潮沟大小和距离潮沟的远近都会显著影响滩涂植物的分布与组成成分。对紫羊茅、海石竹、沿海车前、碱菀、海非菜和盐角草等盐沼植物的研究表明,植物对水淹和盐度的耐受性与它们在盐沼中分布的位置相一致;高位盐沼植物生长受到水淹和盐分的显著抑制,而大米草等植物生长则受到水淹的促进。

一些海岸带湿地植物能适应潮汐水淹环境是因为它们能进行水下光合作用并将氧气传输到植物其他组织中,或者直接从环境中富集一些氧气。大米草完全被水淹没时,其疏水性叶片表面的气体膜能够促进 O_2 和 CO_2 的交换。当完全淹没时,植物根茎内部的 O_2 显著下降,尤其是在夜晚。叶片气体膜能促进水下光合作用,提高白天根茎中的 O_2,而在夜晚时能促进水体中 O_2 进入叶片维持根茎较高的 O_2 含量。

除植物生理生化水平上对水淹的适应外,植物种群水平上也会对海水水淹产生响应,一些植物种群水平的调控也是影响其生产力的重要机制。例如,崇明东滩围垦区滨海滩涂湿地植物芦苇叶片光合能力在高水位显著低于低水位和中水位,但是芦苇植株密度、叶面积指数和单位面积地上生物量在高水位最大;而白茅叶片光合能力在三个水位梯度间无显著差异,但是白茅植株密度、叶面积指数和单位面积地上生物量在低水位最大。

2) 盐分胁迫

与潮汐紧密相关的环境条件是海水和土壤的盐度。盐度也是影响海岸带生态湿地植物光合作用和生长的主要环境因子之一。物种之间对盐分的适应能力各不相同。随着盐分胁迫程度的增加,一般而言,低盐分条件会促进植物的生长,而高盐分处理则会抑制植物的光合作用和生长。

对芦苇光合特性的研究表明,不同生态型芦苇光合速率和气孔导度有明显差异,随生境盐度的增加而降低,气孔限制因素是盐分胁迫下芦苇光合速率降低的原因之一,低盐分生境中生长的芦苇的 RuBP 羧化酶(RuBPCase)活性均大于高盐分生境中的芦苇,而磷酸烯醇式丙酮酸羧化酶(PEPCase)活性均小于高盐分生态型,表明在盐渍条件下,叶肉光合器官光合活性的降低也限制芦苇的光合速率。

研究表明,潮汐和盐分胁迫都会显著影响盐沼植物的生理生态活动,潮汐影响更多地体现在淹水环境对植被的影响。

2.2.3.2 植物选择

对于大多数海岸带生态湿地而言,在进行湿地植被修复的过程中,其基本思路是:应先对生态修复区的植被生长特点进行分析,并以此确定植被修复类型及平面方案(其中植被生长特点可以从盐沼植被生长范围、盐沼湿地主要植被类型及空间分布特征与问题等进行分析,河口处及浅海滩涂处的湿地植被的分布特征相差较大,应用时应注意区分);再依据植被类型及修复区域的自然条件确定植被的种植修复方案。以长江口滩涂为例,按常见的滩涂植物的生长习性及其对潮滩盐度、高程的适应程度,可大致分为三类,如图 2-8 所示。

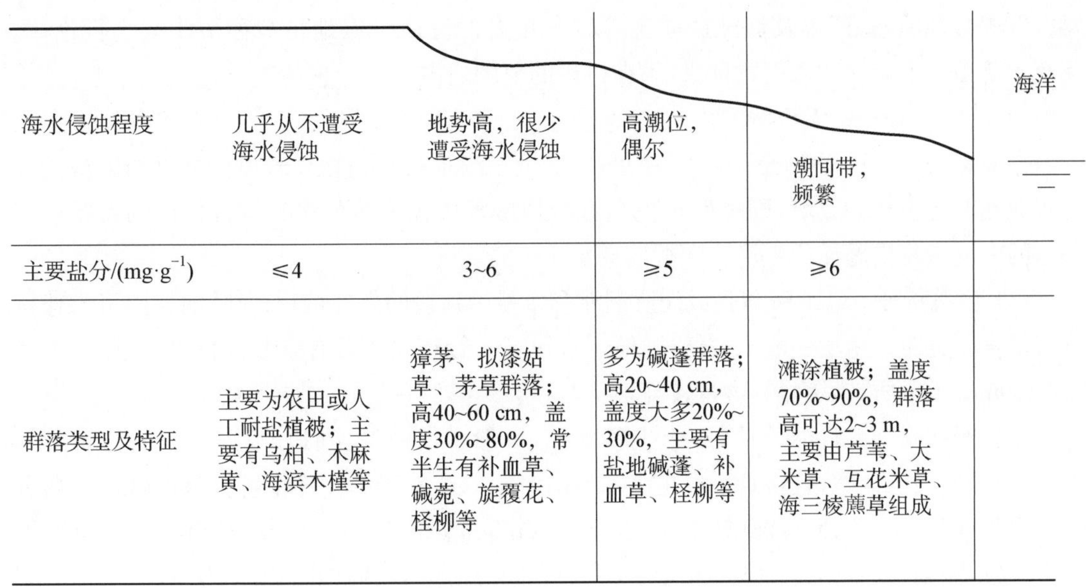

图2-8 长江口岸滩湿地与盐生植被分布示意图

（1）适应低潮滩、潮间带的有芦苇、海三棱藨草、藨草。

（2）适应中高潮滩的有芦苇、碱菀、盐地碱蓬、补血草、糙叶薹草、白茅。

（3）适应地势较高滩面、沿海堤内侧高地的有芦苇、碱菀、补血草、糙叶薹草、白茅、獐茅、拟漆姑草、草木樨。

在湿地植物选择方面，应遵循以下基本原则：

（1）保护优先原则。对珍稀物种分布区或植物特别丰富的区域、多种水鸟觅食区、栽植难度大的区域，应尽可能以保护原有湿地植被为主。

（2）生态适应性原则。优先选择乡土植物或适应当地环境且不会造成生物入侵的物种，也可对外来植物进行优化改良，使其不会侵害本土植物生长。以此作为实施湿地植被修复技术的主要植物种类。

（3）可利用性原则。优先选择可以发挥生态功能，丰富生物多样性和提高栖息地完整性、完善食物链、美化景观等生态功能的植物，兼顾其经济、社会与文化等功能。

（4）慎用外来物种原则。在选择植物种类时，应尽量避免采用外来物种，若确需引入的，应做好监测和监管工作。

在选择湿地植被修复所用植物类型前，应先进行生态调查，调查大致可分为湿地动植物调查与湿地环境现状调查。湿地动植物调查包括种类组成、分布特点、保护物种、珍稀动物食物来源等，避免因植被修复而造成原有的珍稀动植物资源破坏；湿地环境现状调查包括气候、地形、地貌、水质、水深、水位变化、流速、主要污染物、沉积物特性等，可能涉及的因素很多，但调查的目的主要是以此判别导致湿地植被退化的因素，以及确定湿地植被修复技术所用的植物种类。

在湿地植被修复的类型选择上一般选取该海岸带生态湿地内的优势植被物种。本节主要就选取盐地碱蓬、芦苇及海三棱藨草等较为重要的海岸带湿地植被种植修复进行论述。互花米草由于被定义为入侵物种，故不在讨论的范围之内。

1）盐地碱蓬种植修复技术

盐地碱蓬是一种对生境要求较高的海岸带生态湿地盐沼植被。若拟要修复的区域生境达到盐地碱蓬生长的要求，则可以直接进行盐地碱蓬植被群落的修复；若没有，则需要进行一定的生境恢复措施使其生境达到盐地碱蓬生长的要求。

（1）生态特征。盐地碱蓬是淤泥质潮滩和重盐碱地段的先锋植物，向陆地方向可与柽柳群落呈复区分布。生境一般比较低洼，地下水埋深一般较浅或常有季节性积水，土壤多为滨海盐土或盐土母质，土壤盐分含量较高。

盐地碱蓬属于黎科碱蓬属，一年生草本植，一般生于海滨、湖边、荒漠等处的盐碱荒地上，是一种典型的盐碱指示植物，也是由陆地向海岸方向发展的先锋植物。盐地碱蓬主要分布于东北、西北、华北，以及河南、山东、江苏、浙江等地。高 30～100 cm，茎直立，有条棱，上部多分枝，枝细长，斜伸或开展。叶互生，无柄，叶片线形，半圆柱状，肉质，长 1.5～5 cm，宽 1～3 mm，先端尖锐，灰绿色，光滑或微被白粉。盐地碱蓬喜高湿、耐盐碱、耐贫瘠、少病虫害，有较高的食用及药用价值，适于沿海地区沙土或沙壤土种植。土壤含盐量在 0.4～1 g/kg 时显绿色，含盐量在 10～16 g/kg 时显红色。

根据研究显示，盐地碱蓬的关键环境因子为土壤全盐含量和地表高程。盐地碱蓬高适生区为潮间带中潮滩，上界为小潮高潮线，下界为小潮低潮线，中适生区为高潮滩。通过盐分对植物的胁迫效应的研究发现，盐地碱蓬对盐分的适宜区间为 10～16 g/kg。

（2）适宜区选择。盐地碱蓬的适宜区高程应根据种植当地水文水系情况分析，整体上符合盐沼植被低潮带至高潮带依次分布盐地碱蓬、芦苇的一般规律。对于坡度较大的海岸湿地需要对其坡面和高程进行改造后方有利于提高盐沼植被的成活率。另外，由于互花米草较之盐地碱蓬等原生物种有更强的竞争力，且互花米草具有很高的繁殖能力，除依靠种子的有性繁殖外还可通过断枝进行无性繁殖，很容易挤占本地物种的生存空间，因此在种植盐地碱蓬前，应先对区域内存在的互花米草进行根除。其生境要求见表 2-2。

表 2-2　盐地碱蓬生境要求

生境因子		生境条件
基底	成分	土壤中的含沙量最好在 30%～35% 粉粒成分最好在 60%～70%
	平均粒径	不宜超过 0.06 mm
	土壤盐度	土壤含盐量最佳区间为 11.7～17.6 g/kg 最大含盐量不应大于 35 g/kg 一般要求土壤盐度小于 30 g/kg
	总石油类	最适宜含量小于 0.5 mg/g 一般要求含量小于 1.0 mg/g

续 表

生境因子		生 境 条 件
	重金属	适宜含量： Cu 小于 35 mg/kg Cd 小于 0.2 mg/kg As 小于 15 mg/kg Pb 小于 300 mg/kg
水文	水位	盐地碱蓬高适生区为潮间带中潮滩，上界为小潮高潮线，下界为小潮低潮线，中适生区为高潮滩；淹没水深最适生态阈值区间为[−0.67 m，−0.17 m]，最低水深不能低于−0.92 m，最高水深不能高于 0.08 m
	淹水时间	保持在每月 18 d 被海水淹没，日潮淹没带是盐地碱蓬最佳生长环境，淹水时间的适宜区间为日均 2.1～2.6 h
	水流流速	水流流速也会影响盐地碱蓬的生长，但一般认为对大植株盐地碱蓬的生长影响不大，稍会影响幼苗的生长。盐地碱蓬种子会随潮水飘散而无法固着萌发，幼苗易被潮水冲刷脱离土壤，所以盐地碱蓬生长初期应控制水流流速

注：土壤盐度要求根据《河口潮滩湿地碱蓬景观生态工程构建技术规程》(DB21/T 2408—2015)规定。

(3) 种植方式。对于盐地碱蓬的种植，下面主要从选种要求、种植方法及时间要求等方面进行讨论。

① 选种要求。

选种原则：选择的盐地碱蓬种子应与种植区域特点相适应，湿地的土壤、区域位置等相似或相近；选择的盐地碱蓬种子必须是当年采集的新种子，保证发芽率；选择盐地碱蓬种子应以多株盐地碱蓬种子为主，辅助单株盐地碱蓬种子；选择的种子达到净度要求，杂质率要低。

种子用量：盐地碱蓬的种子用量可以根据需求进行确定，一般每平方米 400 株，每亩需要 50 kg 盐地碱蓬种子(折合每平方米需要 0.075 kg 盐地碱蓬种子)。若要求生态修复的盐地碱蓬植被覆盖度较高，则种子的用量可以适当增加。

种子萌发条件：盐地碱蓬种子发芽所需要的积温和最低温度分别为 24.57℃和 0.62℃，最适发芽温度为 20～35℃，盐浓度达到 500 mol/L，发芽率可高于 50%。

② 种植方法及时间要求。在对地形地貌实施改造后，对盐地碱蓬种植区域实施一次全盐含量的检测，根据其平面分布趋势在全盐含量小于 1%的区域采用直播的方式，直播种子密度根据培育发芽率确定，一般以 300～500 粒/m^2 为宜；在全盐含量大于 1%的区域采用育苗移植的方式，以提高成活率。种苗移植选择可降解材质制作的容器，一般采用蜂窝育苗纸筒。内装其体积 85%～95%的土壤，根据发芽率，以 300～500 粒/m^2 播种量进行撒播，覆土 0.5～1 cm。浇盐度小于 10 g/kg 水至饱和。出苗后保持土壤最低含水率 20%～40%即可。待盐地碱蓬种苗长至 5～10 cm 即可作为容器苗进行栽植。若栽植时间为潮位较低的小潮期，可在栽植后灌溉一次透水。

种植最佳时间在每年 3—4 月，具体耕种时间还需要根据当地的具体条件来确定，但最晚也不宜超过 4 月底。

③ 种植技术要点。

种子处理：照射处理，干燥种子消毒处理 60 s；或浸泡处理，先将种子浸泡 24 h，捞出后控干多余水分，消毒处理 55～65 s，随处理随播种。

整地：土地翻整 30 cm 深，然后挖深 5 cm、底宽 15 cm 的小沟槽，沟间距 20 cm。

播种：种子间距 2～3 cm，覆土 3～5 mm。

苗期管理：灌水 3 次，及时清除杂草和定苗，定苗后保持苗距 25～30 cm。

2) 芦苇种植修复技术

(1) 生态特征。芦苇属禾本科芦苇属，是多年生湿地植物，一般株高在 1～3 m 范围内，性喜湿、抗盐碱，是海岸湿地最常见的一种湿地植被，具有极高的生态价值及经济价值。芦苇适应性极强，可以在湖滨、海滨、江河及盐碱潮滩和沼泽湿地上生存，因此芦苇对生境条件的要求没有盐地碱蓬对生境条件的要求那么高，但也有一定的要求。若修复区域生境达到芦苇生长的要求，则可以直接进行芦苇植被群落的恢复；若没有，则需要进行一定的生境恢复措施使其生境达到芦苇生长的要求。

(2) 适宜区选择。水位是盐沼生态系统的关键环境因子，不同水文条件对盐沼植物的生长和光合等生理生态特性产生一定的影响。相关研究结果表明，芦苇对水位波动均具有较好的适应能力。芦苇在淹水条件下呈现较高的生长效率，淹水深度的增加更有利于芦苇的茎秆高度和生物量的增加，与较干旱区域相比，长期淹水状态下芦苇高度、基茎、盖度等各项指标均表现出最高值。整个生长季内，淹水处理对芦苇的水分利用参数具有显著影响。从种群空间分布特征来看，芦苇种群数量沿潮位降低的方向呈现逐渐减少的变化趋势，中高潮位区域以芦苇种群为主。芦苇拥有较广的生态位，其种群在地下水位 0.77 m 至地上水位 0.29 m 的区域上均有大面积分布。

有研究表明，水盐条件同样是影响芦苇生长发育的关键因子，在平均水深 0.3 m 时，芦苇平均密度和盖度出现明显的峰，随水深的梯度变化，平均密度和盖度向峰两侧递减，适宜的盐分区间为 4～9 g/kg。

芦苇对生境条件的要求较为宽松，见表 2-3。

表 2-3 芦苇生境要求

生境因子		生境条件
基底	土壤盐度	土壤盐度对芦苇的生长发育有一定的影响作用，若以芦苇光合生理指标为参考依据，芦苇生长区的土壤盐度应控制在 10 mS/cm 以下；若以芦苇指标为参考依据，其土壤盐度应控制在 0.615～7.035 mS/cm，其中最适阈值为 2.22～5.43 mS/cm
水文	水位	水位对芦苇生长发育有一定的影响作用，若以芦苇光合生理指标为参考依据，芦苇生长区的水位应控制在−50 cm 以上；若以芦苇光合生理指标为参考依据，芦苇生长区的水位应控制 0 cm 以上。芦苇根芽的成活率随着补水深度的增加逐渐降低，饱和水位(0 cm)对于芦苇根芽的萌发最为有利。在芦苇生长的中后期，10～15 cm 水深最适宜芦苇种群的生长

(3) 种植方式。

① 种植方法。芦苇栽种主要采用根状茎繁殖的方法，人们俗称苇根繁殖。选择地下茎时，要选择直径 1 cm 以上的土黄色、黄褐色、乳白色、茎上有 3～5 个芽、生命力强的根状茎，一般长 30～40 cm。采取根状茎的时候，最好在苇芽萌发以前进行，这样种茎耐储运，以免温度升高时，苇芽萌发快，小芽脆弱，不便储藏运输。

选好的根状茎应及时栽植，如远途运输可用草袋包装好，洒上水放在阴凉处，但水不要过多，要注意通风降温，储藏日期不宜过长，以免干枯、腐烂，根茎内养分消耗，降低成活率。

从土壤化冻后一直到地表结冻初霜前两个月都可以栽植，但越早越好。早栽，在生根发芽期可利用化冻水，并能增强苇苗的抗旱、耐盐能力。在有灌溉条件的地方，采取挖浅沟斜埋(地下茎短的可立栽)，上端露出地面 2～3 cm，株行距一般各 1 m。在土肥水足的土壤上，可适当放大距离，株行距各 2 m，当年成撮，两年连片，三年即可成苗。在没有灌溉条件的地方，可挖 15 cm 深的锅底坑，覆土踏实浇足水，落干后再覆盖一层土保墒。坑面要比地面略低，以便积存雨水，在海岸湿地的苇田选择茎粗壮、有 2～3 株在一起的苇苗，利用锋利的小铁锹或铁铲在靠近苇苗处挖出长、宽各 15 cm，高 20 cm 的土块。移栽时，先挖 20 cm 深的小坑，将起出的苇苗移植在坑里踏实，一般情况下，株行距各 1 m，但也要视当地土壤和水分情况而定。在土肥、水足、盐分少、面积较大的地方，可采用株行距各 2 m 的间距。用来移栽的苇苗高于 1 m 时，可用镰刀割去植株上部，避免因单株过高，受风吹而摇摆，这样也有促使不定根和侧芽迅速生长的作用。栽植后，最好能灌水保持湿润，或保持 5 cm 的浅水层，成活率更高，扩延也快。带土分根移栽法对于环境的适应性较强，成活率也较高，不过在移栽过程中，尽量保持须根不受损伤。栽后即可立即吸收土壤中的水分和养分继续生长，但因下部带土，上部优青苗，故不宜长距离运输和大面积繁殖。在干旱条件下，因上层土壤须根很少，抱不成团，不宜应用。

② 种植技术要点。种植时间宜安排在 3—4 月；种苗应采用生长中的芦苇根状茎，宜选择每段含 4～6 个种芽、长度 30～40 cm 的根状茎；种植方式宜采用挖穴坑种植，每穴宜定植 3～4 株芦苇根状茎，每段芦苇根状茎应至少有一个芽露出地面，株行距宜在 50 cm×50 cm～100 cm×100 cm。

3) 海三棱藨草种植修复技术

(1) 生态特征。藨草群落是盐沼湿地的先锋群落，广泛分布于滩涂的最前沿，多为单种群落，地下根茎密集交错，深度可达 50～70 cm，具有较强的固土功能。群落组成主要物种为海三棱藨草，呈点到斑块状分布于海滩常年积水的洼地和滩地，涨潮时被海水淹没。群落盖度为 70%以上，且由外向内逐渐增大。群落中有盐地碱蓬伴生。

海三棱藨草是莎草科草，属多年生草本植物，是我国本地特有的滩涂先锋物种，为广盐性植物，是长江口滩涂植物群落重要的组成之一，具匍匐根状茎和须根，秆高 25～40 cm，或多或少为散生，三棱形，平滑(图 2-9)。海三棱藨草的球茎和根茎还是白头鹤等越冬鸟类的主要食源，海三棱藨草的复种为食植新鸟类提供食源。

图 2-9 海三棱藨草

海三棱藨草内带的分布下限视盐度在平均潮位附近浮动，在潮间带分布的高程通常是 1.5～3.5 m，最适生境为潮间带中潮滩高程为 2～3 m(以吴淞口 0 m 线为准)，该区域滩涂盐土含盐量较高，在 0.43%～0.73%，pH 值在 8.10～9.07。在 3.5 m 以上的滩涂上，海三棱藨草不能与芦苇竞争；在滩涂高程 1.5 m 以下的地段，潮水冲击力大，水淹时间长，光照时间相对较少，以至于海三棱藨草难以一直存活下去。

(2) 适宜区选择。长江口是国内海三棱藨草分布面积最大的区域。海三棱藨草也是我国的特有盐沼植物，具有耐盐的特性。生境高程是盐沼植被在潮滩定居和生长的主要限制因子。在一定的胁迫梯度范围内(潮滩高程 2.0 m 以上)，增大种植斑块可以促进海三棱藨草的种内正相互作用，显著提高种植斑块的存活率和植株密度。潮滩水文动力沉积条件与潮滩高程梯度密切相关，水文动力沉积作用对海三棱藨草定居和生长的胁迫随高程梯度下降而增强。潮滩高程 2.0 m 以下处强烈的水文动力条件干扰限制了生物-物理因素的正反馈作用，即使最大的海三棱藨草移植斑块也无法存活。适宜高程的选择对于海三棱藨草恢复的成功至关重要。有研究表明，海三棱藨草主要分布在中潮滩上部和高潮滩下部，高程 2.0 m 以上区域。在较低高程的潮滩(2.2～2.5 m)，应适当增大海三棱藨草初始移植斑块的大小。

(3) 种植方式。

① 种植方法。在自然潮滩恢复海三棱藨草种群时，根据恢复场地的水动力条件，选择适宜的恢复方法是至关重要的。在水动力相对较弱的修复场地，最大波能密度小于 150 J/m^2 的恢复区，可采用球茎苗移栽或人工辅助播种的方法；而水动力相对较强的修复场地，最大波能密度大于 150 J/m^2 且小于 250 J/m^2 的恢复区，用竹竿或 U 形钉将麻袋牢固地固定于滩面等人工辅助播种方法可取得较好的恢复效果，球茎苗移栽易被冲刷或连根拔起，成功定植率低。其种植方法如下：

幼苗移植：藨草移栽密度为每 10 m^2 一簇。

带土的藨草球茎种植：4 个带土球茎微系统(60 个/m^2)。

种子种植：采取高密度播种处理(4 000 个/m^2)，种植深度 5 cm。

② 种植技术要点。要实现先锋盐沼海三棱藨草的成功定植和扩散，必须要注意以下几点：互花米草的覆盖面积应控制在盐沼总面积的 10%以内；有充足的繁殖体供应；适宜的高程条件(大于 2.2 m)；相对稳定的短期沉积环境(平均每月淤积 1.5 cm)。春季 4—5 月气温升高(日平均气温大于 15℃)，种子进入快速萌发期，在潮滩上扎根和定居所需要的无干扰期缩短，在此期间播种已春化的海三棱藨草种子，既能超过繁殖体的可利用性阈值，又能避免因环境和生物扰动造成种子损失。

2.3　海岸带生态湿地修复施工

海岸带生态湿地生态修复要取得预期的生态目标，需根据当地水文、地质、环境、建设规模以及生物、生态和物理属性条件制定详细、可操作的实施方案，同时地方监管和社会监督也很重要。从国内外先例中吸取经验固然有用，但关键还是要考虑如何因地制宜地进行调整，以适应具体的区域或位点。采用生态修复方法前，必须消除或减轻造成退化的原因或威胁。从海岸带生态湿地组成来看，要提高湿地环境稳定性，工程措施主要从湿地沉积物改良、水系连通、微地形塑造等方面开展技术研究。海岸带生态湿地施工技术包括沉积物排盐改良技术和微地形塑造，其中沉积物排盐改良技术与盐碱地土壤改良技术类似，详见 3.6.1 节，微地形塑造将在第 6 章进行详细叙述。

在海岸带生态湿地生态修复工程施工过程中应注意以下几点：

(1) 生态修复工程中需要进行一定量的土方工程以达到恢复湿地生境条件的目的，要注意土方工程施工时间及施工工艺的把握。淤泥质海岸带生态湿地土质松软，施工难度大，建议施工时间可以选在冬季滩面土质较硬的时候，并辅助相应的措施方便器械、车辆、人员进场施工，如采用荆笆、土工格栅等材料铺于滩面。

(2) 生态修复工程中需要进行一定量的湿地植被种植及其他生物资源的恢复，应根据该种生物的生存习性对湿地植被种植及其他生物资源的恢复施工时间上进行控制，确保植被及其他生物资源的存活率，如大部分的植被种植应选择在春季进行施工。

(3) 生态修复工程区域附近存在未发生退化的天然海岸带生态湿地，在施工过程中应注意对其进行保护，避免破坏天然湿地。

2.4　海岸带生态湿地修复管护

2.4.1　植物管护

对湿地植物生长状况应进行跟踪监测，特别是外来物种，要采取人工清理等措施，以防其过度生长对本地物种造成危害。同时，应监测生态湿地修复前后水质和其他生物物种变化情况。随着时间推移，应注意湿地修复中种植的植被可能大量繁殖或死亡，若不及时处理会加速湿地沼泽化的进程，也会造成湿地内源性污染，因此要及时跟进湿地植被利用和管护工作。

若植被修复措施中采用的植物生长过密，需要人工及时清理；若某些植物生长过度，可通过水位调节控制其生长；因洪水冲刷或其他原因等致使植物生长不良，或因放牧、水禽利用过度等，需进行人工补植，以维持种群正常密度。

1) 互花米草清除

一经发现再入侵或萌发的互花米草，应在其零星分布时采取人工措施将其地上植株和地下根部全部拔除。互花米草的去除切不能使用除草剂，建议采取人工拔除的方法去除。

2）残体清理及补种

清理植物残体选择在早春进行，腐烂的植物残体若不及时清理，势必引起二次污染和沉积。对残梗败叶要及时清除，避免沉积。对枯死的水生植物实施更新补种，以保证群落结构的稳定。

3）生态调整

生长因子适合的情况会造成个别物种的疯长，绝对优势种以后会挤压其他物种的种植空间，最后形成单一物种环境。通过合理调整水生植物的规模及生长环境使各种群落相互制约，形成物种间的良性竞争生长机制。植物过大、叶面互相遮盖时，也必须进行分株。要定期检查植株是否拥挤，一般 3～5 年需要进行一次分株繁殖。

4）植物群落管理

植物群落管理主要包括生长较好区植物的保育、生长过于旺盛区植物的收割管理、枯死期植物的收割移除、生长较差区植物的补植、工程区外来物种的控制和清除，另外还包括植物的病虫害防治。

5）植被的病虫害防治

盐沼植被在早期存在物种相对单一的情况，病虫害容易发生，难以通过植被物种多样性、减少单物种片植面积的方式减少病虫害的发生。因此，早期推荐用物理防治和化学治理的措施减少病虫害的发生。

（1）通过热处理、射线照射等方式对种子和幼苗进行处理，从源头减少病虫害发生的概率。

（2）管护期间应定期对植被生长情况进行巡视，及时清除染病、染虫植株，枯枝落叶集中处理，接触过染病植株的器具和人手经消毒后再与其他植株接触。

（3）根据害虫的习性，可采用灯光、热、辐射等方式吸引害虫集中杀灭。

（4）在用药时推荐使用生物制药，利用生物农药会减少对害虫天敌产生危害，且对人畜的威胁也相对较小，环境污染度小，能够长久、有效地作用于病虫害。

（5）对因外界原因死亡或病弱植株及时清除，补种可在植被适宜季节集中进行。

2.4.2 鸟类栖息地管护

1）水文管理

水文管理是鸟类栖息地管理的一个关键节点。涵闸纳潮可以保障灌浆纳苗，并减轻水体停滞现象。适时的降低水位可以促进芦苇带凋落物的氧化分解，并为需要不同觅食水深的鸟类提供无脊椎动物食物资源。各管理单元的水文管理节律可归纳为：①1—3 月水位要满足越冬水禽需求，保持最高水位（50 cm）；②4—7 月下旬使水位通过自然蒸发等途径缓慢下降，最低到 20 cm（满足雀形目、须浮鸥等繁殖鸟类需求）；③8—10 月保持 20 cm 的水位（满足迁徙涉禽需求）；④11 月提高水位至 50 cm（满足越冬水禽需求）。

2）外围互花米草防控

互花米草二次入侵对于区域内鸟类栖息地是一个很大的威胁，应及时监测互花米草二次入侵状况并实施控制措施。实践证明，通过使用除草剂灭杀小斑块互花米草是可行的，因此建议在工程区范围内实施互花米草监测。发现小斑块互花米草可通过喷洒除草剂加以控制，以防止其进一步扩散，最后逐步加以根除。

3）巡查与管护

水鸟栖息地除科研、监测及管护需要外，实行季节性或全年封闭管理，除适当的巡查和管护外，尽量减少人为干扰。水鸟栖息地巡查不少于1次/季度。巡查内容包括水鸟生存状况、栖息环境及设施设备等；根据巡查结果，判定水鸟栖息地开阔水面漂浮植被、垃圾及落叶等实际情况，开展清理、打捞工作，维持开阔水域面积及比例。高大的挺水植物区分片区、分年度进行收割。

4）鸟类监测和评估

每月定期对水鸟种群和数量及水质、生境演替等方面进行监测，用以评估湿地恢复成效和强化保护措施。

鸟类栖息地生境保护与修复过程中的监测与评价对于海岸湿地管理至关重要。对鸟类关键物种及其栖息地的科学管理应该建立在长期监测的基础上。相关部门可定期开展鸟类监测和巡护工作，调查方法基于调查样点或样线，时间记录以自然月划分，基本保障每月一次监测。对鸟类种类、数量、生境及行为等进行跟踪调查，能够针对栖息地生境问题及时诊断并采取措施，帮助判断修复过程是否有效。充分发挥“3S”技术在现代鸟类调查研究中的作用，建立鸟类动态监测数据管理平台和评估反馈机制，尤其是生态敏感的指示鸟种数据的预警机制，通过网络化信息管理，实现海岸湿地常态化的鸟类保护机制。同时，应加强毗邻集水区、流域等湿地生态系统的监测，从鸟类迁飞线路的尺度考虑更大范围内加强迁徙候鸟等栖息地的保护。

鸟类栖息地管护效果如图2-10所示。

图2-10　鸟类栖息地管护效果图

第3章

海岸带生态廊道

近几年在淤泥质海岸带生态修复中，借用景观设计中的生态廊道理念，引入海岸带生态廊道的概念。广义的生态廊道是指在生态环境中呈线性或带状布局、能够沟通连接空间分布上较为孤立和分散的生态景观单元的景观生态系统空间，不同于周围景观基质的线状或带状景观要素。生态廊道具有通道-阻隔二元性的特点，既能为动物活动提供通道，使得动物在不同栖息地之间交流，又能阻隔化学区、污染源等邻避设施，起到净化环境的效果。基于这种特点，在美国常将廊道功能分为栖息地和生境功能、物质传输功能、过滤或阻抑功能，以及物质、能量和生物的供给源功能。而海岸带生态廊道因其独特的环境及地理条件，其功能定位主要是保护生物多样性、过滤污染物、净化水体、减弱波浪、侵蚀防护、提升景观效果，进而改善海岸生态环境。在实际规划设计和建设中，狭义的海岸带生态廊道由陆向海一般由沿岸生态带、海堤生态带和近岸生态带三条生态带组成(图 3-1)。本章主要从狭义角度阐述海岸带生态廊道设计技术。

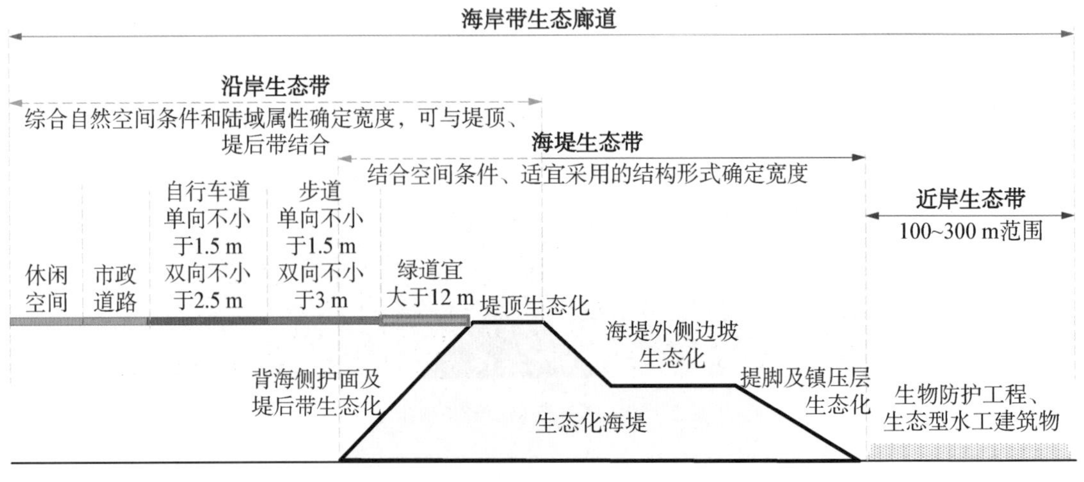

图 3-1　海岸带生态廊道的“三带”空间布局与功能定位

3.1　海岸带生态廊道修复设计

海岸带生态廊道的功能定位，首先是建立一条缓冲带，缓冲城市化和人类活动给海岸带累积造成的不良影响，并控制未来海岸带生产、开发等活动的强度，保护海岸带地区动植物及其生境。其次，生态廊道为海岸带发生的自然灾害提供了防护带，一方面从物理空间上使得城市开发区远离海侧自然灾害，另一方面结合生态手段而非粗放的传统工程来降低自然灾害产生的不良影响。最后，可在生态廊道中引入游憩带，为滨海区城市居民引入对生态环境影响较小的、有互动性的休闲、游憩、观赏、科研等人类活动，为滨海区城市居民提供更丰富的亲海空间和亲海活动，进而还可以带来经济效益。总体来说，海岸带生态廊道的构建是为滨海城市和自然生态环境打造一条缓冲防护活动带，来调和人类生产生活发展与自然生态环境间的矛盾。

3.1.1　设计理论

海岸带生态廊道的修复设计不是简单的生态绿化或者景观设计，而是建立在多学科理论基础上的生态设计。由于目前对于海岸带生态廊道修复设计的研究尚未形成科学系统的理论体系，这就需要借鉴类似成熟的相关理论，总结形成海岸带生态廊道修复设计的理论指导。

3.1.1.1　生态学理论

1）恢复生态学理论

顾名思义，恢复生态学即是对已经受到破坏的自然生态系统进行恢复和重建，这些破坏主要来自自然灾害和人类活动影响。自20世纪80年代，学者们基于生态系统演替原理，发展并系统阐述了恢复生态学理论，分析生态系统退化的原因和机理，并以此为基础开发生态系统恢复重建技术，应用开发技术方法对已破坏的生态系统恢复重建，以使其具有自我恢复和自我更新的能力。经过40年左右的发展，恢复生态学理论逐渐完善，在生态系统建设、生物多样性保护方面发挥着越来越重要的作用。

恢复生态学是研究生态系统退化的原因、退化生态系统恢复与重建的技术和方法及其生态学过程和机理的学科。对于这一定义，总的来说没有多少异议，但对于其内涵和外延，有许多不同的认识和探讨。恢复已被用作一个概括性的术语，包含重建、改建、改造、再植等含义，一般泛指改良和重建退化的自然生态系统，使其重新有益于利用，并恢复其生物学潜力，也称为生态恢复。生态恢复最关键的是系统功能的恢复和合理结构的构建。

生态恢复与重建是指根据生态学原理，通过一定的生物、生态以及工程的技术与方法，人为地改变和切断生态系统退化的主导因子或过程，调整、配置和优化系统内部及其与外界的物质、能量和信息的流动过程，以及其时空秩序，使生态系统的结构、功能和生态学潜力尽快地成功恢复到一定的或原有的乃至更高的水平。生态恢复过程是在生态系统层次上进行的，但一般采用人工干预的工程手段与方法。

根据生态系统退化的不同程度和类型,可以采取不同的恢复方式:恢复、重建和保护三种形式。退化生态系统的恢复与重建要求在遵循自然规律的基础上,通过人类的作用,根据技术上可行、经济上适当、社会能够接受的原则,使受害或退化生态系统重新获得健康并有益于人类生存与生活的生态系统重构或再生过程。生态恢复与重建的原则一般包括自然法则、社会经济技术原则、美学原则三个方面。自然法则是生态恢复与重建的基本原则,也就是说,只有遵循自然规律的恢复重建才是真正意义上的恢复与重建,否则只能背道而驰,事倍功半。社会经济技术原则是生态恢复重建的后盾和支柱,在一定尺度上制约着恢复重建的可能性、水平与深度。美学原则是指退化生态系统的恢复重建应给人以美的享受。

海岸带生态廊道设计以生态系统结构修复、功能完善以及生物多样性的保护为目的,需要尊重生态系统的自然演替原理,以恢复生态学理论为基础,分步骤逐渐恢复海岸生态。

2) 景观生态学理论

1939 年,德国科学家 Troll 在研究景观结构、功能及其变化时提出了景观生态学概念,它是以整个景观为对象,通过物质流、能量流、信息流与价值流在地球表层的传输和交换,通过生物与非生物以及与人类之间的相互作用与转化,运用生态系统原理和系统方法研究景观结构和功能、景观动态变化以及相互作用机理,研究景观的美化格局、优化结构、合理利用和保护的学科。景观生态学是一门新兴的多学科之间交叉学科,主体是生态学和地理学。其以景观的科学合理保护利用为目的,以景观的空间格局为基础,分析并探讨各部分结构和功能之间的关系和发展规律,并建立动态模型。景观生态学注重人与自然的和谐相处,将生态建设和景观格局相结合,即维持了生态平衡又可以改善人文环境。

景观生态学理论基本任务可概括为四个方面:

一是景观生态系统结构和功能研究,包括对自然景观生态系统和人工景观生态系统的研究。通过研究景观生态系统中的物理过程、化学过程、生物过程以及社会经济过程来探讨各类生态系统的结构、功能、稳定性及演替。

二是景观生态监测和预警研究。这方面的研究是对人类活动影响和干预下自然环境变化的监测,以及对景观生态系统结构和功能的可能改变和环境变化的预报。景观生态监测的任务是不断监测自然和人工生态系统及生物圈其他组成部分的状况,确定改变的方向和速度,并查明人类种种活动在这种改变中所起的作用。景观生态预警是对资源利用的生态后果、生态环境与社会经济协调发展的预测和警报。

三是景观生态设计与规划研究。景观生态设计与规划是通过分析景观特性以及对其进行判释、综合和评价,提出景观最优利用方案。其目的是使景观内部社会活动以及景观生态特征在时间和空间上协调化,达到景观优化利用,既保护环境,又发展生产,合理处理生产与生态、资源开发与保护、经济发展与环境质量,开发速度、规模、容量、承载力等的辩证关系。

四是景观生态保护与管理研究。运用生态学原理和方法探讨合理利用、保护和管理景观生态系统的途径。

海岸带生态廊道作为廊道的高级形态,其设计建设也应该遵循景观生态学的原理,"斑块—廊道—基质"模式是景观生态学的基本结构,将其应用到海岸带生态廊道设计建设中,可以有效维持海岸生物多样性,保障海岸资源保护和可持续发展。

3）海岸生态学理论

海岸生态学是一门以海岸生态系统为研究对象,研究其生态过程和演化机制以及海岸生物与环境之间相互关系的分支学科。其研究目的是解决海岸开发与环境之间的矛盾,更好地认识和保护海岸的服务功能与生物多样性,促进海岸及海岸生态系统的可持续发展。海岸生态学的研究内容结合海岸生态系统及海岸生态学的概念,应以以下六个方面的内容来构建海岸生态学的理论框架:海岸生态系统的类型与特征,以及典型海岸生态系统的生态过程研究;海岸生态系统的生物多样性保护研究;系统生态学和系统分析与海岸生态系统;海平面变化与海岸生态系统的区域响应;人类活动对海岸生态系统的影响及其可持续发展;海岸生态系统的应用与开发研究等。

海岸带生态廊道的设计也应遵循海岸生态学理论,以海岸生态系统的保护和修复为导向,提升海岸带服务功能,保护生物多样性,促进生态系统和海岸带空间的可持续发展。

3.1.1.2 规划设计理论

1）可持续发展理论

1987 年,第 42 届联合国大会上首次提出了可持续发展理论,主要包括共同发展、协调发展、公平发展、高效发展和多维发展。在生态可持续发展方面,可持续发展要求经济建设和社会发展要与自然承载能力相协调。发展的同时必须保护和改善地球生态环境,保证以可持续的方式使用自然资源和环境成本,使人类的发展控制在地球承载能力之内。因此,可持续发展强调了发展是有限制的,没有限制就没有发展的持续。生态可持续发展同样强调环境保护,但不同于以往将环境保护与社会发展对立的做法,可持续发展要求通过转变发展模式,从人类发展的源头、从根本上解决环境问题。发展要采取可持续的方式,开发和利用自然资源时需要控制在自然承载能力之内。

海岸带生态廊道的设计也必须要坚持可持续发展的理念,强调廊道整体与局部、主体与周边的协调关系,追求结构、功能、景观的有机结合,兼顾生态服务功能。

2）生态规划理论

19 世纪末,苏格兰生物学家 Patrik Geddes 率先提出的"先调查、后规划"理论,形成了生态规划理论雏形。到 20 世纪 60 年代,英国设计师 Mc Harg 开始系统地阐述生态规划理论,探讨具体的生态规划方法,使该理论趋于完善。生态规划并不是简单的景观规划或者生态绿化,而是以生态学原理为基础,应用系统科学、环境科学等多学科手段,模拟和设计生态系统内部各种生态关系,确定资源开发利用和保护的生态适宜性,探讨改善系统结构和功能的生态对策,促进人与环境系统协调、持续发展的规划方法。

生态规划遵循可持续发展理论,在规划中突出"既能满足当前的需要,又不危及下一代满足其发展需要能力"的思想,强调在发展过程中合理利用自然资源,并为后代维护、保留较好的资源条件,使人类社会得到公平的发展。生态环境规划坚持整体优化的原则,从系统分析的原理和方法出发,强调生态规划的目标与区域或城乡总体规划目标的一致性,追求社会、经济和生态环境的整体最佳效益,努力创造一个经济高效、社会文明、生态和谐、环境洁净的人工复合生态系统。

海岸带生态廊道设计也需要遵循生态设计的原则，在廊道的布局、基础设施规划等各环节中协调各种自然要素的关系，还要注重生态服务功能与社会服务功能的结合。

3）游憩规划理论

海岸带生态廊道的设计需要兼顾自然环境保护和人文环境发展，不仅要保证生态环境平衡健康发展，也需要考虑其游憩景观的功能，以达到人与自然和谐相处的目的。海岸带生态廊道需要从自然和社会两个角度去设计，才能科学合理。游憩发展规划主要从发展的角度探讨游憩的变化及规律，准确地了解人们的游憩需求，从而更好地做好游憩空间布局，设置相应的游憩项目，合理分布和设置游憩场地。因此，游憩项目的设置、形象定位、市场，以及地方经济、社会、环境影响的评估都是其必不可少的组成部分。

游憩规划理论不同于传统风景园林理论，不仅从审美、艺术的角度出发，更要从大众生活游憩的角度指导规划设计，以人为主体，对海岸资源进行科学组织与合理利用，规划时讲求层次性、动态性、渗透性和综合性。

将游憩规划理论贯穿于海岸带生态廊道的规划当中，创造出更多有效的资源利用方式。同时，从传统的美化绿化走向生态健康，从客体走向主体，以人的精神需要、健康需要为目标，在方法上要以人的需要和游憩行为为依据进行规划设计。内容上从传统的园林绿化扩展到户外空间的规划设计，从个体局部转向整体系统，使自然、文化、教育等方面的游憩活动融为一体。

3.1.2 设计原则

以海岸带生态廊道相关理论研究为指导，海岸带生态廊道设计应遵循以下总体原则。

1）恢复、保护性原则

海岸带生态廊道的设计遵循恢复生态学理论，以恢复和保护为前提，主要为恢复或营造人与自然和谐共生的良好生境。保护性主要体现在两方面：一是保护或恢复海岸带的自然生境；二是保护后方城市空间，达到防灾减灾的效果。因此，需要综合考虑廊道的本底环境、保护效果等多方面因素进行有针对性的设计，在尊重自然的前提下，保证生态廊道建设后对后方城市的防护满足相应的防潮、防浪设计标准。海岸带生态廊道的设计往往结合现有海堤进行堤防达标加固，需要将廊道设计方案与堤防达标加固工程设计方案等有机结合。

2）生态、多样性原则

在海岸带生态廊道的构建中，以景观生态学、海岸生态学和可持续发展理论为指导，应遵循生态、多样性原则，在廊道内将不同的海岸生境类型联系在一起，维持海岸生物多样性，促进海岸及海岸生态系统的可持续发展。

3）陆海统筹连续原则

连续的廊道生态系统才能保证其复合功能定位，海岸带生态廊道的“三带”建设在横向上应将海侧生态系统与陆上生态系统统一协调，共同打造和谐一体的生态空间；纵向上应连接分散的斑块，在设置廊道的走向、宽度时，应统筹横纵空间布局进行设计。

4）生态服务与社会服务统筹原则

在海岸带生态廊道的构建中，以生态规划理论和游憩规划理论为指导，应遵循生态服务与社会服务统筹原则。在廊道的布局、基础设施规划等各环节中协调各种自然要素的关系，将廊道建设成为阻隔自然灾害、防护侵蚀、丰富生物多样性、过滤污染物的海岸带生态廊道，进而改善海岸带生态环境；同时考虑将城市滨海景观、滨海亲水活动空间、旅游休闲娱乐空间等功能引入，也让城市回归自然。

3.1.3　设计关键要素

海岸带生态廊道的设计与效果评估经验总体较少，借鉴景观规划设计中的生态廊道，海岸带生态廊道在修复设计中涉及几大关键要素，包括本底、宽度、连接度、构成、关键点（区）等。

1）本底

海岸带生态廊道是与沿海岸带周围一定宽度内的水域、陆域发生联系的，因此调查和研究生态廊道所处的本底情况是首要任务。对本底的调查和研究可从以下四个方面入手：第一，调查和分析地形地貌及海洋动力条件；第二，调查和分析生物群落结构及生态系统功能的方式；第三，调查和分析现状和规划的土地利用方式，以及人类活动要素；第四，判别由生态廊道连接的大型生态斑块，这些斑块的位置将会影响生态廊道的位置、内部特征、长度、宽度等空间布局。

2）宽度

对于带状空间来说，为实现廊道的生态防护和生态游憩功能，其宽度选择是非常重要的。

廊道宽度一般需结合实际地形、地貌确定，但廊道太窄则无法发挥防护缓冲和休闲游憩的作用，且不利于敏感物种及其生境修复。针对海岸廊道的三带宽度，需结合现状条件，并参考不同研究和实践进行取值。

（1）沿岸生态带。该生态带可与海堤生态带后方有机结合，其宽度既要考虑自然空间条件，又要考虑后方陆域属性。在具备空间条件的城镇区段，适当丰富生态游憩空间；在乡村区段则以基本防护功能为主，弱化游憩空间。在城镇区段，沿岸生态带一般包括绿地、步道、自行车道等。对于人行道一般不小于 1.5 m，双向步道一般不小于 3 m；自行车道一般采用单向最小宽度 1.5 m，双向最小宽度 2.5 m；参照绿道相关研究，绿道宽度直接影响植物的多样性，12 m 是绿道的阈值，3～12 m 的绿道宽度与物种多样性之间的相关性趋近于零；宽度大于 12 m 的绿道中草本植物的平均物种多样性为狭窄绿道的 2 倍以上。

（2）海堤生态带。堤身宽度与空间条件、适宜采用的结构形式等直接相关，在空间受限的区域，可采用直立式结构，优先考虑防护作用；在后方具备空间条件的区域，则可以采用多级斜坡式缓坡入海，堤后可与沿岸生态带统筹考虑，营造游憩空间。堤顶往往与城市道路结合考虑，堤顶可设置机动车道、非机动车道，以及侧分带、路侧绿化带的“两道两带”，以启东某海堤为例（图 3－2），海堤横断面路幅设为 70 m，主要包括双向四车道、4.25 m 非机动车道、3 m 侧分带，以及 10 m 和 14 m 的路侧绿化带。

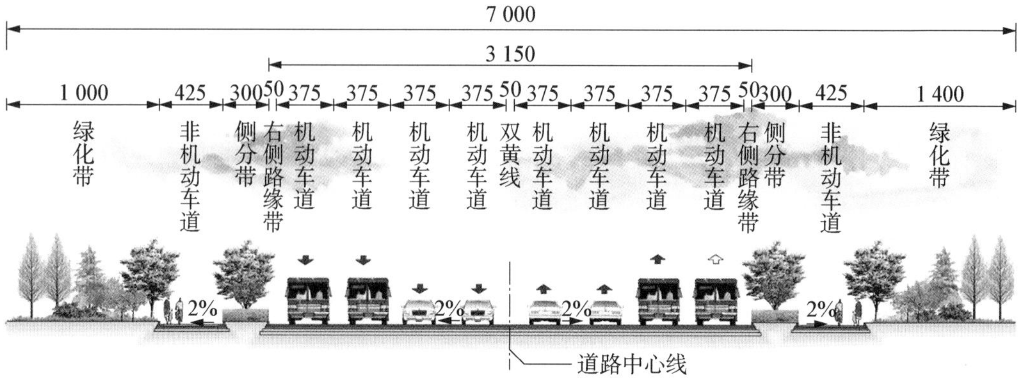

图 3-2 启东某海堤堤顶断面示意图

(3) 近岸生态带。针对已建或新建海堤段海岸带,参考《围填海工程海堤生态化建设标准》对堤前带的定义:1 级海堤为迎海坡堤脚线向海侧宽度不低于 300 m 的区域;2、3 级海堤为宽度不低于 200 m 的区域;4、5 级海堤为宽度不低于 100 m 的区域。堤身带为海堤迎海坡堤脚线与背海坡堤脚线之间的区域。堤后带为背海坡堤脚线向陆侧一定宽度的区域,区域内有水系和绿地的,全部纳入堤后带。

参考《海堤生态化建设技术指南(试行)》对海堤生态性评价指标中岸滩宽度(退潮时的最低潮位至海堤临海侧堤脚间的宽度)的评分标准,粉砂淤泥质海岸的岸滩平均宽度以大于 300 m 为最佳(表 3-1)。

表 3-1 海堤生态性评价指标及评分标准

评价指标	评分标准	赋分区间
岸滩宽度	粉砂淤泥质海岸岸滩平均宽度大于 300 m 砂砾质海岸岸滩平均宽度大于 100 m	[80, 100]
	粉砂淤泥质海岸岸滩平均宽度在 200～300 m 砂砾质海岸岸滩平均宽度在 75～100 m	[60, 80]
	粉砂淤泥质海岸岸滩平均宽度在 100～200 m 砂砾质海岸岸滩平均宽度在 50～75 m	[30, 60]
	粉砂淤泥质海岸岸滩平均宽度在 50～100 m 砂砾质海岸岸滩平均宽度在 30～50 m	[0, 30]

3) 连接度

连接度是指生态廊道上各点的连接程度,对于物种迁移及海岸带保护都十分重要。对于野生动物来说,功能连接度会根据不同物种的需要发生变化。道路通常是影响生态廊道连接度的重要因素;同时,廊道上退化或受到破坏的片段也是降低连接度的因素。规划与设计中的一项重要工作就是通过各种手段增加连接度。

4) 构成

构成是指生态廊道的各组成要素及其配置。廊道的功能发挥与其构成要素有着重要关系。构成可以分为物种、生境两个层次。生态廊道不仅应该由乡土物种组成,而且通常应该具有层次丰富的群落结构。除此之外，廊道边界范围内应该包括尽可能多的环境梯度类型，并与其相邻的生物栖息相连。

5) 关键点(区)

关键点包括廊道中过去受到人类干扰以及将来的人类活动可能会对自然系统产生重大破坏的地点。当关键点的面积在所研究尺度上变得足够大时，就成了关键区。从某种意义上讲，关键点(区)也是生态廊道构成的一部分，只不过这些点(区)在廊道中占有更加重要的地位。

3.2 海岸带生态廊道修复技术

3.2.1 沿岸生态带修复技术

沿岸生态带的布置通常不局限于堤后陆域，时常与海堤生态带、近岸生态带统筹考虑，根据海岸带区域防灾减灾、景观提升、休闲娱乐等具体需求，一般可设置防护林体系、交通游憩系统与公共休闲空间。

3.2.1.1 防护林体系

淤泥质海岸防护林体系从海岸带适宜造林的地方起向内陆延伸，形成以海岸消浪林带、海岸基干林带为主，与纵深防护林等相结合的综合防护林体系。海岸消浪林带位于海岸线以下的浅海水域和潮间带，主要由沿海滩涂的红树林、柽柳林等组成，具体布置及技术详见4.2.2节，本节不展开叙述。

海岸基干林带位于最高潮位线以上，沿海岸线由人工栽植或天然形成的乔、灌木树种构成具有一定宽度的防护带，淤泥质海岸一般选择耐盐碱、抗风折、耐涝、易繁殖的树种。沿海基干林带宽度视地形地貌、土壤类型和潜在危害程度而定。在淤泥质岸段，沿海基干林带宽度不少于200 m，如一条林带宽度达不到要求，可营造多条林带。

纵深防护林紧靠沿海基干林带，通过人工营造和自然恢复等方式构成防护林复合体，包括水土保持林、水源涵养林、农田防护林、防风固沙林、护路护岸林、村镇防护林等。其中，农田林网选择抗海风海雾、抗病虫、耐盐碱、树体高大、生长快、冠幅小、不易风倒风折的树种；村镇绿化选择抗污降噪能力强、具有较高观赏价值或经济价值的树种或优先选用乡土树种。

淤泥质海岸为主的类型区主要造林树种可参照表3-2。

3.2.1.2 交通游憩系统

1) 布置原则

(1) 开放性。海滨的交通系统与相连城市地带的交通系统保持良好的贯通，无界限，可达性强。同时，交通满足步行、自行车及小汽车等多种浏览和利用方式，当人们以5 km/h、15 km/h及40 km/h的不同时速游憩时，可以获得不同尺度的景观体验。

(2) 连续性。海滨景观给人们的良好体验源于交通系统的连续性，聚集分散的资源，以线性串联的形式体现交通连续性的顺畅，并有效扩大与提升资源潜力。因此，在交通系统的设计中，最为重要的就是保证游人的游憩体验。

表 3-2 淤泥质海岸为主的类型区防护林体系功能配置及主要造林树种

类型区	自然区	范围	自然条件		功能配置	主要造林树种
			地貌、土壤	气候		
淤泥质海岸为主的类型区	辽中淤泥质海岸平原区	包括辽宁省盖州、大石桥市、营口市辖区、凌海、锦州市辖区、大洼、盘山、海城8个县(市、区)	该区由辽河、大凌河等携泥沙入海淤积而成,由于地势低洼,地下水位高,泄流缓慢,土壤盐渍化程度大。沿岸陆地为低于3 m的河淤海退的海积平原,地势低缓平坦,沟汊纵横,低洼沼泽地广布	暖温带亚湿润季风气候,年均气温9℃左右,年降水量600 mm左右	建立以治理盐碱地、抗旱防涝、农田防护为主要功能的防护林体系。近海地带重点以基干林带建设为主,加强滨海湿地保护。内陆结合河堤、道路、渠道等干线绿化建设农田林网、村镇绿化等	杨树、垂柳、旱柳、白榆、绒毛白蜡、柽柳、枣树、臭椿、国槐、银杏、梧桐、杜梨、侧柏、紫穗槐等
	渤海湾淤泥质海岸平原区	包括河北省黄骅、海兴、盐山、孟村、沧州市辖区、青县、南皮、沧县、滦南、唐山市辖区、唐海11个县(市、区),天津市静海、天津市辖区、宁河3个县(市、区),山东省无棣、沾化、滨州市辖区、东营市辖区、垦利、利津、广饶、寿光、潍坊市辖区、昌邑、诸城、高密12个县(市、区)	该区由黄河、海河三角洲平原和海积平原组成。地势平缓,海拔10 m以下,河滩高地、平地、洼地相间分布,潮间带广阔。浅层地下水矿化度高,土壤次生盐渍化严重。土壤类型有滨海盐土、盐化潮土等	暖温带亚湿润季风气候,年均气温11～12℃,年降水量500～600 mm	建立以治理盐碱、防治海水入侵、防护农田等为主要功能的防护林体系。较宽阔的潮间带应建设以柽柳林为主的消浪林带,加强滨海湿地保护;近海地带应结合防潮坝工程、农田水利工程及主要道路,建设多条海岸基干林带及农田林网的骨干林带;内陆广阔农田或盐碱荒滩地重点以农田林网、村镇绿化等建设为主	杨树、柳树、白榆、绒毛白蜡、刺槐、柽柳、枣树、沙棘、臭椿、国槐、杜梨、银杏、侧柏、海棠、枸杞、紫穗槐等
淤泥质海岸为主的类型区	长江三角洲淤泥质海岸平原区	包括江苏省赣榆、东海、连云港市辖区、灌云、灌南、响水、	该区以粉沙淤泥质冲积海积、长江泥沙沉积平原为主,地	暖温带和北亚热带湿润季风气候,年均气温13～	建立以防护农田、保护湿地为主要功能的林农、林牧、林	刺槐、黑松、麻栎、杨树、泡桐、栾树、柳杉、池

续 表

类型区	自然区	范围	自然条件		功能配置	主要造林树种
			地貌、土壤	气候		
淤泥质海岸为主的类型区	长江三角洲淤泥质海岸平原区	滨海、射阳、大丰、东台、盐城市辖区、建湖、阜宁、海安、如东、通州、海门、启东、南通市辖区、如皋、吴江、苏州市辖区、昆山、太仓、常熟、张家港、无锡市辖区、姜堰、兴化、沭阳、涟水31个县（市、区），上海市辖区；浙江省平湖、海盐、海宁、桐乡、嘉兴市辖区、嘉善、富阳、杭州市辖区、绍兴、绍兴市辖区、上队、诸暨、德清、湖州、余姚、慈溪、宁波市辖区17个县（市、区）	势低洼，土壤含盐量高，土壤以粉沙和泥质粉沙为主，局部地区为盐沼湿地，海拔2～4 m，为海积平原。废黄河两侧为高滩地，系黄河淤积人工筑堤而成，岸线平直	16℃，年降水量900～1 200 mm	渔等复合防护林体系。近海地带以海岸基干林带、护路护岸林和湿地保护与恢复建设为主；内陆平原重点发展农田林网、村镇绿化；低山丘陵地区应主要建设水土保持林、水源涵养林	杉、落羽杉、银杏、柏木、侧柏、朴树、苦楝、白蜡、水杉、白榆、樟树、榉树、桑树、重阳木、乌桕、竹类、女贞、山楂、柿树、柽柳、紫穗槐等
	珠江三角洲淤泥质海岸平原区	包括广东省东莞、深圳市辖区、广州市辖区、增城、中山市辖区、珠海市辖区、佛山市辖区7个县（市、区）	该区由东、西、北三条大江汇流堆积而成，构成珠江三角洲断陷区。盆地间凸起的剥蚀区，成为三角洲众多的环层丘，而大面积下陷区则堆积中、新生代沉积物。丘陵、环层丘和岛屿主要由古生代混合岩、变质岩、中生代花岗岩和沉积岩构成。平原区地势低平，土层深厚	南亚热带湿润季风气候，年均气温22℃左右，年降水量1 800～2 000 mm。6—10月台风暴雨危害较大	建立以保护湿地、保持水土、涵养水源为主要功能的防护林体系。近海地带重点建设海岸基干林带、红树林消浪林带；平原区以滨海湿地保护与恢复、护路护岸林、农田林网建设为主；丘陵区以发展水土保持林、水源涵养林为主	木麻黄、桉树、落羽杉、池杉、水松、蒲葵、棕榈、番木瓜、马尾松、火炬松、湿地松、相思树、樟树、秋茄、木榄、桐花树、海榄雌、苦槛兰、黄檀等

(3) 包容性。随着现代城市尺度的扩大、生活节奏的加快,人们出游的休闲工具也发生了巨大的变化。机动车几乎已普遍存在于城市道路上,而自行车的行驶将是未来发展的方向,它既是环保低碳的生活出行方式,又是对环境可持续发展的行为模式。因此,在海滨景观空间的线性交通组织上,应更加注重生态性的交通组织与出行方式,充分考虑到汽车、自行车的交通系统的安全与便捷,将一种包容的态度融合到景观生态设计中。

(4) 标示性。一个明显的标识体系会给出行游玩的人们带来极大的方便。在海岸带游憩区域,形式多样的路网需要建立一套标识系统,它不仅具有良好的导向作用,还有利于公众教育。另外,在道路上设计具有标示功能的导向牌或图案,可以更好地引导游客便捷通行。

在沿岸景观带交通组织上,完善整合周边路网体系,连通外围机动车道;将人行道与车行道分流,人行步行道自成体系,与海岸休闲步道形成完善的步行系统。在休闲场地的转接处设置停车场,便于行驶车辆的停留;场地空间上建立多种休闲慢行活动通道,例如步行、慢跑、自行车、滑轮等。

设计中景观道路应曲直相间,规则与自然结合,风格各异。景观道路根据功能需要,在必要的地方设置服务设施,如休闲座椅、售货亭、卫生间等。道路的近端与广场相结合,有收有放,松弛有度,生动多变,各得其所。在设计中往往为了延长游览路线,增加旅游途中的趣味性,景观道路需配合场地条件设计成蜿蜒起伏状态,在起伏中穿插转折。

2) 布置尺度

(1) 慢行道宽度。

① 国家或行业标准有关城市道路宽度的规定。国内外虽然有手册、规范等文件对道路的宽度进行规定,但是大部分指的是城市道路。而滨水绿道的慢行路径与城市道路的慢行道是有区别的,所以以下对于城市人行道及自行车道的相关规定仅具参考价值。

从表 3-3 中可以看出,对于步行道和自行车道的宽度没有统一的规定,不同规范有不同的要求。对于人行道的标准应该不少于 1.5 m,对于自行车道则普遍采用单向车道宽度最小 1.5 m,双向车道最小 2.5 m。滨水绿道是市民活动的聚集地,滨水绿道步行道及自行车道不同于城市道路的慢行道,休闲作用多于通勤,所以宽度也要更大一些。

表 3-3 城市道路中对步行道和自行车道宽度的规定

文件	步行道宽度/m	自行车道宽度/m
《交通工程手册》(中国公路协会,1995 年)	1.5	1.5(单向) 2.5(双向)
《城市道路工程设计规范》 (CJJ 37—2012)	2	2.5
《中华人民共和国道路交通安全法》		1.5(单向) 2.5(双向)

② 步行及自行车专用道宽度。一些规划设计导则和规范标准将慢行道进行区分，提出了步行专用道及自行车专用道的概念。“专用道”概念的提出使相关规范更具有针对性及参考价值。

步行专用道在空间上独立于城市道路中的步行道，禁止其他交通方式通行，其是贯穿公园、滨水区、重要广场、景区等公共开放空间的步行专用通道。自行车专用道是专门供自行车行驶的道路，例如公园、景区、滨水区、广场内的自行车通道。由此可见，滨水绿道步道属于步行专用道的范围，滨水自行车道属于自行车专用道的范围。表3-4和表3-5是相关文件对步行专用道宽度以及自行车专用道宽度的汇总。

表3-4 步行专用道宽度的规定

文件	步行专用道宽度/m
《深圳市步行和自行车交通系统规划设计导则》(2013年)	≥1.5，最适宜3
《湖南省城市步行和自行车交通系统规划设计导则及建设标准》	4.0～7.0

表3-5 自行车专用道宽度的规定

文件	自行车专用道宽度/m
《城市步行和自行车交通系统规划设计导则》	≥3.5(单向) ≥4.5(双向)
《城市综合交通体系规划标准》(GB/T 51328—2018)	≥3.5(单向) ≥4.5(双向)
《江西省城市规划管理技术导则》	≥3.5
《深圳市步行和自行车交通系统规划设计导则》(2013年)	≥2.5
《湖南省城市步行和自行车交通系统规划设计导则及建设标准》	≥3.5(单向) ≥4.5(双向)
《江苏省城市步行和自行车交通规划导则》	3.5～5.0

从两表可以看出，对宽度研究相对较多的是自行车专用道。根据各个文件的数据可以看出，自行车专用道大多规定其单条自行车道最小宽度是3.5 m，双向自行车专用道最小宽度是4.5 m。而步行专用道宽度涉及的数据差别很大，不能作为规划设计的参考。其主要可能有以下原因：一是由于步行专用道包含的不仅是道路系统中的步行道，也包含城市中的商业街、文化步行街等，由于步道类型的多样性导致其尺度也变化很大，很难准确地度量。二是自行车专用道的设置远远不如步行专用道普遍，而且城市中的自行车专用道常见的规模是单向或者双向，很少有多条并存的情况；步道则不同于自行车道，步道没有明显的界限和领域感，可以多条并存。

③ 慢行路径宽度总结。对于滨水绿道人行路径的宽度可以参考城市道路对人行道的宽度设计，即一条步道最小宽度为 1.5 m，双向步道为 3 m，即每增加一条步道其宽度便成倍增加。而滨水绿道自行车路径的宽度可以参考自行车专用道的普遍宽度进行设计，即单向车道最低宽度 3.5 m，双向车道最低宽度 4.5 m。

(2) 慢行距离。在滨水绿道慢行系统中，慢行绿道沿着河流方向呈线性展开，贯穿整个绿道系统。这里需要说明的是，步行路径距离并没有明确的规定，它是一个相对的数值，所以研究结果仅仅是基于人性化的设计角度建议慢行距离应该控制在这样的尺寸中，并不能作为硬性要求。"极限步行距离"与"可接受步行距离"是针对步行距离研究的两个重要指标。极限步行距离一般是指人们愿意行走的最远距离；而可接受步行距离指人们乐意行走的距离，在这个距离内步行体验愉悦，而超出这一距离，慢行者的心理及生理感受都会呈现下降趋势。

① 国外相关研究。国外普遍将 400～500 m 范围当作可接受步行距离，例如美国普遍研究都将 400 m 这一距离当作可接受步行距离，在这个距离之内，大多数人会选择步行的交通方式。杨 · 盖尔(Jan Gehl)通过研究也认为可接受步行距离大概是 500 m。瑞典的格鲁恩(Gross)研究表明，在不受风雨侵蚀、给人相当愉悦感受并富于魅力的步道上，可接受步行距离是 1 500 m；在具有遮阳挡雨功能并富有魅力的步道上，可接受步行距离是 750 m；在富有魅力但不具有遮风挡雨功能的步道上，可接受步行距离是 375 m；在毫无情趣的环境中，可接受步行距离是 180 m。瑞士的布拉顿通过调查发现，在令人感到不愉快的环境中，可接受步行距离是 100 m；在令人感到轻松舒适的环境中，可接受步行距离是 300 m。

② 国内相关研究。国内对于慢行交通的步行舒适距离的研究比较少，涉及步行距离相关建议文件有两个：《深圳市步行和自行车交通系统规划设计导则》提到"行人专用区的长度应控制在 1 km 以内，最好不超过 2 km"；《城市道路工程设计规范》同样也说明"合理的步行距离不宜超过 1 km"。针对步行街的距离，我国的《建筑设计资料集 5》(1994 版)提到"最大步行距离是 1 600 m，国外一些国家步行街的长度控制在 500～1 000 m"。《城市步行和自行车交通系统规划设计导则》针对步行街长度，提出不宜超过 800 m。此外，一些国内学者对步行距离进行了针对性的研究，步行极限距离为 950～1 500 m；而对于我国湿地慢行条件，一般认为行人可接受步行距离在 300～600 m。

③ "最后一公里"。我国提倡构建城市慢行体系，解决居民"最后一公里"的出行，这样的提出方式也从侧面反映了 1 km 可能是居民适宜的出行距离。杨 · 盖尔在《人性化的城市》一书中对此进行了解释："大多数城市中心的面积都在 1 km^2 左右，像北京这样的大城市，一般有多个中心。城市中心区公共设施比较集中，这也意味着人们只需要走不到 1 km 的距离就能到达，符合上述 1 km 步行圈。"

④ 慢行路径长度总结。从国外相关研究可知，可接受步行距离从 100 m 跨越到 1 500 m，不仅受主观影响，还随着外环境的变化形成较大差异。滨水绿道是自然环境良好、功能空间多样的区域，滨水慢行步道是有较好景观性的，所以综合来看，根据国外研究可接受步行距离是 400～750 m，根据国内研究以及"最后一公里"的出行方式，大多将 1 km 作为极限距离。

所以在进行慢行空间设置时，根据慢行距离可以推测串联在慢行路径上各个节点空间的变换频率：景观节点的布置以 400～750 m 为宜，节点距离最好不要超过 1 km，距离大小要随着环境舒适度在建议范围内进行灵活调整。

3）布置类型

针对已建或新建海堤的岸段，交通游憩系统的布置一般在利用堤顶空间的基础上，与堤后带统筹考虑。

（1）堤路合一整体式布置。该布置形式适用于堤顶空间不受限区域，在堤顶布置交通游憩系统时，由临水侧向内依次可设置绿化带、步道、骑行道、绿化带、单/双向车道以及绿化带（图 3-3、图 3-4）。

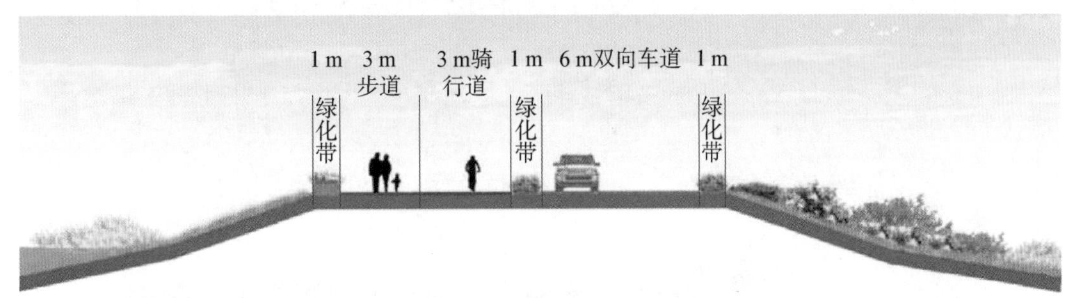

图 3-3 堤路合一整体式布置断面示意图

图 3-4 堤路合一整体式布置效果图

（2）堤路分离式布置。该布置形式适用于空间受限区域，慢行道设置于堤顶，慢行道亦可作为防汛道路使用，车行道与慢行道分离，设置于堤内，一般可利用现状道路改建。堤顶由临水侧向内依次设置绿化带、步道、骑行道及绿化带，堤顶内侧预留景观带，景观带以内设置单/双向车道（图 3-5、图 3-6）。

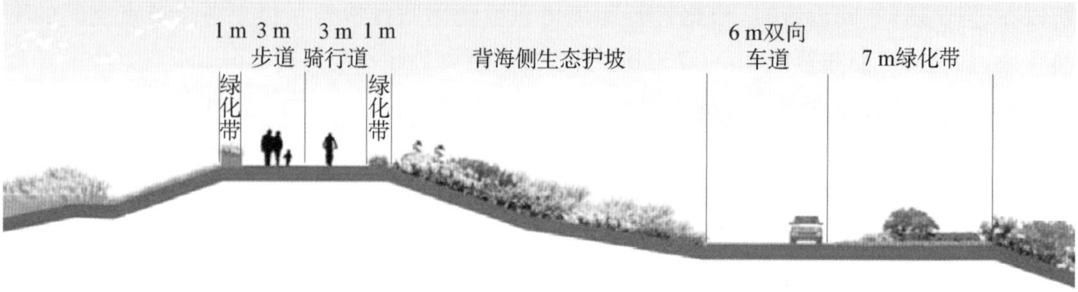

1 m 3 m 3 m 1 m
步道 骑行道
绿化带 绿化带
背海侧生态护坡
6 m双向车道
7 m绿化带

图 3-5 堤路分离式布置断面示意图

图 3-6 堤路分离式布置效果图

(3) 地形限制段布置。由于地形限制等原因,部分岸段不适合在临海设置交通游憩系统的,则采用绕行,绕行景观路视情况可不设置慢行道系统(图 3-7)。

图 3-7 现状道路绕行改建效果图

3.2.1.3　公共休闲空间

沿岸生态带一般可因地制宜，结合场地现状条件和本底情况，打造成结合自然生态景观、休闲游憩设施、工业遗迹和游憩服务设施的公共空间。

1) 自然生态景观

构建海岸带生态廊道实体空间时，为了增强生态廊道的现实可操作性，通常可以依托和利用现有的滩涂资源、沿岸绿化资源等自然要素，经过局部的生态修复改造和总体整合，局部节点打造湿地公园，以鱼类和鸟类保护、生态修复和植物培育、湿地科普及环境教育等为表现主题，将动物及其栖息地保护和生态旅游、生态环境、教育功能有机结合起来，使其具有主题性、自然性等特点。

结合海堤生态带以及近岸生态带的布置，将整个海岸打造成一片生态多样的、陆海连续的、生态服务与社会服务统筹的海岸带生态廊道，达到自然生态景观要求，既可发挥廊道的功能，又降低廊道的建设成本，同时也是设计尊重场地现状条件的体现。

自然生态景观带和湿地公园效果图分别如图3-8和图3-9所示。

图3-8　自然生态景观带效果图

图3-9　湿地公园效果图

2) 休闲游憩设施

在自然生态景观基础上，为满足城市居民休闲游憩的需求，可适当引入休闲游憩设施。在人流活动区与生态保护区的过渡区域，局部设置尽端休憩平台，同时设置水上通廊、亲水步道、空中栈桥、观鸟平台等水陆空多层级的低干扰路径，形成趣味丰富、便捷的生态交通网络，给市民提供亲海近海的空间(图 3-10、图 3-11)。

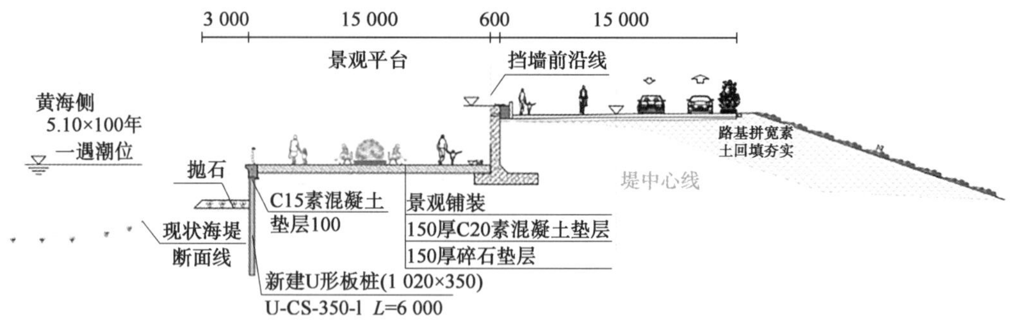

图 3-10 海堤景观平台断面示意图

图 3-11 海堤景观平台效果图

3) 工业遗迹

在人口较密集的滨海城区建设海岸带生态廊道，可以将滨海废旧码头、厂区等进行部分保留和改造，通过增加完善沿岸绿植绿化，增强工业园区的自然生态美感，将工业元素与自然景观资源、公共艺术展区等进行整合，打造成为新的城市滨海绿色活力核心。通过掌握改造和利用的强度和方式，包括对原有形式的保留、修饰和创造新的形式，部分船坞、厂房、烟囱、龙门吊、铁轨等遗址物件可保留作为艺术品的一部分，同时也成为新的地标建筑或雕塑，重新赋予其遗址文化展馆或文创小品等新的功能或形式，以此来增强场所中的工业气息。

同时，在滨海区重点发展文化娱乐、休闲社交、观光旅游、购物零售等服务产业，形成“交通一商业一文化一自然"的多属性关系，在改善海岸景观、提升区域环境质量的基础上，可促进带动滨海区域的经济。

图 3 - 12 为船舶主题岸段设计效果意向图。

图 3 - 12　船舶主题岸段设计效果意向图

4）游憩服务设施

沿岸生态带公共休闲空间内可布置包括停车设施（机动车、非机动车）、休憩服务设施（驿站、亭廊、座椅等）、卫生设施（公共厕所、垃圾桶等）、艺术景观设施（雕塑、艺术小品等）等。游憩服务设施的布置需与周边环境相协调，设施本身也需具有较高的设计美感，不仅提供休息、健身、清洁等实用功能和价值，而且也起到点缀场景、渲染气氛、美化环境的作用。由于市民对各类型服务设施的需求程度不同，其布局规则也有所不同（表 3 - 6），在乡村区段或人流密度较小的区段可适当降低密度。

表 3 - 6　游憩服务设施的数量和布局建议

类型	布 局 规 则
停车设施	主次入口附近设置机动车停车场；非机动车停车设施及租赁点可结合驿站设置，主要节点旁设置非机动车停车处及租赁点，间隔一般在 6～10 km
休憩服务设施	驿站沿慢行道均匀布置，一般服务半径不超过 500 m；座椅沿休闲慢行路径布置，一般每百米一处；亭廊等休憩设施每 300 m 一组
卫生设施	沿慢行道均匀分布，垃圾桶每 50～100 m 一个，布置于人行道的绿化区；公共厕所的设置间距最好小于 800 m，以 150～300 m 一个为宜
艺术景观设施	依附场地的特色及功能进行设计

(1) 休憩服务设施。驿站作为休憩服务设施的主要载体，在完善的廊道体系中是不可缺少的，其为使用者提供游览或休闲过程中的实际便利，利于廊道长久延用的可持续发展。驿站除了提供游客服务、商品售卖、休息小憩、医疗救治、自行车租售、管理维护等基本服务之外，还可以结合图书阅读、电子竞技、艺术展示、亲子娱乐、时尚运动、美妆服饰、互动体验、美食品鉴等功能，打造文化、科技、体育、时尚、生态的特色廊道驿站。图 3 - 13 为部分驿站主题意向展示。

图 3 - 13　驿站主题意向图

座椅作为休憩服务设施之一，除了能满足人们停步休息的功能外，还应该在最大限度上满足人们的生理舒适度。设计中根据所在区段主题及效果表现需要，采用成品采购安装与特色打造现制相结合的方式进行布设。布置时充分考虑其放置的地点及距离因素，根据游人的行为活动范围及心理感受，沿休闲慢行路径，以间隔 100 m 左右作为控制原则设置一处；中心广场、运动场、特色景观区等人流密度大的区域，座椅布置适当加密。图 3 - 14 为部分成品座椅意向展示。

图 3 - 14　成品座椅意向图

（2）卫生设施。垃圾桶作为卫生设施，采用分类垃圾桶形式，成品采购安装，沿慢行道均匀布置及在广场周边进行布置。慢行道以间距 50～100 m 为控制原则布置，中心广场、活动场、特色景观区等人流密度大的区域，根据需要以 30～50 m 间距作为控制原则加密布置。图 3－15 为部分垃圾桶意向展示。

图 3－15　垃圾桶意向图

（3）艺术景观设施。艺术景观设施主要包括景亭、观景台、廊架、花架等小品设施，单体设计时将契合生态理念的元素融入选材及造型之中，结合全线节点表达主题的不同，分区段各有侧重，系统地进行设计。根据小品所在区段主题及效果表现需要，设施的材质和风格也各有不同。不同材质及风格廊架意向展示如图 3－16 所示。

图 3－16　不同材质及风格廊架意向图

规划布置上，相对安静的空间内设置供游人驻足赏景的景观亭；小的景观节点处设置景观花架；人流比较集中的广场区域布置休憩廊架、简易售卖亭；适合登高望远或俯瞰的景处，设置观景台等。

标识系统是景观设施中不可缺少的部分，沿岸景观廊道带公共休闲空间可参照城市景观公共空间中标识导向系统进行设计。标识系统是具有识别性的重要因素，应体现差异和审美，应根据地域特征、文化特色、所处环境等条件，基于不同功能和主题的展示进行专项设计。标识系统的设计应该系统化、规范化、人性化。标识牌设计效果表现如图 3－17 所示。

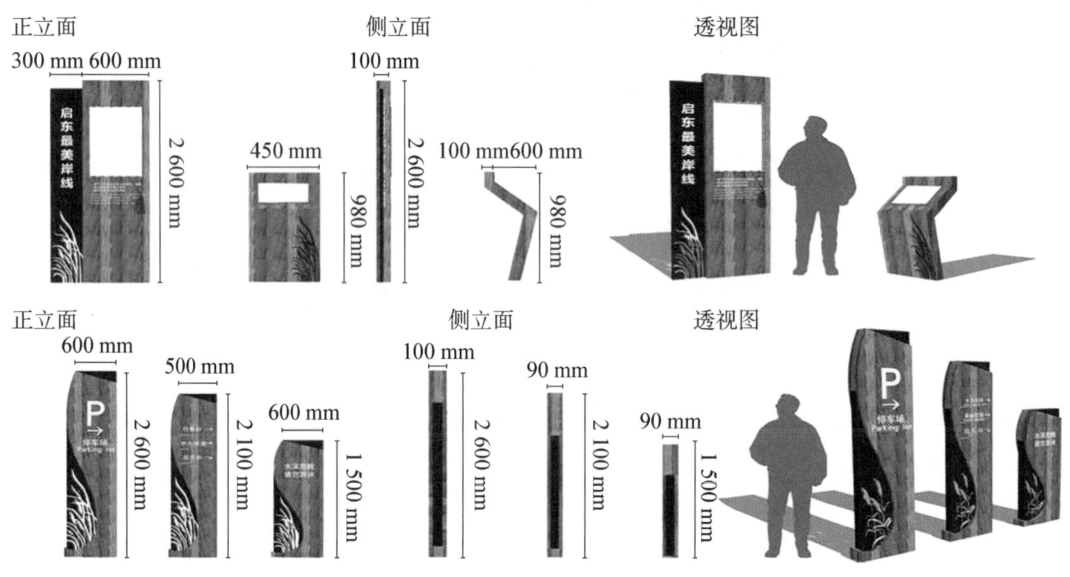

图 3－17　标识牌设计效果表现图

3.2.2　海堤生态带修复技术

海堤生态带的构建应从海岸带区域整体出发，充分考虑当地自然资源现状、生态禀赋、水文动力、地形地貌。向海侧护坡和堤脚应优先考虑满足防灾减灾要求，并在此基础上，兼顾考虑生态、景观和亲水等要素。堤顶、背海侧护面及堤后带受海侧影响则相对较小，可在不影响防汛的前提下，赋予其游憩功能。

3.2.2.1　外侧堤脚及镇压层生态化

海堤临海侧堤脚、镇压层及护面处一般冲刷较为严重，临海侧岸坡常年受风浪流冲刷侵蚀，对堤脚及临海侧护面材料的抗冲刷能力、整体稳定性等安全方面提出了更高的要求。传统海堤的堤脚、镇压层及护面以硬质材料为主，包括浆砌块石、现浇混凝土板等。一方面，施工过程中化学物质会污染水质；另一方面，硬质材料阻断了海洋水体交换通道，水流与临海侧硬质结构直接碰撞，产生巨大的能量冲击，作用力强。

由于传统海堤的临海侧堤脚及镇压层没有空间，生物无法生存，无法满足海堤生态化要求。因此，为降低材料对水质的污染，减小波浪水流对结构的冲刷侵蚀以及增加临海侧生物的生存空间，可考虑采用透水性好、孔隙率高且具有一定粗糙度提高整体性的生态材料替换原有堤脚及镇压层(图 3－18)。比如,在镇压层前沿水下采用牡蛎礁、人工鱼礁等透水性强且能为生物生存提供场所的生态护脚结构替换原护脚层,能一定程度上改善堤脚处水流条件,减少对水质水环境的影响,同时为鱼类等提供繁殖、生长、索饵和庇护的场所。

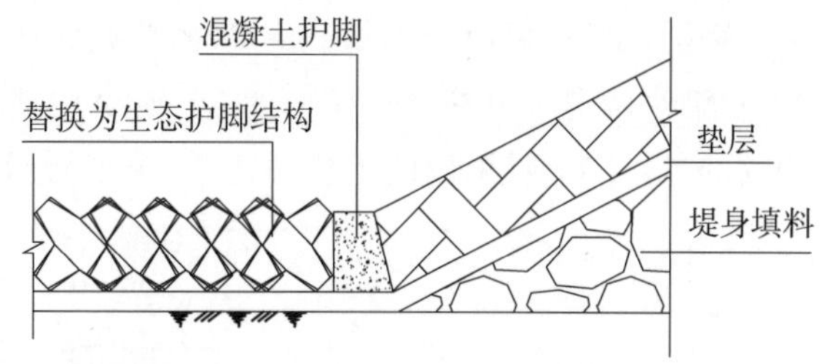

图 3－18　堤脚、镇压层常用生态化改造措施

外侧堤脚及镇压层在不危及临海侧堤脚和基础安全的前提下,可考虑结构形式的生态化和材料的生态化,以安全优先,综合生态、经济等因素,采用多空隙、表面粗糙的结构形式,采用绿色环保、适宜当地海域生态系统的无害化建筑材料,以利于植物生长和藻类、贝类附着,促进生物多样性恢复。因地制宜地构建灌草结合、多种群交错的梯度布局,堤脚生态化建设在坡脚外可种植修堑盐沼植被,并考虑设置少量生态礁体,增加生物的栖息空间和公众的亲水空间。

以启东某岸段为例,采用高孔隙率或高粗糙度的天然材料放置于外侧堤脚,可通过耐盐碱植被种植等构建堤脚植物防护带,为滩涂生物提供栖息空间和食物(图 3－19)。

图 3－19　生态高孔隙率及粗糙材料(启东)

对于淤泥质海岸带地区,堤基土往往多为冲积、海积相,主要为淤泥或淤泥质土,土层软弱,具有高含水量、大孔隙比、高压缩性、高灵敏度、低抗剪强度及低透水性等特性,承载强度不高。为保证海堤外堤脚防冲刷、淘刷的安全,兼顾消浪及堤身的稳定,可在海堤防洪墙外设置具有消浪功能的设施。

图 3－20 为一种仿岩质潮间带生态海岸线,其采用牡蛎礁、多孔石笼、多孔砌块等材料,堆砌成高低起伏的消浪平台,集消浪和生物庇护所功能于一体。模仿自然礁石等岩质海岸线潮间带的形态,采用鱼巢砌块的组合,构筑仿岩质潮间带结构。仿岩质潮间带采用混凝土石鱼巢砌块,制成长 1 000 mm、宽 1 000 mm、高 1 000～1 600 mm 不等的长方体砌块。砌块内开大小不一的深孔,供潮水和潮间带动物进出;砌块顶部可制作为浅碟形,以在潮水退去时保留一定的海水,形成潮汐池,供潮间带动物停留。25 块高低不等的单个砌块为一组,通过高低组合为 5 m 宽的砌块组合,形成 10～40 cm 不等深的凹凸表面,礁体为多孔结构,为潮间

带生物提供庇护场所。礁块砌合形成的起伏表面亦可增加表面摩擦度，强化消浪效果；同时，在潮水消退时可临时存留海水，形成小型潮汐池，为潮间带生物提供栖息空间。潮间带生物的丰富亦会吸引以此为食的鸟类，丰富海岸带生物多样性，使生态功能逐步恢复。

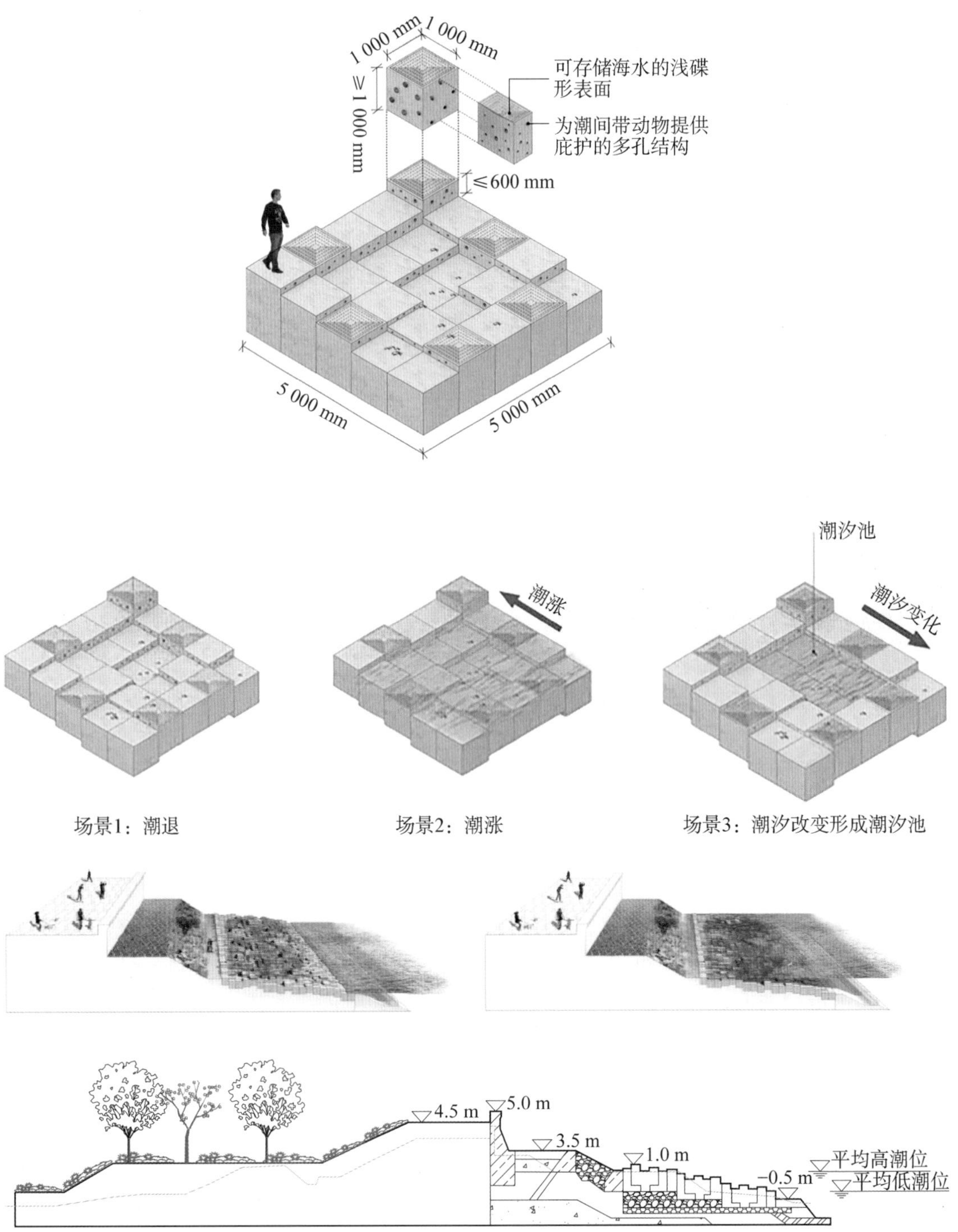

图 3－20　仿岩质潮间带生态海岸线断面示意图

香港土木工程拓展署于2019年10月起，于香港东涌小蚝湾开展为期一年的人工生态海岸线试验计划，建设了三段试点岸线，并不断收集数据以改善未来海岸设计。生态海岸线模仿了天然海岸线的特点，在海边打造自然潮间带设计，加入自然的潮汐生态系统。高低参差的设计模仿了自然潮间带生态系统，旨在让堤岸可以在潮汐涨退期间蓄起海水，生态砖上的钻孔还可以庇护潮间带生物避免高温和干涸。生态砖的酸碱度较接近海水，海洋生物可以依附在其凹凸表面生长及繁殖，丰富生物多样性。

试验计划实施两个月时，已在海岸线中发现短浆蟹及疣荔枝螺等11种在传统垂直海岸线没有分布的物种，说明模仿自然潮间带结构原理建设的生态海岸线同样具有良好的生态保护和生物多样性抚育功能。此外，在香港西贡污水处理厂段的试点，研究人员在海堤放置了生态立方体及潮汐池，也取得了良好的试验结果，新发现多种螺和鱼类(图3-21)。

图3-21　香港西贡污水处理厂段试点生态立方体及潮汐池

3.2.2.2　海堤外侧边坡生态化

对于受海流、波浪影响较小的堤段，经稳定性论证后，海堤外侧护面可采用选取防风抗浪、耐盐碱的植物进行种植和养护。临海侧存在多级平台的，可因地制宜地构建灌草结合、多种群交错的梯度布局，逐级设计植物种植带(图3-22a)。临海侧护面亦可考虑设置适宜生物附着生长且具有一定粗糙度的生态材料，如生态砌块、生态框格等，其上种植耐盐碱、抗冲刷性强的植被，如图3-23所示。

对于受海流、波浪影响较大，不具备植物护坡条件的堤段，在保证护面结构防护强度的前提下，选择多空隙、具有一定粗糙度的护面结构(图 3-22b)。有条件的可采用新型生态化材料，如干砌块石、多孔隙生态混凝土块、带纹理的混凝土面板(图 3-24)等，作为护面结构的材料。

(a) 受海流、波浪影响较小的堤段

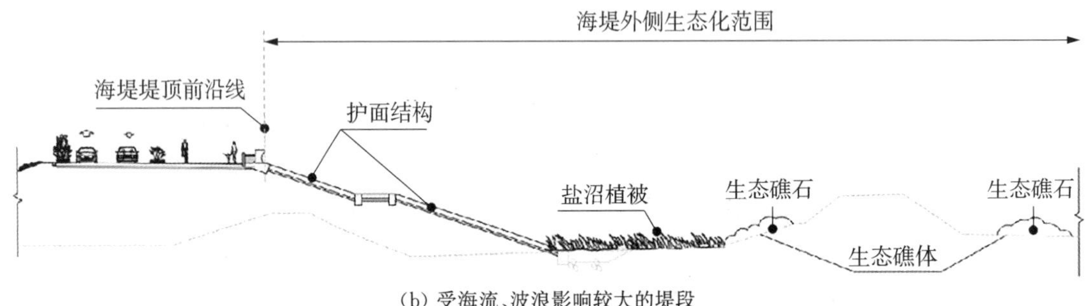

(b) 受海流、波浪影响较大的堤段

图 3-22　启东某海堤外侧边坡生态化示意图

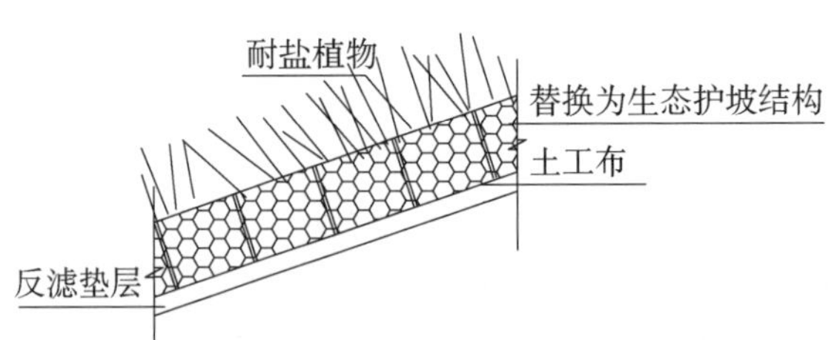

图 3-23　临海侧常用生态化改造措施

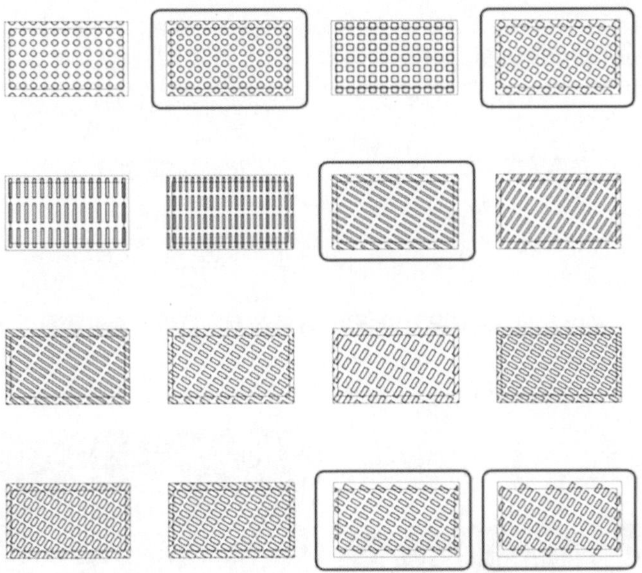

图 3-24　带纹理的混凝土面板

3.2.2.3　堤顶生态化

在不影响防汛抢险的前提下，堤顶可根据宽度及后方交通系统接入条件，改造建设跑步道、自行车道、车行道等多功能的绿道系统，满足休憩、娱乐、观景等需求。防浪墙可改造成文化宣传墙，丰富防浪墙功能。重点区域防浪墙可搭配可移动花盆，提升防浪墙的景观性(图 3-25)。

图 3-25　堤顶改造示意图

3.2.2.4　背海侧护面生态化

在满足稳定及防渗要求的前提下，护坡做生态化处理，网格化覆土，栽植多品种花被，可种植草本植物，形成生态型护面结构。可结合岸堤绿化节点设计，营造与当地环境相适应的滨海生态景观带，提升岸线整治修复的生态效应和景观效果(图 3-26、图 3-27)。

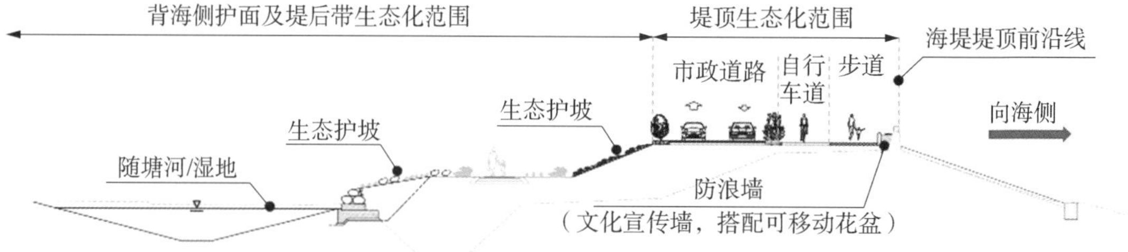

图 3-26　启东某海堤堤顶、背海侧及堤后带改造示意图

图 3-27　背海侧绿化示意图

3.2.2.5　堤后带生态化

堤后带结合后方陆域功能特点，适当布置湿地、公园、防护林等具有生态功能的绿色空间。有顺堤河的区域，可通过增设潮汐通道等措施，实现水体交换，增加生态系统的丰富度（图 3-28）。

图 3-28　堤后带改造示意图

3.2.3　近岸生态带修复技术

近岸生态带的布置主要考虑生态保护与防灾减灾协同增效的综合体系，一般因地制宜地通过红树林、海草床单系统或复合体系等所组成的生物防护工程，或贝藻礁、人工鱼礁等生态型水工建筑物，在改善近岸生态环境的同时，起到海岸带防护的作用。具体技术与内容本节不作详述，可参照后续 4.2.1.4 节和 4.2.2 节。

3.3　海岸带生态廊道植被配置

海岸带生态廊道植被配置主要内容为生态化海堤植物群落构建与堤前滩涂改造与生态重建。在保证海堤防潮、防洪、防浪等防御功能的前提下，选用生态材料，合理布局海堤空间，同时结合海岸植物群落，复建、保护海岸生物群落，构建海岸带生态廊道，发挥海岸带生态廊道的生态、景观及防灾减灾功能。

遵循景观生态学的原理，强调“树种多样性”，以再现自然为原则，构建生态人工植物群落，力求做到“生态、自然、低碳”，充分考虑植物群落的生态功能和植物景观的可持续性，及其在空间、平面、立面上的相关性，突出在保证植物群落生态性的前提下营造植物景观，实现岸线生态修复的同时打造“最美绿色岸线”，形成植物“生态绿廊”，产生生态循环效应。

由于海岸土壤存在一定的盐碱性，根据耐盐植物对盐碱性的抗性能力以及生态特性的差异，在不同含盐量的盐碱化土壤上种植不同的植物，构建植物群落，通过植物修复降低土壤盐分的作用，充分发挥植物群落的生态作用，以期达到盐碱地改良的效果。

3.3.1　植被配置原则

1）功能优化和可持续发展原则

综合考虑植物群落的生态功能和景观功能，以自然生态为主题，根据沿线不同景观功能，构建防护涵养林带、湿地等不同类型的绿化斑块，打造从水域到陆域多样的植物群落梯度，丰富植物群落的多样性，增强植物群落结构的稳定性。通过海岸带植被复建，逐步改善土壤的盐度，有效优化盐碱土壤的结构，实现植物群落的生态功能。

通过植被复建改善动植物生境，同时以植被连接沿岸多样的生态板块，连通生态廊道，丰富生物多样性。

2）因地制宜、适地适树原则

根据海岸带不同区域因地制宜，选取不同的植物品种，以自然的种植形式为主，通过多样绿化群落构建形式，打造丰富的植被绿化空间。

在调查、研究海岸带当地植物适应性的前提下，以乡土植物中抗性强尤其是耐盐碱性强的植物品种为主，同时选取能够适应盐碱地土壤生长、已经经过长期引种驯化、在当地生长表现良好的外来植物，增加植物品种的多样性及景观观赏性，以此提高植物种植的成活率，保证植物良好的生长态势。

3）加强后期管养原则

为确保盐碱地植物的营养平衡，需要对植被进行长期有效的后期管理养护。根据植物的习性，采用排盐、换土以及施肥等措施，避免土壤反盐反碱，在保证植物良好生长的同时，更大程度地实现植物的生态景观观赏性。

3.3.2 植被品种选择

结合不同区域海岸带气候条件，选取适用的乔木、灌木、地被等，构建背景林、观花前景林、林下地被覆盖等多样植物群落，营建植物生态廊道。

植物品种选取乡土植物品种，在利于改善土壤盐碱度的前提下，突出地方特色。选择耐盐碱、耐水湿的树种不仅对盐碱地区的土壤、气候等环境条件具备很强的适应性，而且具有较高的观赏价值。

植物品种选择原则：耐盐碱能力强；优先选用乡土植物；耐旱、耐瘠薄、耐涝能力强；抗风；生长快，易繁殖。同时可考虑选用耐盐碱能力强的新优品种，但种植比例不大于5%。其中植物的耐盐碱能力为植物耐受土壤盐渍化程度的能力，主要以植物耐受土壤含盐量表示。氯化物盐土立地条件下，0.6%以上为极强，0.4%～0.6%为强，0.2%～0.4%为中，0.1%～0.2%为弱。

1）乔木类

常绿乔木根据不同地域海岸带可选用侧柏（耐盐度 0.2%～0.4%）、黑松（耐盐度 0.1%～0.2%）（图 3-29a）、大叶女贞（耐盐度 0.1%～0.2%）、弗吉尼亚栎（图 3-29b）等耐轻度盐碱的植物。其中弗吉尼亚栎为近年来耐盐碱表现较好的常绿乔木；黑松有较强的耐海潮风的能力，但其生长慢，不耐涝，植被配置时将黑松与其他生长较快的乔灌木合理搭配使用。

(a) 黑松

(b) 弗吉尼亚栎

图 3-29 常绿乔木品种示意图

落叶乔木包括东方杉(耐盐度 0.2%～0.3%)、中山杉(耐盐度 0.2%～0.3%)(图 3-30a)、落羽杉(耐盐度 0.2%～0.3%)、银杏(耐盐度 0.1%～0.2%)、臭椿(耐盐度 0.3%～0.6%)、柳树(耐盐度 0.2%～0.3%)、刺槐(耐盐度 0.3%～0.4%)(图 3-30b)、乌桕(耐盐度 0.1%～0.2%)、白蜡(耐盐度 0.1%～0.2%)、国槐(耐盐度 0.2%～0.4%)、榉树(耐盐度 0.2%～0.4%)、栾树(耐盐度 0.1%～0.2%)、苦楝、合欢(耐盐度 0.2%～0.4%)、悬铃木(耐盐度 0.1%～0.2%)、樱花(耐盐度 0.1%～0.2%)、朴树等。既耐盐碱又具有景观观赏性的落叶大乔木,结合常绿大乔木形成混合背景林带。

(a) 中山杉　　(b) 刺槐

图 3-30　落叶乔木品种示意图

2) 观花类

观花类植物包括夹竹桃(耐盐度 0.2%～0.4%)、柽柳(耐盐度 0.6%以上)、珍珠梅(耐盐度 0.2%～0.4%)、红叶李(耐盐度 0.3%)、垂丝海棠(耐盐度 0.2%～0.4%)、红叶桃(耐盐度 0.2%～0.4%)、木槿(耐盐度 0.2%～0.3%)、海滨木槿(耐盐度 0.6%以上)、美人梅(耐盐度 0.2%～0.4%)、紫穗槐(耐盐度 0.2%～0.4%)、紫丁香(耐盐度 0.1%～0.2%)、紫薇等中小乔及花灌木,形成前景观赏林。

3) 竹类

淡竹(耐盐度 0.1%～0.2%)、早园竹(耐盐度 0.15%)、刚竹(耐盐度 0.1%～0.2%)等。

4) 灌木及地被类

铺地柏(耐盐度 0.1%～0.2%)、沙地柏(耐盐度 0.2%～0.4%)、连翘(耐盐度 0.2%～0.4%)、北海道黄杨(耐盐度 0.2%～0.4%)、榆叶梅(耐盐度 0.1%～0.2%)、红叶石楠(耐盐度 0.2%～0.3%)、锦带(耐盐度 0.1%～0.2%)、红瑞木(耐盐度 0.1%～0.2%)、金叶莸(耐盐度 0.2%～0.3%)、耐盐玫瑰(耐盐度 0.4%)、金叶女贞(耐盐度 0.2%～0.4%)、小龙柏(耐盐度 0.2%～0.4%)、海桐、棣棠、金边黄杨、大叶黄杨(耐盐度 0.1%～0.2%)、马蔺(pH 值 7.9～8.8)、麦冬、鸢尾、白花三叶草、红花酢浆草、狗牙根、高羊茅、盐角草等,形成丰富下层植物空间。

5) 水生植物类

花叶芦竹(耐盐度 0.5%以上)、水葱(盐度 0.6%中可存活)、香蒲(耐盐度 0.3%～

0.4%)、千屈菜(耐盐度1%以上)、再力花(耐盐度0.3%左右)、芦苇(pH值6.5~9)等耐盐碱植物,形成湿地景观,丰富水岸空间。

3.3.3 强耐盐碱植被

海岸带植物品种中,柽柳、芦苇、碱蓬为耐盐碱能力较为突出的三种植物。本节仅对此三种植物品种特性作简要介绍。

1) 柽柳

柽柳别名垂丝柳、西河柳、西湖柳、红柳、阴柳。乔木或灌木,高3~6 m。老枝直立,暗褐红色,光亮;幼枝稠密细弱,常开展而下垂,红紫色或暗紫红色,有光泽;嫩枝繁密纤细,悬垂。叶鲜绿色,产于我国各地。柽柳枝条细柔,姿态婆娑,开花如红蓼,颇为美观(图3-31)。

(a) 柽柳(花)

(b) 柽柳(全株)

图3-31 柽柳

柽柳喜生于河流冲积平原、海滨、滩头、潮湿盐碱地和沙荒地。其耐高温和严寒,为喜光树种,不耐遮荫。能耐烈日曝晒,耐干又耐水湿,抗风又耐碱土,能在含盐量1%的重盐碱地上生长。深根性,主侧根都极发达,主根往往伸到地下水层,最深可达10 m余,萌芽力强,耐修剪和刈割;生长较快,年生长量50~80 cm,4~5年高达2.5~3.0 m,大量开花结实,树龄可达百年以上。柽柳的繁殖主要有扦插、播种、压条和分株以及试管繁殖。

柽柳是国家海洋局提倡的"南红北柳"生态海岸治理的重要建设内容。

2) 芦苇

芦苇是耐盐碱性较好的挺水植物,为多年生水生或湿生的高大禾草(图3-32)。植株高大,秆直立,高1~3 m,根状茎横走,叶鞘圆筒形,叶舌有毛,叶长15~45 cm,圆锥花序顶生,长10~40 cm,花期7—11月。抗寒性强,能在−10℃以下的泥中越冬,具有深水耐寒、抗盐碱、抗旱、抗高温、抗倒伏、笔直、株高、梗粗、叶壮、成活率高的特点。生命力强,易管理,适应环境广,生长速度快,是景点旅游、水面绿化、河道管理、净化水质、沼泽湿地、置景工程、护土固堤、改良土壤之首选。

图 3-32 芦苇与芦苇的穗

在拥有水源的空旷地带，其常以迅速扩展的繁殖能力，达到短期成型、快速成景等，形成连片的芦苇群落，素有“禾草森林”之称，具有很好的观赏性。

芦苇根状茎具有很强的生命力，能较长时间埋在地下，具有 1 m 甚至 1 m 以上的根状茎，一旦条件适宜，就可发育成新枝。种子可随风传播，实现繁殖。

3）碱蓬

碱蓬俗称海英菜、碱蒿、盐蒿，一年生草本（图 3-33）。高达 30～100 cm，茎直立，圆柱形，有红色条纹，多级分枝，枝细长，斜伸或开展。叶线形，对生，长 1.5～5 cm，宽 1～3 mm。花单生或 2～3 朵有柄簇生于叶腋的短柄上，呈团伞状，花被于果期呈五角星状。

图 3-33 碱蓬

碱蓬是典型的盐生植物，生于海滩、路旁、田间等处盐碱地上，性喜盐湿，要求土壤有较好的水分条件，但由于茎叶肉质，叶内储有大量水分，故能忍受暂时的干旱。种子的休眠期很短，遇上适宜的条件便能迅速发芽出苗生长，但大多数的种子在夏季雨后迅速发芽出苗。在碱湖周围和在盐碱滩上多星散或群集生长，可形成纯群落，也是其他盐生植物群落的伴生种（图 3-34）。

图 3-34　片植碱蓬湿地

碱蓬是一年生藜科植物，营养丰富，是一种优质蔬菜和油料作物。碱蓬的嫩茎叶既可鲜食，又可制干，便于储藏和运输，因此碱蓬的菜用开发具有较好的前景。碱蓬可实现四季播种，而反季节的秋冬播种效益更好。

3.4　海岸带生态廊道修复施工

3.4.1　盐碱地土壤改良施工

海岸带生态廊道内一般土壤含盐量较高，不利于植被生长，可以通过盐碱地改良处理营造适宜植被生长的土质条件。

1）场地整理

这是园林绿化的基础工程，主要包括抬高地面和平整土地等。

（1）客土垫地，抬高地面高度。在园林绿化栽植中，大多数的植物为深根性植物，根系生命活动旺盛，一般以土质疏松、肥沃的土壤利于园林植物的生长发育，但在滨海盐碱地，地下水位和地下矿化度都非常高，不能满足植物生长需要。所以要采取抬高地面高度的方法来实现降低地下水位，以控制矿化度的地下水上升，然后再通过其他的调盐排碱措施，使园林植物适合生长。

客土抬高后，在其上铺设种植土，建议所铺设种植土的厚度不低于 0.6～0.8 m，亦可参照植物正常生长所需最低有效土层而定。所铺设的种植土应采用肥力较高、富含有机质的熟化土，并且土壤疏松透气，保水保肥能力好。

（2）平整场地和栽植土表层整理。在滨海盐碱地改良时，平整场地是客土垫高后的一项重要措施，是园林植物栽植前必须要做的工作。因土壤盐分往往与微小地形的变化有着密切的关系，当有低洼积水时，很容易造成局部未高地形不容易脱盐，所以一定要进行平整场地，保持场地平坦。

2）排水排盐

通过在地下铺设排水排盐的管道，来实现降低盐碱的目的。通常采取以下方法进行：

（1）灌水洗盐。灌水洗盐就是通过浇灌中水、自来水等淡水来降低土壤的 pH 值和含盐量。单纯使用这种方法时，仅限于透水性、透气性良好的土壤。如果土壤黏重，就要结合土壤改良或者设隔淋层等方法；如果不仅土壤性状差，而且排水不畅，或者有地下水位高等现象，那么就要采用渗管排盐技术，以达到灌水洗盐的目的。

(2) 下部设隔淋层。隔淋层是盐碱地改良工程常用的排盐措施之一，设在植物根层之下，目的是提高土壤水下渗能力，切断含盐水分沿土壤毛细管上升的路径。隔淋层所设深度一般参照植物所需最小土壤厚度而定；隔淋层厚度一般为 20～30 cm。为保持土壤有良好的排水性、透水性，隔淋层应做出 1%～2%的排水坡度，并向排盐盲沟的位置倾斜。用作隔淋层的材料很多，如石子、炉渣、卵石等。将土工布铺设在隔淋层上，起到盐土层与客土层的隔离作用。

(3) 渗管排盐。在大范围绿化种植区内，渗管排盐是沉积物改良的常用方法之一，它是铺设暗管把土壤中的盐分随水排走，并将地下水位控制在临界深度以下，达到土壤脱盐和防止盐渍化的目的。排盐管网的布置应预先了解绿地周围的市政管网情况，它往往影响排盐管网的走向和埋深，根据就近排出的原则，排盐管网的终端与雨水管网相接。

① 排盐管间距和埋深的确定。排盐管埋深越大，所影响的范围越大，间距也可增大。先确定埋深，再确定排盐管间距。以粉沙壤土为例，埋深 1.5 m 时的影响范围是 80～100 m，在考虑管壁堵塞等因素的情况下，间距一律可确定在 30～50 m 范围内。

② 排盐管网的布置形式。对于排盐管网的布置，一般应先确定干管出水口、管网干管位置，再确定排盐检查井位置、各级支管位置。

正交式布置，是支管汇入干管，直接排走的布置方式。平面上支管与干管成 90°角正交。靠近城市排水管网或水体时采取这种布置。优点是排盐干管以最短的距离将水排出，管线短，管径小，造价低。

汇合式布置，是多条干管汇集总管排走的布置方式。在正交式布置的基础上，遇到排水口设置较远时，设置干管使地下水汇入并引向排水口。较大型的园林绿地一般都采用这种布置形式。

(4) 排盐管网布线施工要点。

① 管底标高。从管网干管最远点开始，自下游管向上游管设计纵坡，依次计算，到支管与干管汇合检查井处，再继续向上游管段进行计算。根据植物种类，在保证其最小有效土层的条件下，计算出管底高程并算出各检查井处管底高程。在不能保证干管水流自然导入城市排水系统时，可考虑人工强排。

② 过滤层。为使排盐管渗水孔不被土粒堵塞，应在管外设置过滤层，排盐管类型不同，具体做法也不一样。比如 PVC 渗水管的过滤层一般用 2～3 层无纺布包裹，铁丝缠紧即可。

③ 排盐检查井。检查井是排盐系统管道连接的枢纽，可以用于管道检查、洗砂、冲洗、通气等，并可以监测管道是否运行正常，通常采用圆形砖混结构。

④ 暗管排水。在地下适宜的深度，铺设一定量的管道，通过灌水或雨水的淋洗，使盐分从管道内排出，这种方法的好处是一次性投入可连续性排除盐碱，但工程量大，投资成本高。

草坪、花卉植物一般埋管深度在 0.5～0.6 m，乔木在 0.8 m 深左右。通过此方法，一般能将 1 m 内的盐分含量降低到 0.3%以下，基本解决盐碱对园林植物的危害，同时又具有一定的防涝作用。

⑤ 明沟排水。此方法施工容易，排水量大，但排盐不均匀，一般要求 100～200 m 设立一个排水沟。盐碱不严重的，可适当增加距离。

⑥ 铺设隔离层。此方法一般在中度盐碱区进行，一般是在深 1.0～1.2 m 处进行铺设隔离层。隔离层通常使用鹅卵石、渣石、炉灰渣、碎树皮等材质，铺设厚度为 20～30 cm 为宜。该方法多在小型绿地、庭院或树穴内进行。

⑦ 灌溉洗盐。其是通过使用淡水进行灌溉，将盐碱冲洗掉，并排出土壤的一种方法，多在重盐碱区进行实施。

3）施肥培土

此方法通常是使用有机肥、生物肥来调节土壤团粒结构和土壤有机质含量，并通过有机质发酵和微生物活动，调节土壤盐分，从而达到盐碱改良的目的。

4）化学改良

化学改良是通过使用改良剂对盐碱土进行中和和化学反应而降低盐碱危害的一种方法。常用的改良剂有钙质改良剂(石膏、磷石膏、脱硫石膏)、酸类物质改良剂(硫酸、硫磺、硫酸铝、煤矸石等)、有机物质改良剂(泥炭、风化煤、糠醛渣等)、有机无机复合改良剂(多是工业废料加工而成)、土壤结构改良剂(聚丙烯酰胺、聚乙烯醇等)。

5）耐盐碱植物的利用

常见的耐盐碱植物有盐角草、柽柳等。要根据盐碱土的不同，选择适生的盐碱植物进行栽植。

3.4.2 绿化种植施工

海岸带生态廊道绿化种植由于受到特殊土壤、气候等立地条件的限制，工程的工序复杂，施工难度大，与一般的园林工程有较大区别：其一，工程措施必须能够解决土壤含盐的问题；其二，如何在淡水缺乏的情况下保证造林绿化的成活率和生态景观效果。

为了提升土壤的适应性，树穴土壤改良工程在改造后的地形上，利用原土与土壤改良基质进行适度的配比，在原土树穴内进行苗木种植。该措施成本低、见效较快、绿化美化效果好，适于大面积、大范围海滨生态绿化建设。

在植被选择中，其配置原则应优先选择耐盐碱性强、根系发达类型植物，并具备一定的观赏性，要满足滨海生态性需求，实现景观美观性和生态效益性共赢。同时注意整地时间与种植时间、栽植深度，进行合理密植，尽早郁闭，全面覆盖。抓住盐碱地绿化工程施工中关键环节与特殊工艺，在施工操作过程中进行重点控制与管理。

1）土深要求

种植区现有土壤不适宜种植时，需更换种植土。土深要求如下：草坪及地被植物不小于 300 mm；花灌木大于 600 mm；浅根性乔木大于 1 000 mm；深根性乔木大于 1 500 mm。

2）土质要求

对于种植区域需要回填种植土以满足植被正常生长需要的，回填种植土土质需满足以下条件：

（1）土壤 pH 值应符合当地栽植土标准，或按 pH 值在 5.6～8.0 进行选择。

（2）土壤的全盐含量应为 0.1%～0.3%。

（3）土壤的容重应为 1.0～1.35 g/cm^3，渗透系数大于 1×10^{-6} cm/s，土质疏松不板结，不得含胶泥块。

（4）土壤有机质含量不小于 1.5%。

（5）土壤块径不应大于 5 cm。

（6）种植土应见证取样，经有资质检测单位检测并在栽植前取得符合要求的测试结果。

3）苗木支撑

为了使种植好的苗木不因土壤沉降或风力的影响而发生歪斜，需对刚种植的所有乔木进行支撑处理。不同规格的苗木可采用不同的支撑手法：乔木胸径小于 6 cm，用扁担支撑；乔木胸径在 6～12 cm，用唐竹架支撑；乔木胸径在 12～25 cm，用杉木架支撑；乔木胸径大于 25 cm，用钢丝斜拉加保护柱支撑。

第 4 章

海岸侵蚀修复及人工沙滩

随着全球海平面上升、人类对海岸带开发力度的加强和依赖程度的提高，海岸侵蚀和岸线后退逐渐成为威胁海岸带生存和生活环境的主要因素。海岸侵蚀是世界范围内普遍存在的一种海岸灾害，也是一种地质灾害。海岸侵蚀自古以来就严重威胁着临海国家的经济发展和人民的生命财产安全。近年来，世界各国海岸的侵蚀现象均出现了加剧趋势，随着全球气候的进一步变暖以及人类活动的不断加强，海岸侵蚀范围将进一步扩大，侵蚀程度也会日益加剧。目前，我国几乎所有开阔的淤泥质岸线均存在海岸侵蚀现象。河流输送泥沙减少、风暴潮和不合理海岸工程影响是造成局部海岸侵蚀的主要原因，海平面上升也加剧了海岸侵蚀。本章将基于对海岸侵蚀机理的阐释，提出对应的修复治理技术，并对这些修复技术进行系统介绍。此外，为满足人们亲水休闲娱乐等需要，在淤泥质海岸带修复中建设人工沙滩也较为普遍，本章特增加人工沙滩构建相关内容。

4.1 海岸侵蚀修复设计

4.1.1 侵蚀机理

侵蚀和堆积是地貌过程的主旋律。在海岸带，侵蚀和堆积也是海岸演变的基础过程，并以岸线蚀退和淤进为主要表现形式。海岸侵蚀是一个海陆相互作用的自然过程。海岸侵蚀是世界范围内普遍存在的一种地质灾害，是指在自然力(包括风、浪、流、潮等)和人力的作用下，海岸泥沙输出大于输入，沉积物净损失的过程，包括海岸线的后退和海滩的下蚀。总体而言，海岸侵蚀的基本机制是泥沙输移的不平衡导致岸滩物质的流失。

在自然条件下，海岸的地貌与当地的海洋水动力长期作用会逐步达到平衡，并形成冲淤平衡的海岸地貌。对于稳定平衡的海岸，其沿岸输沙情况存在两种情况，即静态平衡海岸和动态平衡海岸。其中，静态平衡海岸指海岸断面没有泥沙的输入，也没有泥沙的输出；动态平衡海岸指海岸有沿岸输沙，但相邻两个断面的输沙率相等，在表观上海岸维持冲淤平衡。当外界条件出现改变，冲淤平衡被打破，海岸地貌随即会出现相应的变化。

海岸沙质沉积物来源主要是河流来沙(Q_R)、风力扬沙(Q_W)、陆域侵蚀来沙(Q_E)、外海来

沙(Q_S)，其中外海来沙包括沿岸输沙(Q_L)、横向输沙(Q_O)。根据以上定义，有

$$Q_S = Q_{L,\ in} + Q_{L,\ out} + Q_{O,\ in} + Q_{O,\ out} \tag{4-1}$$

其中，泥沙输入记为正值，输出记为负值。因此，某段海岸单位时间输沙量 Q 为

$$Q = Q_R + Q_E + Q_{W,\ in} + Q_{W,\ out} + Q_S \tag{4-2}$$

由此可见，当 $Q>0$ 时，泥沙输入量大于输出量，该岸段是淤积的；当 $Q=0$ 时，泥沙输入量等于输出量，该岸段是平衡的；当 $Q<0$ 时，泥沙输入量小于输出量，该岸段是侵蚀的。

需要指出的是，海岸平衡只是一个理想的状态，海岸是时刻在变动的，所谓的海岸平衡只是在很短的一段时间内没有太大的变化，而每一天不同的时刻海岸由于潮汐涨落会产生相应的变化，不同的季节由于水文气象的改变也会产生与其水动力条件相适应的变化。所以海岸永远处在向平衡状态调整的过程中，平衡的海滩也只是处在动态的平衡中。

淤泥质海岸侵蚀机理研究是在砂质海岸侵蚀机理研究的基础上建立起来的，到20世纪50年代才进行较为系统的潮滩水动力调查，目前对其侵蚀机理的了解仍不充分。与砂质岸滩相比，淤泥质潮滩具有“沉积滞后”和“冲刷滞后”作用。淤泥质潮滩的岸滩剖面形态为双凸形，上下凸点分别位于平均高潮位和平均低潮位(偏上)附近，并且供沙量越大、沉积速度越快的潮滩，双凸形潮滩剖面形态越明显，侵蚀作用增强的潮滩剖面形态向上凸形发展。在侵蚀型岸滩，波浪是岸滩侵蚀的主要动力因子，潮流主要起运移扩散泥沙的作用。在堆积型岸滩，潮流则是岸滩塑造的主要动力，波浪作用退居次要地位。

4.1.2　设计方法

海岸修复是为应对海岸侵蚀而采取的工程措施。由于海岸侵蚀这一自然过程长期存在，海岸修复已有悠久的历史。不过大规模的海岸修复工程开始于19世纪末期，海岸修复的研究也随之逐渐发展。近十年来，随着海岸带经济的高速发展，以保护海岸免受进一步的侵蚀为目的的海岸修复工程建设进一步加速。

由于侵蚀特征和修复目的的不同，海岸修复形式多种多样，各自的功能、造价、寿命、维护费用、环境影响和潜在的经济价值等差异明显，这些对工程的决策和实施均起着决定性作用。根据修复方法的工作原理和作用机制，淤泥质海岸侵蚀修复的工程措施主要可分为海岸动力控制方法和生物护滩方法等。在实际工程中，这些方法可以单独使用，也可以根据实际条件结合其他修复技术共同采用。

海岸动力控制方法主要指修筑硬质海岸工程，调整工程区域的局部海岸动力条件，抑制岸线后退或消减沿岸波浪能量，减少海岸泥沙的沿岸和离岸输出通量，从而实现对岸线的修复。这类方法包括丁坝、防波堤、离岸潜堤、护岸和突堤等，这些方法增加岸滩物质输出，尤其是离岸方向泥沙输移增加引起的海岸侵蚀较为适用。

生物护滩方法主要指通过对海岸带范围内的生态环境的修复，削弱甚至抑制海岸带内物质的向外净输移，达到修复海岸侵蚀的目的。典型的方法包括盐沼植被护滩技术、红树林

护滩技术等。这一类方法对于明确由岸滩生态失衡引起的海岸物质输出增加较为有效。然而，这一方法的一个不足之处在于其起效缓慢，无法在短期内达到理想的修复效果，因此通常需要和其他方法共同采用。

综上所述，对于侵蚀严重的淤泥质岸线，可采用海岸动力控制为主的修复方法，如同时存在岸滩生态破坏，可同步实施生物护滩方法；对于侵蚀较严重的淤泥质岸线，宜采用生物护滩为主的修复方法。

4.2 海岸侵蚀修复技术

4.2.1 海岸动力控制技术

对于侵蚀严重的淤泥质岸线，往往近岸波浪、水流等水动力强度较大，仅采用生物护滩方法难以达到满意的修复效果，为从源头上实现海岸修复的目的，应通过海岸动力控制方法调整泥沙运动状态，改善海岸动力条件。这类海岸修复方法主要包括建造海堤与护岸、丁坝以及离岸堤等。

4.2.1.1 海堤

海堤又称海塘(图 4-1)，是平行海岸布置、阻止岸线进一步后退以保护陆域免遭侵蚀的一种修复形式。海堤种类繁多，按筑堤材料分为土堤、砌石堤、土石混合堤、钢筋混凝土挡墙等；按工程建设性质可分为新建、原有老堤加固或改建、扩建。海堤的建设和研究已有悠久的历史，是应用最广泛的海岸修复形式。关于海堤的研究主要在其设计方面，如断面形式、波浪爬高计算、越浪量、设计标准和稳定性等。因此，在海堤设计中除考虑满足一定高程和坚固程度之外还需兼顾一定的消浪功能，并将外侧堤面设计为斜坡、弧形、阶梯、加糙或透空等形式。但海堤对堤外海滩侵蚀的修复不会有任何有效作用；相反，海堤(特别是直立或近

图 4-1 上海崇明岛海塘

直立堤)造成波浪反射,形成立波可促使堤前滩面侵蚀加剧(图 4-2),这样的例子在国内外非常普遍。

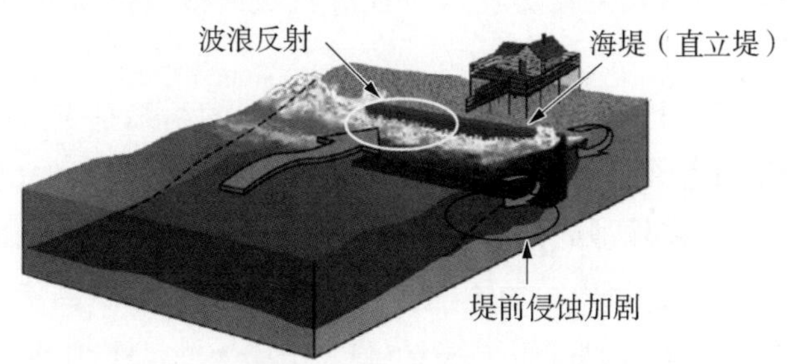

图 4-2 直立堤前的波浪反射引起局部冲刷

海堤的作用和缺陷可归纳如下:

(1) 海堤可直接把陆地和海洋之间的动力作用隔开,使陆地免受波浪、风暴等的侵袭,千百年来在固定岸线、防潮防浪等方面发挥了重要作用。

(2) 经海堤反射的立波对海堤趾部的淘刷和堤前滩面的冲刷强烈,极易造成护坡的塌陷和滩面的下蚀,从而增加常年维护和重建的庞大费用。

(3) 海堤的修筑切断了陆域泥沙来源(河口除外),打破了海岸原有的泥沙平衡,加剧了堤外的侵蚀作用;同时使海岸侵蚀失去陆域缓冲,造成潮滩剖面坡度变陡,甚至缺失高潮滩,原有潮滩生态系统必将遭到破坏。

海堤在设计上的主要目的是挡潮防浪,防止堤后陆域被海水淹没。海堤的设计方法应按照《海堤工程设计规范》(GB/T 51015—2014)和各地海堤(塘)的设计标准执行。团体标准《围填海工程海堤生态化建设标准》(T/CAOE 1—2020)提供了一系列典型的海堤断面结构形式,可在设计中参考选用。在抑制海岸侵蚀方面,《海堤工程设计规范》指出,对于受波浪、水流、潮汐作用可能发生冲刷破坏的侵蚀性岸滩,可采用工程措施、生物措施或两者相结合的修复措施。其作用范围应满足海堤稳定安全要求。必要时,还应通过模型试验论证。若海堤临海侧无滩或岸滩极窄,修建加固海堤时均需加强护脚;而当临海侧有滩或近海水产养殖基地,滩地受水流淘刷危及堤身的安全时,可依附岸滩修建护滩工程。

海堤是海岸侵蚀修复措施的一部分。对稳定平衡的海岸,修筑堤防防止海岸侵蚀坍塌,称为直接修复措施;因其不能解决岸滩的长期冲刷问题,也称为消极修复措施。长期淤进或蚀退的海岸,修建与岸成一定夹角的丁坝或与堤防平行但有一定距离的潜堤(离岸堤),促使泥沙在坝(堤)格护岸段落淤,称为间接修复措施;因其能在一定程度上解决海岸的长期侵蚀,也称为积极修复措施。

4.2.1.2 丁坝

丁坝是大致与海岸线垂直布置的海岸建筑物,长度为当地破碎带平均宽度的 0.4～0.6 倍。其目的是阻止沿岸流及其引起的沿岸输沙,使泥沙保留在受侵蚀的海岸段,适用于以潮流为主要侵蚀动力的岸段。修筑丁坝是古老的解决海岸侵蚀的办法之一。在河道整治方面，丁坝防冲促淤效果及其引起的局部冲刷已有了不少有价值的研究成果，而对于海岸修复工程中的丁坝而言，波浪、潮流等动力作用远比单向水流作用为主的河道复杂，在具体的工程设计中，通常需要根据当地实测动力泥沙特征进行数值模拟或物理模型试验提出或优化工程布置。

在有沿岸输沙的海岸，对于单座丁坝，拦截沿岸输沙的结果是上游侧发生淤积，下游侧发生冲刷(图 4-3)。在丁坝的下游，由于沿岸流的输沙能力大于上游来沙量，岸滩常发生冲刷。另外，当丁坝在拦截沿岸输沙的同时常在其上游一侧形成向海方向的沿堤流，泥沙随沿堤流向海输运会导致海岸泥沙流失。为了保护一定长度的海岸线，需沿岸建造多座丁坝，形成丁坝群，其间距为丁坝长度的 1～3 倍(图 4-4)。沿岸输沙被丁坝群拦截并沉积在丁坝群上游侧以及各丁坝间滩面。对丁坝群采取修复措施时，应注意防止丁坝群下游侧海滩的侵蚀，设计不当会使要解决的问题恶化。

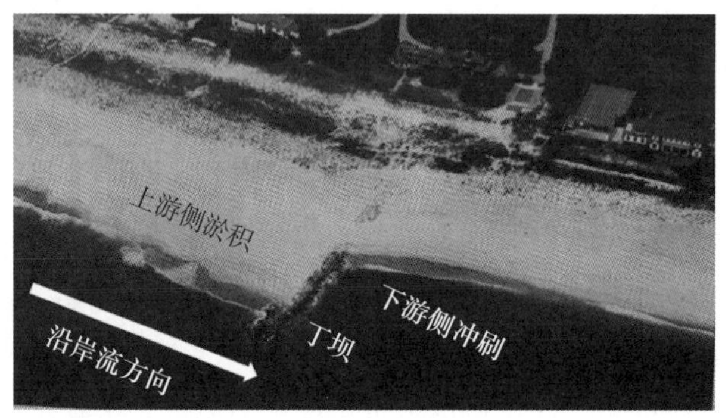

图 4-3　单座丁坝引起的上游侧淤积和下游侧冲刷

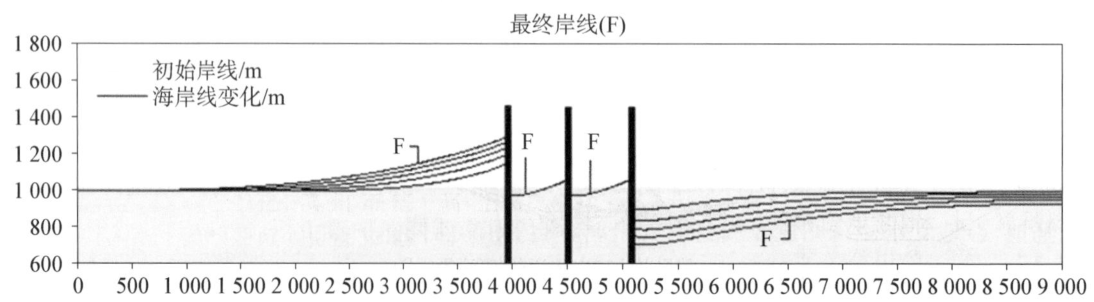

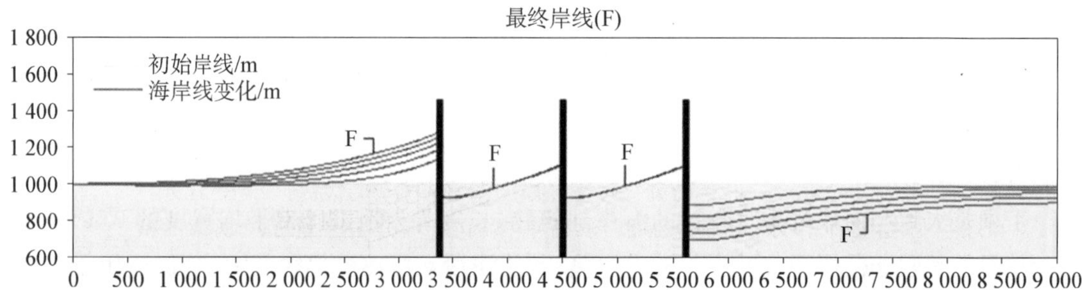

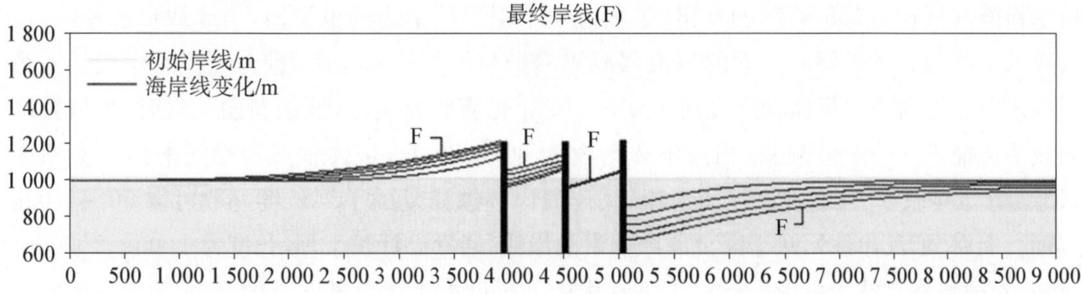

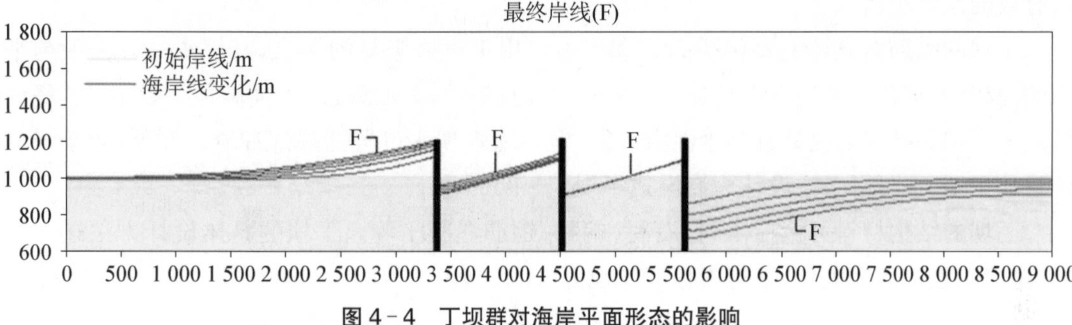

图 4－4　丁坝群对海岸平面形态的影响

由于动力格局和海岸物质组成的不同，丁坝建设后岸滩的淤蚀动态差异很大。在淤泥质海岸建造丁坝建筑物，由于斜向入射波破碎后使丁坝的上游侧动力加强，冲刷细颗粒泥沙组成的海滩，而在下游侧波浪掩护区形成悬沙淤积，这一特征与沙质海岸截然不同。

丁坝(群)的功能可总结如下：

(1) 阻止或减少沿岸输沙，对稳定岸滩和岸线具有一定作用。

(2) 将强潮流“挑离”近岸。

(3) 减小人工沙滩的泥沙流失。

(4) 控制海湾内泥沙的季节性输运。

(5) 减缓其他大型海岸工程建设引起的波浪冲刷。

(6) 加宽和改善休闲沙滩。

同时，如果丁坝(群)工程布置和设计不够合理，可能引起如下不利结果：

(1) 在高沿岸输沙率海岸，如果丁坝设计中没有留出泥沙通道或进行人工沙滩构建，丁坝下游的很大范围内将出现强烈的侵蚀。

(2) 丁坝下游的强烈侵蚀可能危及丁坝本身的安全。

(3) 如果出现异常风浪(与设计波浪方向有较大夹角)可能逆转丁坝两侧的冲淤形势。

(4) 由于大风浪时泥沙可能随沿堤流向海流失，丁坝对侵蚀海岸修复并无积极作用。

(5) 处于丁坝掩护区的高滩淤积的同时可能会使低滩发生侵蚀。

(6) 丁坝布置一般与波浪入射方向夹角很小，防浪和消浪作用不大。

丁坝的设计包括平面布置、纵剖面设计、结构形式三个部分。丁坝的平面布置主要指丁坝轴线的设计，即丁坝的布置位置、丁坝与岸线的夹角，以及丁坝的长度。《海滩养护与修复技术指南》(HY/T 255—2018)指出，丁坝应建于拟保护岸线的下游段，与岸线形态相吻合，形成人工岬角。对于斜向入射的波浪，《海滩养护与修复技术指南》推荐丁坝与岸线的夹角可取入射波波向线与坝体轴线夹角 100°～110°。也有研究显示，波浪斜向入射时，坝体轴线向波浪传播方向的下游倾斜，当波浪入射角为 30°～55°时，坝体轴线与岸线的最佳夹角为 110°。在丁坝长度方面，在淤泥质海岸，用于海岸侵蚀修复的丁坝长度一般可取 50～150 m(苏北、上海、浙江岸线)，对于需要兼顾促淤的岸线，通常设计长丁坝，长度为 1 000～2 000 m。《海滩养护与修复技术指南》推荐"丁坝在水中的长度以岸线至破波点距离的 40%～60%为最有效的设计距离"。

丁坝的纵剖面设计主要包括高程和纵坡。用于岸滩修复的丁坝，其坝头高程一般与平均潮位相同，坝顶平面通常设计成 1∶30～1∶50 的纵坡，坝根处的顶面高程一般在平均高潮位以上。坝头高程的提高有利于促淤修复，但会增强坝头位置的局部冲刷。此外，对于河口位置的丁坝，也可以考虑设计为淹没式丁坝。

丁坝的结构材料可包括木材、石材、钢材、钢筋混凝土等。丁坝的具体设计方法还应满足《海堤工程设计规范》、《堤防工程设计规范》(GB 50286—2013)、《防波堤与护岸设计规范》(JTS 154—2018)、《海港总体设计规范》(JTS 165—2013)等规范的要求。

4.2.1.3 离岸堤

离岸式防波堤(简称离岸堤)是目前较为有效且应用广泛的侵蚀海岸修复结构物，一般与海岸大致平行，建造在海岸线外一定距离的海域中。当在离岸一定距离的浅水海域中建造大致与岸线平行的离岸堤后，离岸堤后方波能减弱，保护该段海滩免受海浪侵蚀，其适用于以风浪为主要侵蚀动力的岸段。同时，在离岸堤与海岸线间的波浪掩护区内，沿岸输沙能力减弱，使自上游侧进入波影区的泥沙沉积下来并逐渐形成沙嘴。沙嘴的发展形式因海岸性质不同而存在差异，淤泥质海岸的沙嘴由离岸堤向岸线发展。当离岸堤的长度相对其离岸距离足够大时，沙嘴可发展成为与堤相连的连岛沙坝(图 4-5)。离岸堤主要适用于以垂直于岸线的泥沙运动为主的海岸，当沙嘴和连岛沙坝发育后，其作用将与丁坝相似，因此对沿岸输沙也能起到一定的拦截作用。由于上述优点，离岸堤在缺乏沿岸输沙的侵蚀性海岸依然能够发挥较强的保滩促淤功效。

图 4-5 出水离岸堤和连岛沙坝

离岸堤在海岸修复应用中主要包括出水离岸堤和离岸潜堤两种形式。从波浪作用的角度看，防止越浪的离岸堤称为出水离岸堤，而堤顶位于波浪波谷线以下的离岸堤称为离岸潜堤。然而，就海岸侵蚀的原因而言，控制海岸侵蚀的波浪往往是特定季节或特定时段的波浪，因此出水离岸堤可表述为防止造成海岸侵蚀的控制性波浪发生越浪的离岸堤，而相应地将堤顶位于该控制性波浪波谷线以下的离岸堤称为离岸潜堤。

1）出水离岸堤

潮汐、波浪等水动力因素对离岸堤堤后岸线的演变起关键作用，而坡度、粒径等海滩特性与长度 B、离岸距 S 和高度等离岸堤的设计参数及其他因素对离岸堤堤后岸线的演变作用次之。影响堤后淤积体的参数有离岸堤堤长、离岸距、波陡 H_0/L_0（深水波高/深水波长）、粒径、坡度 m 等。但一般而言，前两个参数是最重要的，因为其他参数难以定义且取值范围大，一般作为试验的基本条件，而不作为估计堤后淤积体的关键参数。

以往大量的现场实测资料和物理模型资料表明，离岸堤的建设位置水深较浅时，其长度为 2～3 倍波长为宜，开口宽度取约等于波长，离岸距宜取 1～2 倍波长。值得注意的是，沙嘴最易形成时离岸堤堤长和离岸距的比为 1～2。

根据已有的研究成果，离岸堤后的岸线变形可分为以下三种情况：

(1) 连岛沙坝。在不考虑透浪的前提下，当无因次量 S/B 小于某一限值时，离岸堤后将会形成连岛沙坝。有试验表明，当上游海岸有正常沿岸输沙来源时，$S/B<3$ 可形成连岛沙坝；当上游海岸只有部分岸段提供泥沙来源时，$S/B<0.42[H_0/(\omega T_0)]^{0.0918}$ 可形成连岛沙坝，式中 ω 为泥沙沉降速度，T_0 为深水波浪周期。

(2) 岸线无变化。当无因次量 S/B 过大，一般为 $S/B>6$ 时，离岸堤无法对岸线产生掩护效果。

(3) 沙嘴。为减轻对下游海岸的冲刷，在离岸堤防护设计时，设计人员往往使离岸堤后形成沙嘴而非连岛沙坝。沙嘴的形成条件通常认为介于连岛沙坝和岸线无变化的形成条件之间，此时无因次量可认为 $0.42[H_0/(\omega T_0)]^{0.0918}<S/B<6$。

《海滩养护与修复技术指南》提供了沙嘴相对长度影响因素，包括波高、波长、岸滩坡度、离岸堤间距等。日本是建造离岸堤最多的国家，对在 1987 年对日本 1 552 座离岸堤的调查资料分析显示：最常用的堤长为 100～200 m；建堤水深 90%在 5 m 以内，最常见的水深为 3～4 m；65%的离岸堤堤顶高程在平均海平面以上 1～2 m；离岸距离在 20～80 m 的占总数的 63%；堤后形成连岛沙坝的实例占总数的 60%。

在建设离岸堤的同时，辅以丁坝（格坝），以防止岸滩冲刷形成沿岸潮沟。离岸堤可以为单堤，也可为每两段间有一口门的分段式离岸堤。对于存在沿岸输沙的海岸，离岸堤上游侧发生淤积，下游侧发生冲刷（实践证明分段式离岸堤对下游岸滩的影响比总长度相同的单道堤小）。

离岸堤可正面直接阻止波浪入射耗散波浪能量，真正成为岸滩的有效屏障，连岛沙坝的形成又可以起到丁坝的作用，同时可以拦截部分横向输沙，因此离岸堤在海岸修复中已得到非常广泛的应用。但实践表明，离岸堤也并非完全理想的修复形式，因为离岸堤一般修建在破浪带以外的岸坡，施工难度相对较大，工程造价高，而且仅能保护其附近有限范围滩面，堤前冲刷严重而且维护成本高。

2）离岸潜堤

出水离岸堤在海岸修复中取得了较为广泛的成功，其修复机理也逐渐为人们所认识。然而在一些作为旅游度假胜地的沙滩海岸，出水堤的存在往往会对原本和谐的自然景观造成破坏。因此，离岸潜堤作为一种新型的海岸修复形式开始受到研究者的青睐。

与出水堤相比，潜堤在海岸景观与环境方面具有明显的优势，如：潜堤通常淹没于水下，不会产生视觉障碍，因而不会影响海岸的自然景观；潜堤可以加强近岸波浪破碎，有利于水质交换和污染物扩散，防止水体污染；潜堤可作为一些鱼类的产卵栖息地，有利于近海生态保护和生物多样性。

自20世纪80年代末开始，有关离岸潜堤防护机理的研究逐渐受到关注，目前已形成对这一研究的初步认识。

首先，相较于出水离岸堤，离岸潜堤对波浪的衰减能力相去甚远。大量现场监测结果表明，波浪通过潜堤时的透射系数为0.76～0.87，考虑到测量条件的局限性，这一数据要小于实际值。而通常情况下，出水离岸堤掩护区的波浪透射系数要远小于这一数值。

其次，影响离岸潜堤后水动力的主要因素之一是波浪越顶破碎产生的水体质量流。水体质量流造成的沿岸流大小与潜堤的离岸距离成反比。从堤头两侧进入的“绕射”波浪与越顶水体质量流是控制离岸潜堤后水动力特征的两大主要因素，潜堤的离岸距离和波浪线位置之比决定了这两大因素的主导地位。当这一比例越小时，越顶水体质量流的影响将大于“绕射”波浪，从而导致泥沙向开敞区输移，并最终向外海流失；反之，当这一比例越大，则“绕射”波浪的作用逐渐占主导地位，从而使泥沙在掩护区内淤积。在相同的堤长和离岸距离布置下，离岸潜堤后的泥沙淤积量要远小于出水离岸堤的情况。而且，由于上述越顶水体质量流的作用，离岸潜堤后可能出现由掩护区向开敞区的泥沙输移，并在堤头处产生较强的离岸输沙。

最后，工程实践表明，对于离岸潜堤后的岸滩响应，现有的出水离岸堤经验关系已不适用。出水离岸堤 $S/B<0.5$ 时，其后应形成连岛沙坝；而在相同条件下，当离岸潜堤 $S/B\leqslant 0.5$ 时，水体质量流的影响则几乎正比于堤长的增加；当达到一定程度后，堤后沙嘴不再出现。因此，离岸潜堤后的岸滩响应受各因素影响关系有待进一步明确。而相比于出水离岸堤，离岸潜堤还应考虑包括堤顶高程和堤顶宽度等因素。

《海滩养护与修复技术指南》推荐离岸潜堤的透射系数取0.2～0.3；同时，潜堤的淹没水深和透射系数应满足《防波堤与护岸设计规范》的相关规定。

4.2.1.4 生态型水工建筑物

传统海岸结构物的建设容易阻碍海水的流通性，形成半闭锁性水域，堆积各种物质，从而影响附近海域水质环境，不利于海域生态的多样性和景观性、亲水性。对于调整海洋水动力，抑制海岸侵蚀的水工结构物，如丁坝、离岸堤等，可将其与贝藻礁（或人工鱼礁）结构相结合，建设生态型水工建筑物。生态型水工建筑物为透水式结构，在消减海洋波流能量、控制海岸水动力的同时，加速海域的水体交换，改善因海岸结构物的建造所导致的水质劣化问题，从而起到生态效果。

贝藻礁(图 4-6)是人为在海中设置的构造物,其目的是改善海域生态环境,为海洋生物营造良好的栖息环境,为鱼类等提供繁殖、生长、索饵和避敌的场所,达到保护、增殖和提高渔获量的目的。目前国内外已经广泛开展人工礁体建设,进行近海海洋生物栖息地和渔场的修复,并且取得了较好的效果。

图4-6　贝藻礁

在海岸侵蚀的修复中,贝藻礁可同时起到束流、护沙和生态维护的作用。

(1) 束流功能。其一,贝藻礁在纳潮阶段可有效削减海浪和潮流的能量,减轻泥滩面和海岸受海浪的冲击与破坏,保护海岸的生态安全;其二,在台风和风暴潮期间可消减外海波浪能,达到消浪和消回波的效果,减少岸滩侵蚀,维持岸线稳定。

(2) 护沙功能。在沙滩滩脚设置一道贝藻礁,对减缓岸滩泥沙的流失有显著效果,从而提高沙滩修复工程的有效性和稳定性。

(3) 生态维护功能。贝藻礁既可提供复杂的三维栖息地,也可净化海水,让微小颗粒沉入海底,为当地的贝类、藻类、鱼类等众多物种增殖提供有利条件。同时,苗种的投放对维护水域生物多样性、改善渔业资源和提升生态环境质量有重要作用。对于整个海域,丰富的生物多样性可以提升生态系统的稳定性。

贝藻礁可吸引牡蛎、缢蛏、花蛤、贻贝、泥蚶、扇贝等海洋贝壳类生物大量附着、生长、沉积,进而形成生物礁体,起到维护和提高海岸区域生态功能的作用。礁体表面附着的牡蛎等贝类生物除可供食用而产生经济价值外,还具有如流场效应、生物效应、避敌效应等诸多重要的生态功能与环境服务价值。

① 流场效应。贝藻礁投放后,将在其周边及内部形成滞缓流、上升流、加速流等流态。这些流态不仅可以提供海洋生物栖息所需的缓变流速条件,而且还可以扰动底层和近底层水体,提高各水层间的垂直交换效率,形成理想的营养盐转运环境,从而为附着在礁体表面的藻类和生存在海洋表层水体中的浮游生物提供丰富的营养物质。

② 生物效应。裸露的礁体表面会逐渐吸附生物和沉积物，生物群落在此开始演替过程。根据环境条件的差别，从几个月至数年不等，礁体表面会附着大量的固着和半固着生物，如藻类、贝类、棘皮动物等。固着和半固着生物的不断叠加生长会增加生境的异质性，从而形成复杂的生境，提高大型底栖动物的成活率。藻类的生长过程会吸收大量的二氧化碳和营养盐类并释放出氧气，起到净化水质和固碳的作用。藻类也可作为许多重要经济鱼类和甲壳动物的优质饵料。

③ 避敌效应。贝藻礁是鱼类的良好"居室"。礁体及其附近常作为许多鱼类暂时停留甚至长久栖息的位置，礁区也就成为这些种类鱼群的密集区。得益于礁体作为隐蔽庇护场所，幼鱼躲过被凶猛鱼类捕食的厄运，存活率显著提高。

下面概述贝藻礁的设计技术。

(1) 礁体设计原则。贝藻礁礁体设计首先应从当地海域的海况和生态特点出发，因地制宜，同时兼顾环境保护、材料性价比等因素，在设计礁体时需要遵循以下设计原则：

① 增大礁体表面积。礁体表面积的大小与其上附着生物的数量直接相关。许多鱼类将着生在礁体表面的海洋生物作为饵料，特别对于高度较小的深水鱼礁来说更为重要。因此，在设计中尽量增大鱼礁礁体的表面积。

② 良好的透空性。礁体内空隙的大小、数量及形状将影响到礁体周围生物的种类和数量，因此应尽量将礁体设计为多空洞、缝隙、隔壁、悬垂物结构，使礁体结构具有良好的透空性。

③ 充分的透水性。为使礁体表面积得到有效利用，故要保证礁体内有充分的水体交换，确保礁体表面固着生物的养料供给，水的流动直接影响附着生物的代谢稳定。

④ 礁体的高度必须考虑礁区的水深、底质及船舶的航行安全等因素。

⑤ 礁体材料应环保无污染，构造成型简单，耐久性好，强度高，成本较低。

中国海洋工程咨询协会团体标准《海岸带生态减灾修复技术导则　第 6 部分：牡蛎礁》(T/CAOE 21.6—2020)中指出，礁体的设计尚应满足以下原则：能保持礁体有较好的稳定性，礁体建成后无滑移、倾覆、埋没等风险；能满足在放置、运输、投放过程中的强度要求，并能抵抗波、流的冲刷磨损；选择增大礁体表面积和表面粗糙度的结构；在泥沙沉积速率较高的区域，采用与基底有较大接触面积的礁体结构形式。

(2) 礁体材料选择。礁体材料的选择将直接影响礁体的结构特征，对于礁区生物的增、养殖效果也有重要影响。选择时需综合考虑礁区的位置、礁体结构的要求以及运输和礁体投放过程的便捷程度，同时应保证礁体与周围环境的协调性、礁体本身的稳定性和耐久性。目前常用的礁体材料可分为天然材料、二次利用的废弃材料和人造材料三类。

① 天然材料，包括木材、岩石、贝壳等。这类材料一般不会对海域环境造成污染影响，但其耐久性较差。

② 二次利用的废弃材料，包括汽车、轮胎、航空器材、列车车厢、渔船、模具、石油平台等。此类材料在投放前一般都需要进行清理、改造，并进行效果检验，达到预期效果后方可投放，以消除其对海洋环境所造成的危害。

③ 人造材料，主要是用混凝土、钢筋混凝土(图 4－7)、钢板等材料按鱼礁的用途和所处的环境制成形状不同的构件，具有效果好、可塑性强、经久耐用等特点。一般而言，其效能要优于其他两类材料的礁体，是目前最为普遍使用的礁体类型。

图 4－7　钢筋混凝土正方体框架式礁体

在某些情况下，考虑一个礁体中的不同位置也可以采用多种不同材料，这样可以分别满足相应的使用要求，以丰富礁区的生物多样性。

《海岸带生态减灾修复技术导则》中推荐的材料包括贝壳、混凝土构件、固化后的粉煤灰、石头(碳酸岩)等硬质材料，并指出在选择礁体材料时，应注意以下事项：选择无污染、环保、坚固耐用、易获得、成本低的材料；根据固着基材料的适用范围和优缺点选择使用；对不同固着基材料进行试验，选择当地物种偏好固着的材料。

(3) 礁体结构选择。目前，传统的人工礁体依据形状结构不同，分为三角形、十字形、四方台和回字形等。不同礁体结构的特点不同(表 4－1、图 4－8)。

表 4－1　不同类型礁体结构特点

礁体类型	结构特点	存在问题
三角形	结构简单，制作投放便捷	没有平台，流态单一
十字形	设计了隔壁、悬垂物，丰富了内部流场变化；制作投放比较方便	平台面较少
四方台	设计了平台，使内部流场流态更加丰富；内部空间、阴影面积较大，制作投放便捷	抗漂移性较差
回字形	内部结构复杂，充分考虑礁体内部空间、缝隙、隔壁、悬垂物，平台面更多；坚固耐用	制作工艺较复杂

续 表

礁体类型	结构特点	存在问题
鹰嘴形	结构复杂，侧面布置有过流孔，透水性较好；迎水面为弧面，削弱海浪冲击，消浪效果好；内部及顶部空间较大，平台面多，充分考虑生物栖息空间与环境，生态功能好；比较稳定，抗倾倒、抗漂移能力强	制作工艺复杂，单体重量大，投放难度较大

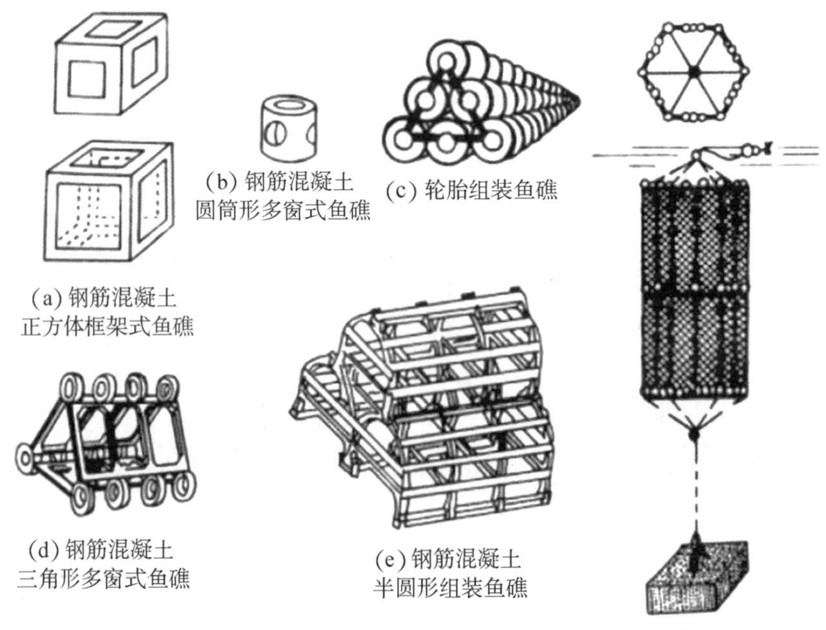

图 4-8　不同结构形式的礁体

(4) 建礁地点与布局。《海岸带生态减灾修复技术导则》中要求礁体宜投放于潮间带低潮区(平均低潮水位 1 m 以下)至潮下带(平均低潮水位时水深小于 5 m)，或现有牡蛎礁受损区域。根据修复目标确定最佳的建礁地点、礁体结构和布局方案，应遵循以下原则：

① 以生态减灾功能为主的，宜将礁体建造于潮间带，使用石头、混凝土块等沉重材料，布局呈单层或多层长条状沿海岸线间断分布。

② 以生物多样性或鱼类增殖功能为主的，宜将礁体构造出复杂的三维结构。

③ 以提升水质功能为主的，宜将礁体建造于潮下带，大面积均匀分散布设。

《海岸带生态减灾修复技术导则》还指出，礁体高度根据修复地点、修复目标和泥沙沉积速率确定，一般为 0.2～2 m。潮下带礁体高度宜大于 0.5 m。如泥沙沉积速率较高，应提高礁体高度。

4.2.1.5　海岸动力控制技术应用案例分析

黄河北归后，废黄河三角洲海岸由宽阔平缓的淤长型淤泥质海岸自河口附近开始侵蚀并逐渐向两侧发展。六合庄紧邻废黄河口北侧，自 20 世纪 60 年代起，开始对六合庄的主海堤外坡实施干砌块石护坡工程，为遏制高滩的进一步蚀退同时对废黄河口以南的岳堆、陶湾一带堤前高滩也新建干砌块石护坎。至1976年，共建成约10.5 km的干砌块石护堤，有效保证了六合庄至陶湾一线主海堤的安全。然而由于保滩工程难以跟进，岸滩下蚀仍在继续，堤前水深不断加大，波浪对海堤的直接作用逐渐增强，干砌块石护坡主海堤难以抵抗不断增强的波浪冲击。1987年，六合庄岸段开始实施灌砌块石护坡工程，并在六合庄、陶湾和振东闸一带新建一系列丁坝、离岸堤以及栽种大米草等保滩工程，在一定时期内对主海堤起到了保护作用。

六合庄主海堤干砌块石护坡工程实施至今以来，防护工程不断优化改进。保滩工程建设3座丁坝(2座139 m，1座100 m)与5座堆石离岸堤(设计长度100 m，设计顶高+2.0 m，离岸堤之间的间距50 m)。离岸堤堤顶块体重约250 kg，设计顶高+2.0 m(废黄河基面)，9711号台风后其高度降低为0.8～1.0 m。由此可见，六合庄离岸堤上部的人工块体不能满足抗御像9711号台风导致的最大风浪条件。据实测资料，9711号台风期间，六合庄最高潮位达2.72 m(翻身河闸潮位，相当于5年一遇)，堤前波高达2.5 m。根据块体稳定计算，离岸堤的人工块体稳定重量在320 kg左右，因此人工块体重量偏小。而1997年10月六合庄海滩地形测量显示，主海堤的堤脚滩面高程在−0.3～−0.4 m，与1990年建造保滩工程之前的滩面高程−1.2 m相比淤积了0.8～0.9 m。可见，尽管这些保滩工程自身已遭受一定的破坏，但仍有效地保证了主海堤堤脚滩面的稳定。

在滨海县达标海堤工程建设中，除护坡工程外，还实施了一系列丁坝、离岸堤、管桩顺坝等工程(图4－9)。考虑到六合庄岸段波浪作用强，为保证块体堤坝的稳固性，采用高强管桩顺坝(透空圆柱式离岸堤)建设达标海堤，即利用混凝土圆柱式空心管桩(管桩长8～10 m，桩外径60 cm，壁厚11 cm)，以净间距40～80 cm排列，入土深度5～7 m。桩周滩面设置厚为70 cm的抛石以防波浪、潮流冲刷。管桩顺坝距岸坡60 m左右，顺坝两端以抛石丁坝与岸坡相接(图4－10)。丁坝坝顶及迎浪侧坡面(坡比为1∶3)均以单体重400 kg的混凝土块体压护，避免了块石小易失稳的缺陷，丁坝坡脚均平抛了厚70 cm的抛石护脚，以避免冲刷坑的形成。管桩顺坝比较稳固，后期维护费用相对较低。截至目前，滨海县达标海堤建设已基本完成。

图4－9　六合庄丁坝与管桩顺坝组合防护工程

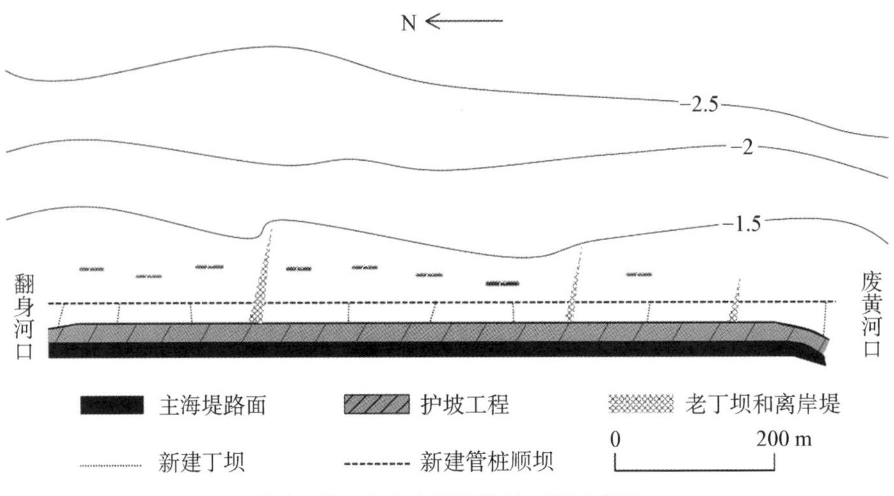

图 4-10　六合庄海岸防护工程示意图

4.2.2　生物护滩技术

对于侵蚀较严重的淤泥质岸线，往往近岸波浪、水流等水动力强度相对较弱，采用生物护滩方法即可达到满意的修复效果。这类海岸修复方法主要包括盐沼植被护滩技术、红树林护滩技术等。

4.2.2.1　盐沼植被护滩技术

1) 柽柳护滩

柽柳(图 4-11)也称红荆条、三春柳、红柳等，为落叶灌木或小乔木，耐盐碱、耐干旱、耐贫瘠，具有防风固沙、改善沿海生态环境等作用。柽柳具有强大的泌盐能力，它通过泌盐腺把吸收的盐分通过叶片排出体外。而枝叶落叶后，即转化为有机质，从而改善土质。因此，土壤含盐量较高的滨海区域适合柽柳种植。在我国境内，柽柳主要分布于华北地区，如山东、河北等。近年来，南方沿海地区，如浙江杭州、温州等地也通过人工引种，成功在沿海滩涂区域引入了柽柳种群。

图 4-11　柽柳植株(山东黄河三角洲国家级自然保护区大汶流管理站)

滨海地区的土壤常常存在次生盐渍化严重、树资源少、造林难度大的困难。在树种选择方面，宜选择适应我国北方(辽宁、河北、天津、山东等)海岸带生境的柽柳属植物甘蒙柽柳、中国柽柳和由中国柽柳选育出的柽柳新品种，如“鲁柽 1 号”，以及耐盐碱、对气候适应能力较强的宁夏枸杞和沙枣。其他树种如柳树、白蜡、刺槐、西伯利亚小果白刺、唐古特白刺、接骨木、杜梨等树种也具有一定耐盐耐碱的能力，可作为备选树种。同时也应注意到，滨海滩涂的生态系统十分脆弱，在引种外来物种时需要防范物种入侵引起的次生灾害，做好风险评估。20 世纪到 21 世纪初，我国多地在岸滩防护中引入了外来的大米草和互花米草，对海岸环境和原有生态系统产生了不小冲击，对当地物种的生存构成了威胁。

柽柳初植密度执行《造林技术规程》(GB/T 15776—2016)的规定，且应根据立地条件调整，一般应达到 3 600 株/hm^2。造林的初植密度是影响造林成功的重要因素，要综合考虑各方面的因素合理密植。初植密度太大不但会影响苗木的正常生长，还会造成人力、苗木的浪费；密度过小又会使林木中间的空地太多，引起杂草蔓延，也会影响苗木生长。初植密度可适当加密，最合适的栽植密度应该是在造林后，幼林能很快地郁闭，及早形成比较理想的群体结构，从而达到减少地面蒸发，抑制土壤返盐的效果。根据柽柳的生长特性，4～5 年冠幅可达 3 m，其栽植密度一般可为 2 m×2 m 或 2 m×4 m。另外，也应结合具体情况按照林种、立地条件调整初植密度，并确定种植点配置，一般包括长方形配置、品字形配置、群状配置、自然配置等。

柽柳对造林地要求不高，根据林种、树种、造林方式和地形地势条件选择整地方式和整地规格，其具体生境要求可见表 4-2。在翻垦土壤之前应进行林地清理，即清除造林地上的灌木、杂草、杂木等植被，改善造林地的卫生条件和造林条件。清理可与土壤翻垦一并进行，土壤翻垦要根据造林地条件，选择进行全面整地或局部整地。除适宜全面整地的造林地外，整地时应尽可能保留造林地上的原有植被。造林整地一般随整随造即可。

表 4-2　柽柳生境要求

生境因子		生境条件
基底	土壤盐度	土壤盐度对柽柳的生长发育有一定的影响作用，以柽柳指标为参考依据，土壤含盐量的适宜生态阈值为 11～20.5 g/kg；龄级较低的柽柳个体对盐度耐受极限为 25‰，成熟个体柽柳对盐度耐受极限为 60‰(黄河三角洲)；柽柳适宜的土壤盐度范围为 12‰～20‰
水文	水位	柽柳无法在淹没条件下生长，因此柽柳最适宜生长的环境为海水不能淹没的高潮带，高出平均水面 1.5 m

柽柳护滩工程的设计中，必要时考虑对滩地土壤进行改良，使土壤含盐量满足柽柳的生长需求。根据土壤含盐量的差异，土壤改良应从条田整地、台田整地、上林下渔、暗管排盐和隔离换土等技术措施中按需采用。具体来讲，中度盐碱地(土壤含盐量 0.3%～0.6%)通常以水利水保工程措施为主，修筑条田，辅之以耕作、生物等措施，建立排水灌溉系统，采取灌

水洗盐、蓄淡压碱、地下排盐等技术；重盐碱区（土壤含盐量大于 0.6%）采取“上林下渔”开发模式，通过修筑台田或条田，使地面抬高 1～1.5 m，然后采取蓄淡压碱、灌水洗盐、中耕松土等措施降低土壤含盐量。

洗盐压盐后，土壤中的盐分显著下降，但土壤养分也会随之流失。所以在运用工程措施改良的同时，应积极运用生物措施，如种植绿肥作物，可有效弥补以上缺陷。通过生物措施形成的植被质量高，可有效减少蒸发，增加土壤有机质，改良土壤结构，使土壤水盐运动向预期方向转化。

对新造林地、未成林地要加强管护，除有计划的割草、未成林抚育和林农间作之外，为避免人、畜随意进入造成破坏，还应建设封禁设施。对死亡或冲失的幼苗，及时开展补苗工作。其间应做好森林防火和病虫害防治工作，保障造林工作稳定有序推进。

天然柽柳林是北方滨海重盐碱地宝贵的森林资源，对维持重盐碱地生态平衡、防风固沙、保持水土、促进退海之地生物群落进化和土壤演变有着至关重要的作用。除人工造林外，采取人工辅助天然下种的方式是保护和快速发展柽柳林的重要途径。

2) 芦苇护滩

芦苇（图 4-12）是禾本科芦苇属的多年生草本植物，在温带沿海的淡水及咸水沼泽里分布最为常见，株高 1～3 m，性喜湿、抗盐碱，是滨海盐沼最常见的一种植被，具有极高的生态价值及经济价值。我国芦苇海岸以辽东湾及渤海湾分布最广。大凌河口是我国最大的芦苇场和最长的芦苇海岸。天津汉沽、塘沽及大港芦苇场位居第二。

图 4-12 上海崇明东滩的芦苇岸滩

芦苇可以促淤固岸。芦苇场可使波浪由大化小，由小化无，是天然的消浪器。芦苇场可使潮水携带的泥沙迅速沉积下来，使海岸避免冲刷，维持稳定。芦苇海岸前沿常有丰富的泥沙沉积，进而形成广阔的粉砂淤泥滩。随着滩面的升高，海水不断后退，生成大片新生土地。

芦苇适应性极强，在湖滨、海滨、江河及盐碱潮滩上皆可存活。若岸滩的生境达到芦苇生长的要求，则可以直接进行芦苇的种植与岸滩防护。

芦苇生境要求及护滩的种植技术可详见 2. 2. 3. 2 节中“芦苇种植修复技术”内容。

中国海洋工程咨询协会团体标准《海岸带生态减灾修复技术导则　第 3 部分:盐沼》(T/CAOE 21. 3—2020)选用了其中根状茎育苗移植法,种植方式采用挖穴坑种植,每穴定植 3～4 株芦苇根状茎,每段芦苇根状茎应至少有一个芽露出地面,株行距宜在 50 cm×50 cm 至 100 cm×100 cm。

芦苇的种植密度还应根据所需的消浪效果确定,芦苇护滩的消浪效果主要由植株的高度、密度、直径、植被带宽度等参数确定,《海岸带生态减灾修复技术导则》推荐由下式计算:

$$R_{\mathrm{WL}}=\frac{\alpha L}{1+\alpha L}\times 100\% \tag{4-3}$$

其中,L 为植被带宽度,单位为 m;α 为波高衰减系数,单位为 m^{-1},可由式(4-4)计算:

$$\alpha=\frac{4}{9\pi}C_{\mathrm{D}}DNH_0k\,\frac{\sinh^3(kh_{\mathrm{v}})+3\sinh(kh_{\mathrm{v}})}{[\sinh(2kh)+2kh]\sinh(kh)} \tag{4-4}$$

其中,C_{D} 为植株的拖曳力系数,由式(4-5)计算:

$$C_{\mathrm{D}}=2\left(\frac{\alpha_0}{Re}+\alpha_1\right)\left(1+\frac{\alpha_2}{KC}\right) \tag{4-5}$$

其中,α_0、α_1、α_2 为经验系数,按表 4-3 取值;φ 为植物体积占比,$\varphi=\pi\frac{D^2}{4}N\frac{h_{\mathrm{v}}}{h}$;$h_{\mathrm{v}}$ 为水面以下的植物高度;D 为单位垂直高度的植物面积;N 为单位面积植株数量;h 为植被区水位;Re 为雷诺数,$Re=\frac{u_{\mathrm{m}}D}{\upsilon}$,$u_{\mathrm{m}}$ 由式(4-6)计算:

$$u_{\mathrm{m}}=\frac{\pi H_0}{T}\,\frac{\cosh(kh_{\mathrm{v}})}{\sinh(kh)} \tag{4-6}$$

其中,H_0 为有效波高;k 为波数;υ 为运动黏性系数;T 为波浪周期;KC 为 KC 数,$KC=\frac{u_{\mathrm{m}}T}{D}$;部分参数的含义参见图 4-13。

表 4-3　拖曳力系数计算经验公式

参数名称	计算公式或取值范围
α_0	$\alpha_0=\begin{cases}25\pm 12(\varphi=0.091)\\84\pm 14(\varphi=0.15)\\83.8(0.15\leqslant\varphi\leqslant 0.35)\end{cases}$
α_1	$\alpha_1=(0.46\pm 0.11)+(3.8\pm 0.5)\varphi$
α_2	$\alpha_2=5.5\sim 9.5$

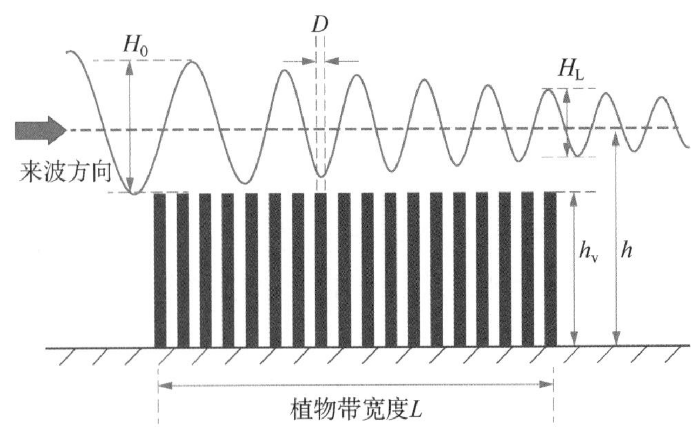

图 4-13 相关参数示意图

对于植株形态多样、分布不均的复杂护滩工程的消浪效果，《海岸带生态减灾修复技术导则》推荐采用物理模型试验获得结果。在经济技术条件不允许且掌握了区域下垫面、植被参数、水动力条件，有成熟的数值模拟技术条件时，可采用数值模拟方法。

3) 碱蓬护滩

碱蓬(图 4-14)是藜科下的一个属，为一年生或多年生草本或半灌木植物。本属共 100 余种，分布于世界各处，生于海滨、荒漠、湖边及盐碱土地区。盐地碱蓬一般分为播种和栽植两种方法，其具体种植技术详见 2.2.3.2 节中"盐地碱蓬种植修复技术"内容。

图 4-14 辽宁省盘锦市的碱蓬岸滩

以营口市团山滨海自然地貌重建项目为例，该项目是团山海洋公园生态修复项目的重要组成部分，占地面积 208 万 m^2，主要保护对象为海蚀地貌景观、湿地、沙滩、贝类种质资源及所属生态环境。根据现场调查，海岸滩面出现侵蚀，岸滩生长着盐地碱蓬(前滩)、芦苇(后滩少部分)，长势矮小(图 4－15)。由于此处滨海岸滩垂直宽度较小，建议在生境改造之后，进行盐地碱蓬的恢复重建工作。

图 4－15　修复工程前的海岸侵蚀

具体修复平面方案：盐地碱蓬盐沼植被重建，高潮滩前滩(高程 1.7 m)坡度为零的区域种植盐地碱蓬，拟种植面积 14859.9 m^2。修复工程于 2020 年 3 月开工，同年 7 月竣工。工程考虑防灾减灾需求，构建天然块石护岸，在破损的 558 m 岸线上摆放天然块石进行修复，有效防止了波浪、水流的侵蚀，在保留岸线自然属性的同时打造滨海生态护岸景观，使生态环境保护与防灾减灾效能协同增效，遏制了岸线退化，增强岸线抵御侵蚀的能力。修复工程完工后，碱蓬—芦苇—海堤三位一体的海岸侵蚀修复体系便形成了(图 4－16)。

图 4－16　修复工程后的岸滩地貌

4.2.2.2　红树林护滩技术

分布在南方的淤泥质海岸，在条件适宜的情况下，也可采用红树林生物护滩技术。红树林(图 4－17)是生长在热带、亚热带海岸潮间带的木本植物群落，可以有效抵御海岸带灾害，保障海岸社区安全。作为海岸防护林的第一道自然屏障，红树林被誉为沿海地区人民赖以生存的"生命林",在防灾减灾中具有不可替代的作用。红树林不但枝叶繁茂,而且根系极其发达。纵横交错的支柱根、呼吸根、板状根、气生根、表面根等形成一个稳固的支架,植物体因此牢牢地扎根于滩涂上。红树林的根系交错盘结形成严密的栅栏,从而起到了防浪促淤的作用。红树林内水流的速度可降至光滩的 1/5～1/6,水体中的大量泥沙可在红树林中落淤,不但起到了促淤保滩的效果,而且可以降低航道的淤积速度。北部湾红河三角洲附近红树林的现场观测结果显示,在平均水深大于 1 m 的情况下,波高 1 m 的波浪经过 1.5 km 宽的红树林带(树龄 6 年,树干平均半径 0.20 m)后波高可降至 0.05 m,而在同一区域同样条件下的光滩上,波高仅能减小到 0.75 m。

图 4-17　广东珠海淇澳红树林保护区

红树林生物护滩的设计技术主要包括宜林地选择、树种选择、生境改造等。

1) 宜林地选择

红树林恢复重要的基础环节是选取适当的宜林地。通常,将现有或历史上分布有红树林的滩涂或其周边滩涂作为红树林种植的理想区域。红树林的生长主要受海水温度、盐度和海洋水文条件的影响,下面将从这些方面介绍红树林生长所需的条件。

(1) 温度。全年最低月气温决定了红树林能否安全越冬,在最冷月平均气温高于 20℃的海域,天然红树林才可以正常生长。随着纬度升高,红树林的面积逐渐减小,植株逐渐矮化。在我国,自然生长的红树林分布范围的最北端在北纬 28°,如今通过人工驯化手段提高了红树林对低温的耐受能力,因而可以适度扩大红树林种植范围,人工引种的红树林可分布到浙江省中南部(表 4-4)。《海岸带生态减灾修复技术导则　第 2 部分:红树林》(T/CAOE 21.2—2020)推荐的气温要求为最冷月平均气温不小于 9.3℃,最冷月平均海水温度不小于 10.6℃。

表 4-4　我国真红树植物的种类及其分布

科名	学名	分布区域							
		海南	广东	广西	台湾	香港	澳门	福建	浙江
卤藏科(*Acrostichaceae*)	卤藏(*Acrosticham oureum*)	+	+	+	+	+	+	×	
	尖叶卤蕨(*Acrostichum speciostum*)	+							
楝科(*Meliaceae*)	木果楝(*Xylocarpus granatum*)	+							
大戟科(*Euphorbiaceae*)	海漆(*Excoecaria agallocha*)	+	+	+	+	+		×	
海桑科(*Sonneratiaceae*)	杯萼海桑(*Sonneratia alba*)	+							
	海桑(*Sonneratia caseolares*)	+	√						
	海南海桑(*Sonnerania hainanmsis*)	+							
	卵叶海桑(*Sonneratia erata*)	+							
	拟海桑(*Sonneratia paracaseolaris*)	+							
	无瓣海桑[*](*Sonneratia apetala*)	√	√	√				√	
红树科(*Rhizophoraceae*)	木榄(*Bruguiera gymnoihiza*)	+	+	+	×			+	
	海莲(*Bruuguiera sesangula*)	+	√					√	
	尖瓣海莲(*Bruguiera sexangula* var. *rhymchopetala*)	+	√					√	
	角果木(*Ceriopu tagal*)	+	+	×	×				
	秋茄(*Kandelia oborata*)	+	+	+	+	+	+	+	√
	红树(*Rhisophore apiculata*)	+							
	红海榄(*Rhizophore stylose*)	+	+	+	+	×		√	
使君子科(*Combretaceae*)	红榄李(*Lamnitzera limorea*)	+							
	桃李(*Lumnitsera rocrmosa*)	+	+	+	+	+		√	
	拉关木[*](*Leguncularia rocrmosa*)	+	√					√	
紫金牛科(*Myrsinaceae*)	蜊花树(*Aegiceras coniculatum*)	+	+	+		+	+	+	
马鞭草科(*Verbenaceae*)	白骨壤(*Aricennia merind*)	+	+	+	+	+	+	+	
爵床科(*Acanthaceae*)	小花老鼠簕(*Acanthus ebracteatus*)	+	+	+					
	老鼠簕(*Acanthus ilicifolius*)	+	+	+		+	+	+	
茜草科(*Rubiaceae*)	瓶花木(*Sephiphora hdrophyllacea*)	+							
棕榈科(*Palmae*)	水椰(*Nypa fruticans*)	+							
合计[**]		24	11	11	8	9	5	7	0

注：* 已成功驯化引种的 2 种真红树植物；* * 仅统计天然分布；“+”指天然分布，“√”指引种成功，“×”指物种灭绝。

(2) 盐度。红树林对盐度的耐受度不尽相同，总的来说，其在盐度为 2.17‰～34.5‰的河口处能够较好地生长。盐度过高或过低，红树林均无法正常生长。《海岸带生态减灾修复技术导则　第 2 部分：红树林》中推荐的盐度范围为 2‰～30‰。

(3) 底质。底质可以分为软底型、硬底型及其间的过渡类型，在不同底质区域内分布着不同种属的红树林。红树植物群落的生长与底质的改良是相互促进的动态过程：一方面，红树植物通过削弱波浪动能，改变沉积速率和沉积物的组成以改善底质条件；另一方面，改良的底质又为红树植物生长提供了更优质的环境。《海岸带生态减灾修复技术导则》推荐的底质为淤泥、泥炭、泥沙等，以淤泥质滩涂为宜。

(4) 水文条件。红树植物在海洋生存时受海水的直接作用，所以确定红树植物所在区域内的水文条件是红树林生态恢复项目中最重要的一环。风浪受到良好屏蔽的港湾和河口等区域适宜红树林生长，而开阔水域风浪作用较强，会对红树林造成直接破坏。此外，潮汐环境也是影响红树林分布的重要因素，潮汐直接影响盐度和红树植物淹浸程度。一般来说，红树林适宜生长在平均海面和大潮平均高潮位之间的滩面。《海岸带生态减灾修复技术导则》推荐的滩涂高程为平均海面（或稍上）与回归潮平均高潮位之间。

(5) 其他。红树林的选址应与区域发展规划相吻合，比如符合当地社会经济发展规划、海洋功能区划、生态保护规划等，以及当地政府、社区公众的支持。

2) 树种选择

红树植物物种分布广泛，不同的红树植物适应于不同的环境条件，在选择树种时应充分考虑恢复地的环境，以确定不同物种的种植区块。

红树物种选择时主要考虑物种的耐寒性、向海性和生态安全性等因素。下面对这些因素进行分析，以确定不同红树物种生长所需的环境。

(1) 耐寒性。在我国东南沿海不同区域内，按照红树植物的耐寒能力将其分成 7 个等级，由Ⅰ～Ⅶ级逐渐减弱。

(2) 向海性。据红树林对海浪冲击力、海水浸淹、盐度、缺氧等不利条件的适应能力不同，学者提出了向海性这一概念，适应能力越强，向海性就越高。

(3) 生态安全性。为丰富红树林生态系统的生物多样性，在保证树种生存率、以优良乡土树种为主的基础上，可以引进新的树种。

树种选择还可参考《红树林建设技术规程》(LY/T 1938—2011)的附录 C、《红树林造林技术规程》(DB44/T 284—2005)的 6.2.3 条，困难立地区域的树种选择可参考《困难立地红树林造林技术规程》(LY/T 2972—2018)的附录 A。红树林的种植密度因树种而不同，以树种的形态特征和生长特性来确定种植密度，具体设计方法参考《红树林建设技术规程》的附录部分。同时，红树林用于海岸侵蚀防护时的消波能力的计算方法同样也使用式(4-3)～式(4-6)。

3) 生境改造

为了保证红树植物幼苗能够在水底定植并正常生长，需进行生境改造，即对滩面高程和坡度进行改造。改造时最常用的方法是直接对水底填挖土，填土时需要根据红树正常生长所需的底质要求选择合适的底泥。填土之后因为泥滩会被搅动而变得很松软，所以需要等待泥滩稳固之后方可种植。对恢复地滩面进行保护以减少滩面受到潮汐的侵蚀，可采取增加围堰等结构形式保护滩面，或者修建丁字坝在滩面促淤。

生境改造实施周期长，需要大量的人力、物力和财力的投入。为节省成本、提高效率，制定方案的初始阶段就需要先考察自然宜林地的范围，尽量在适宜地开展红树林的生态修复。

4.3 人工沙滩构建技术

为满足人们亲水休闲娱乐等需要，在淤泥质海岸带修复中建设人工沙滩也较为普遍。我国的人工沙滩构建工程起步于1990年，香港浅水湾海滩养护是我国首个人工沙滩构建项目。基于对海洋旅游资源保护与开发的需要，我国愈来愈重视人工沙滩构建技术的应用与发展。人工沙滩构建技术包括海岸形态设计（包括海滩平面设计、剖面设计）、滩肩形态设计以及滩面泥沙粒径选择。

4.3.1 海岸形态设计

4.3.1.1 平面形态设计

天然的静态平衡岸线平面形态有很多种，其主要特征是由岬角、礁岩与柔和的弯曲岸线组合而成的复合地貌形态。全球大多数海滩都存在岬角和沙滩交替出现的地貌，约占全球海岸线总长的51%。位于岬角一侧或两相邻岬角之间的海滩在当地近岸波浪的作用下，逐渐形成内凹的平面形态，最终达到静态平衡。此时，海岸的沿岸输沙也趋于稳定，岸线处于动态输沙平衡状态。

在海岸侵蚀修复的平面设计中，通常根据工程区域及其附近的近岸水沙动力环境、海岸修复结构，参考相似条件下天然平衡岸线的平面形态，结合修复后岸线演变模拟结果，设计合理的岸线平面形态。

岬间海岸在全球范围内是普遍存在的，根据形态成因，一般可将其分为两个区域（Silvester, 1974），如图4-18所示。

(1) 遮蔽段，即上岬角背后的掩护区，也是盛行波浪的波影区。盛行波浪经岬角绕射和海滩折射，将海滩侵蚀内凹成弧形。

(2) 切线段，即靠近海岸下游岬角的直线段，一般与盛行波的波峰线平行。

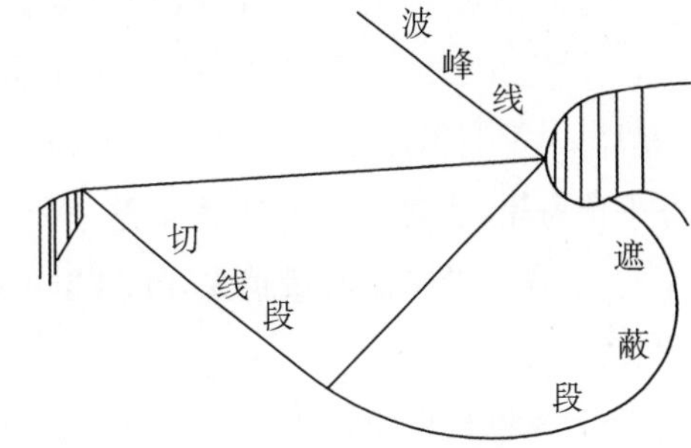

图4-18 岬间海湾结构

1) 对数螺线模型

对数螺线模型最早由Yasso(1965)模拟大量海湾而提出，其公式为

$$\frac{R_2}{R_1}=\exp(\theta\cot\beta) \tag{4-7}$$

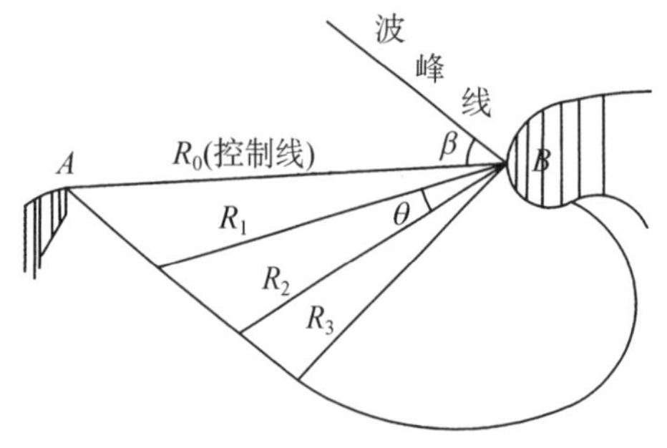

图 4-19 对数螺线海岸平衡模型

其中，R_1、R_2 分别为任意两点的两条极半径；θ 为两极半径之间的夹角；β 是对数螺线参数，是与海湾的入射波角 β，即波峰线与控制线(两岬头的连线 AB)之间的夹角，相对应的确定的参数。坐标系为极坐标，以上岬角 B 为极点，极轴取与入射波峰线平行(图 4-19)。

2) 双曲螺线模型

夏益民通过对模型试验资料的研究和对大量现场岬湾形态资料的归纳分析，获得了和试验海湾及自然界海湾相符的双曲螺线模型：

$$R^m\theta = K \text{ 或} \left(\frac{R}{R_0}\right)^m \left(\frac{\theta}{\beta}\right) = 1 \tag{4-8}$$

其中，$m=\sqrt{2}$（对于非极限平衡的可冲刷岸线，$m<\sqrt{2}$）；R 是任意极半径；θ 为相应的极角(图 4-20)；R_0 是两岬头 A、B 之间的距离；β 是控制线(两岬头间的连线)与入射波峰线间的夹角；K 是常数，即由曲线上任意点的极角 θ 与对应极半径 R 计算得到的 $R^m\theta$ 都相等，在笛卡尔坐标系中，R、θ 表现为双曲线关系。通常可以用极角 $\theta=\pi/2$，即沿着入射波向线的极半径 R 来计算 K 值比较方便：

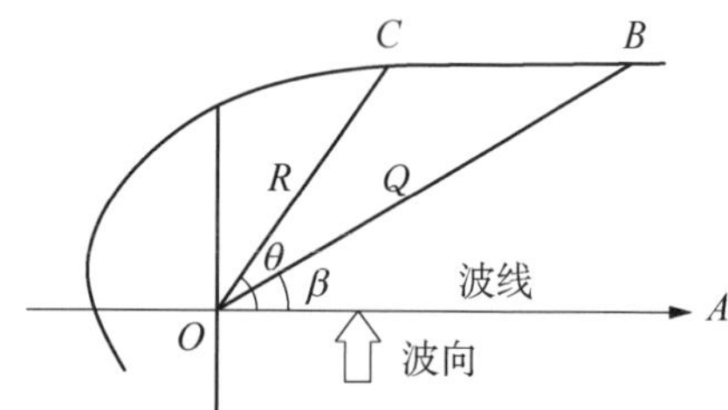

图 4-20 双曲螺线海岸平衡模型

$$K = \frac{\pi}{2} R_{\pi/2}^{\sqrt{2}} \tag{4-9}$$

这种极限平衡海岸的曲线形态规律是反映海岸极限冲刷状态的，即在沿岸输沙完全断截，上游完全没有来沙的条件下，岬头后的海岸被波浪长期冲刷所能达到的最终极限状态。一般海岸都有沿岸输沙的存在，相应的海岸平衡曲线形态远比极限平衡曲线顺直。对于动态平衡海岸，也可以用 $R^m\theta=K$ 这一公式来表示，但是此时公式中的 m 值远小于极限平衡海岸的 m 值。沿岸输沙量越大，m 值越小，也就是动态平衡海岸的平面形态曲线曲率越小，越顺直。

3) 抛物线模型

《海滩养护与修复技术指南》(HY/T 255—2018)推荐了 Hsu 和 Evans(1989)给出的平面形态。Hsu 和 Evans 通过对 27 个被认为处于静态平衡的原型海湾和试验模型海湾的模拟，得出了一个二阶多项式模型(即抛物线模型)。其曲线方程可表示如下：

$$\frac{R_n}{R_0} = C_1 + C_2\frac{\beta}{\theta} + C_3\left(\frac{\beta}{\theta}\right)^2 \tag{4-10}$$

其中，R_n 为任意极半径；θ 为相应的极角；R_0 为控制线的长度；β 为波峰线和控制线的夹角（图 4-21）；C_1、C_2、C_3 是对前面所提到的 27 个海湾作回归分析所得的系数，它们是 β 的函数，β 的范围为 10°～80°（适用于自然界绝大部分的海湾）。

人工沙滩构建工程中，设计平面应平坦、流线，以降低下游岸滩影响，人工沙滩构建岸段不宜太短，根据实例，最短为 600～1 000 m。

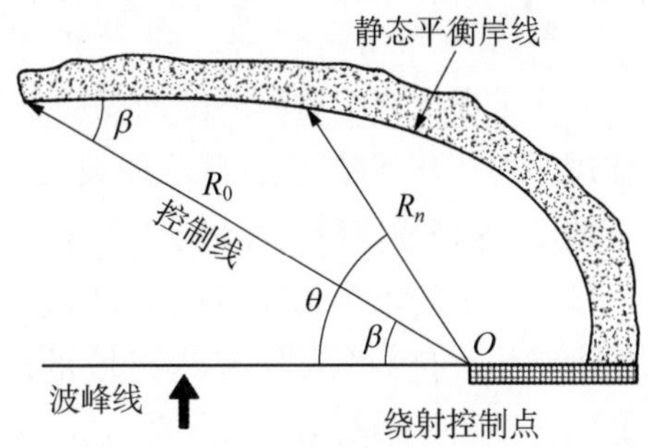

图 4-21 抛物线海岸平衡模型

4.3.1.2 剖面形态设计

海滩剖面形态设计主要包括两个方面：一是平衡剖面的形态，二是沙滩坡度。

1）平衡剖面

海滩剖面是来波条件和海滩相互作用的结果。经过充分长时间的作用，剖面会形成与来波条件相适应的形状，不再发生变化。这种在一定条件下，泥沙不发生净位移的海滩剖面被称为平衡剖面。海岸侵蚀的修复，应在分析当地水动力条件的基础上，计算设计出自然条件下适应当地水动力条件的平衡剖面，以平衡剖面为基础设计的岸线目标剖面形态，对当地水动力条件适应性良好，降低了对当地环境和生态的干扰，体现“师法自然”的设计理念。

各国学者相继提出了不同的海滩剖面形态模式，其中最具开创性的研究是 Bruun 和 Dean 提出的 Bruun-Dean 模式。

Bruun 和 Dean 提供波控近岸平衡剖面为

$$h = Ax^m \tag{4-11}$$

其中，h 为当地水深；x 为离岸线距离；A 与 m 为经验拟合常数，$A = 0.067\omega^{0.44}$，ω 为泥沙颗粒的沉速（cm/s），$\omega = 14{d_{50}}^{1.1}$，$d_{50}$ 为砂粒的平均直径（mm）。根据单位水体积等能量衰减作用及单位表面积等能量衰减作用，Dean 通过理论推导确定了指数 m 在第一种条件下取值 2/3，在第二种条件下取值 2/5，一般确定以 2/3 作为平衡剖面的指数常值。这样设计的填沙剖面滩肩会比较平缓，而滩面部分具有上凹曲线形态。我国《海滩养护与修复技术指南》（HY/T 255—2018）也采用了这一组公式。

1970 年以来，Hattori 和 Kawamata 在 Dean 的推理模式（heuristic model）基础上，补充考虑了岸滩坡度因子（$\tan\beta$）的影响，提出既可用于现场又可用于试验条件，物理图像更为清晰的岸滩冲淤类型判数指标关系，即

$$\frac{(H_0/L_0)\cdot\tan\beta}{\omega/gT} < 0.5 \quad \text{（淤积型剖面，向岸输沙）} \tag{4-12}$$

$$0.3 < \frac{(H_0/L_0)\cdot\tan\beta}{\omega/gT} < 0.7 \quad \text{（过渡型剖面，冲淤幅度均较小）} \tag{4-13}$$

$$\frac{(H_0/L_0)\cdot\tan\beta}{\omega/gT} > 0.5 \quad \text{（侵蚀型剖面，离岸输沙）} \tag{4-14}$$

2）沙滩坡度

为了保证施工后海滩剖面能尽快达到平衡，施工时应充分考虑海滩在波浪和潮流动力作用下的演化问题，施工剖面的坡度比设计坡面略陡，可以通过设计剖面估算施工剖面的上下坡度，保证抛填沙能在最短的时间内达到动态平衡。

在一定的水文条件下，沙滩坡度与铺设泥沙的粒径大小有关。一般情况下，在常水位以上沙滩的坡度，可取其天然岸坡的坡度。如果缺乏当地资料，就根据经验，中值粒径为0.2 mm、0.3 mm、0.4 mm和0.5 mm的填沙的坡度可大致采用1∶50、1∶25、1∶15和1∶10。为减少外来填砂的流失量，在常水位以下的坡度可较为陡峭，通常参考水下岸坡的坡度结合模型试验得出。填沙坡度亦可根据平衡剖面理论计算确定。

设计填沙坡度亦可参考美国《海岸工程手册》中推荐的施工坡度（表4-5），其中上下斜坡的分界线为平均潮位。人工沙滩构建工程中，应按设计断面分段抛沙，使海岸更稳定，减少海滩和水下沙的损失。

表4-5　岸滩坡度推荐值

中值粒径/mm	上斜坡坡度/(°)	下斜坡坡度/(°)
$d_{50}<0.2$	1∶20～1∶15	1∶35～1∶20
$0.2<d_{50}<0.5$	1∶15～1∶10	1∶20～1∶15
$d_{50}>0.5$	1∶10～1∶7.5	1∶15～1∶10

4.3.2　滩肩形态设计

1）滩肩宽度

需要满足旅游要求的海滩，根据海滩的实际使用功能，对滩肩宽度有一定的要求，满足游人亲近海滩的需求。具体可按照表4-6给出的国际通用优良海滩等级标准进行设计。

表4-6　国际通用优良海滩主要地貌因子等级

主要地貌因子	等级				
	1	2	3	4	5
平均低潮位时滩面宽度/m	50～100	100～150	150～200	200～300	>300
平均高潮位时滩面宽度/m	20～50	50～100	100～150	150～200	>200
海滩长度/m	200～500	500～1000	1000～1500	1500～2000	>2000
高潮线以上的平均坡度/(°)	8～12	6～8	4～6	2～4	<2
中潮线到水深1 m处的距离/m	20～40	40～80	80～160	160～240	>240
平均高潮线以上物质	砂砾	粗砂	中砂	中～细砂	细砂

续 表

主要地貌因子	等级				
	1	2	3	4	5
平均高潮线以下物质	砂砾	粗砂	中砂	中～细砂	细砂
海滩的弯曲度	平直	微弯	较弯	弯	螺线型
向海的开阔度	小	较小	较大	大	很大

注：等级越高，沙滩品质越好。

设计修复滩肩线根据现有岸线形态和沙滩稳定性需求确定，施工滩肩根据修复海滩形态的短期调整，以及在波浪作用下长周期的调整确定。修复海滩滩肩宽度根据建设条件、拟修复海滩功能以及修复海滩快速调整期内滩肩蚀退常数来确定。一般而言，稳定海滩 20～30 m 的滩肩宽度比较适合开展滨海旅游休闲活动，而 50 m 以上的滩肩宽度则比较适合开展沙滩体育运动以及大型群众性娱乐活动，即拟修复海滩预定什么功能，制约海滩修复方案的施工滩肩宽度。

当修复岸段海洋动力较强，海滩输沙率较大时，考虑海滩施工期和竣工初期（竣工后三个月到半年）滩肩形态的调整，施工滩肩宽度应预设一定的调整（侵蚀后退）余量。根据现有工程经验值，在修复海滩施工期和竣工初期（竣工后三个月到半年）这个时间段内，施工滩肩线向陆蚀退量的平均值约为施工滩肩平均宽度的 5％～20％，即参数可称作“修复海滩快速调整期内滩肩蚀退常数”（以下简称“滩肩蚀退常数”）。岬湾型海岸、近岸海底坡度较小、海洋动力条件较弱的海岸，滩肩蚀退常数较小；直线型海岸、近岸海底坡度较大、海洋动力条件较强的海岸，滩肩蚀退常数较大；具体海滩修复工程要根据相应的条件考虑施工滩肩宽度的设置。

2）滩肩高程

在水动力条件、潮位和填沙粒径确定的条件下，海滩滩肩宽度的保持能力与海滩滩肩前沿高度相关，滩肩前沿高度设计过低，滩肩宽度的保持能力较差，同等动力条件下海滩侵蚀后退更加明显；而滩肩前沿高度设计过高，容易在滩肩前沿形成侵蚀陡坎，对于有旅游需求的海滩设计而言也是不可接受的。在水动力条件、潮位和滩肩剖面确定的条件下，海滩滩肩宽度的保持能力与填沙粒径也相关，填沙粒径越粗，滩肩宽度的保持能力越强，然而不论从经济角度还是从人们游玩舒适感角度而言，都是粒径越细越好。因此，在海滩剖面设计中，滩肩前沿线的高度及填沙粒径是最关键的两个设计参数。

滩肩前沿高程的确定方法主要分为现场调查法和代表波计算法。现场调查法主要通过调查自然情况下的健康海滩滩肩顶部高程来确定。对于滩肩前沿顶高程可以采用代表波法进行计算，即滩肩高程＝平均大潮高潮位＋一定重现期波浪爬高值，其中一定重现期波浪爬高分别采用 50 年一遇波浪和 10 年一遇波浪分别计算出滩肩前沿线高程。可以用 Xbeach 程序计算代表波，得到波浪爬高值的时间序列，取前 1/3 较大爬高值进行平均，得到各代表波的滩肩高程。

根据《海滩养护与修复技术指南》，滩肩高程需要综合考虑当地的历史高水位高程、波浪爬高、陆上景观高程、现有海滩高程和相邻海滩高程以及养滩成本等多方面的因素来确定。滩肩高程设计可用下式计算：

$$滩肩高程=设计水位+波浪爬高 \tag{4-15}$$

Stockdon(2006)通过 10 处海岸的现场观测和归纳，认为波浪爬高 R 取决于波浪引起的近岸水面抬升和波浪上冲这两个水动力过程，与波高、周期和滨面坡度密切相关，并给出了计算波浪爬高 R 的经验公式：

$$R=1.1\left\{0.35\beta_f\left(\frac{H_0}{L_0}\right)^{1/2}+\frac{[(H_0L_0)(0.563\beta_f^2+0.004)]^{1/2}}{2}\right\} \tag{4-16}$$

其中，H_0 为深水波高；L_0 为深水波长；β_f 为滨面坡度。

4.3.3 滩面泥沙粒径选择

沙滩采用小粒径级别（细、中或粗沙）用料，游人赤足踏触舒适度最佳，但首先要满足沙滩稳定的粒径级别。首要决定因素是海域波要素，波要素过大，即使设计采取综合措施也无法达到小粒径舒适度效果，如强行采用过细的沙料，经常性的波浪作用下，滩面沙料会很快流失，沙滩则需要经常性较大规模维护，造成使用期重复、大量的维护费用。可行的思路是根据工程水域波要素，采取综合措施，选择适当且级配分选较为合理的回填砂砾，使粒径级别控制在稳定状态尺寸范围内。

为了减少填筑沙料的流失，可以选用粒径较大的沙料，或者与建造简单的海岸工程建筑物相结合。根据《海滩养护与修复技术指南》的要求，滩面泥沙平均粒径应等于或略大于工程区周边的天然海滩沙。具体来说，沙料中值粒径 d_{50} 一般可取周边的天然海滩沙的 d_{50} 的 1.0～1.5 倍；若当地沙滩为粉细砂，根据美国《海岸工程手册》，泥沙粒径应选用当地沙粒径的 4～5 倍，当然应注意太粗的沙径不适合于游乐用的海滩。

人工沙滩构建工程最重要的问题是经济效益，因为人工沙滩构建的主要成本来源是泥沙。海岸泥沙开采本身成本相对就较高，用于人工沙滩构建的泥沙对级配和粒径都有严格的要求。此外，人工沙滩的泥沙还需要满足游客休闲娱乐和景观的需求。这些泥沙的开采对当地海域的环境会带来显著的影响，有时这种影响是不可逆的。此外，人工沙滩必然存在泥沙的流失，必须进行阶段性的海滩再养护以维持海岸形态的稳定。

沙源的限制是人工沙滩构建工程最大的障碍，为了得到分选较差的沙源，可考虑采用两种或两种以上的不同粒径沙源进行混合填筑，以降低工程成本。在实际工程设计中，由于沙源的限制，往往需要选择较细、分选较好易于流失的沙源进行填筑。为了达到工程目的，通常需要超量填沙，这样即使在大量细颗粒泥沙流失后，工程仍能保持所需的填沙量。

4.3.4 人工沙滩构建技术应用案例分析

天津港东疆港区人工沙滩工程（图 4－22）是东疆港区景观工程的主要组成部分，从 2006

年开始建设，经过试运营和改造，目前人工沙滩南北长约 2 km，宽 165 m，总面积 2.46 km^2，成为国内面积最大的人工沙滩景区，同时也是京津地区唯一的亲海岸线。人工沙滩根据使用人群的不同，从北向南分为低密度住宅区专用沙滩、公共游乐区沙滩和宾馆区专用沙滩三大区域，沙滩均为亲水沙滩结构。

图 4-22 天津港东疆港区人工沙滩

天津港东疆港区人工沙滩工程位于海河口外的淤泥质海岸上，该区域不但海水含沙量高，而且原滩淤泥下陷，当地采用“隔泥阻陷、围水沉泥”技术，在淤泥滩上铺设大片竹筏并且上覆宽厚土工布，最后盖上 1 m 厚的外地运来的中粗砂，同时考虑新建环抱式防波堤解决淤泥质海岸上构建人工沙滩的问题(图 4-23)，4 年来经几次反复，养滩基本成功。

图 4-23 天津港东疆港区人工沙滩平面布置图

该人工沙滩的主要设计参数如下：

(1) 粒径。沙滩泥沙的粒径选择首先得满足沙粒稳定的需求,其次还得考虑游人赤足踏触舒适度。本工程沙滩泥沙中值粒径在 0.3～0.8 mm,平均 0.5 mm。

(2) 沙滩顶面高程。涉及与后方地面高程以及前面原泥面相互衔接,后方陆域的地面高程为 7.0 m(天津港理论最低潮面),将沙滩陆域根部高程定为 6.0 m,沙滩与后方通过阶梯相联系。沙滩滩面海测高程由滩面宽度和原泥面的高程综合确定为 0.5 m,并设置一个小型的充填袋挡埝。

(3) 坡度。综合考虑水位等情况,以 4.5 m 为界限(设计高水位 4.3 m),将沙滩的坡度分成两部分,陆侧考虑到使用功能将坡度放缓至 1∶70 左右,海侧即潮间带在保证安全的前提下为减低造价考虑采用 1∶15 作为设计坡度。

(4) 滩面宽度。在确定了滩面坡度和高程后计算得滩面宽度为 165 m。

(5) 沙滩结构形式。作为亲水结构的人工沙滩采用斜坡结构。沙滩总宽为 165 m,陆侧采用 1∶70 的坡度,沙滩潮间带坡度为 1∶15,沙滩的顶高程为 6.0 m,坡底高程为 0.5 m,与设计低水位一致,保证开放期挡埝基本不露出水面。堤身采用吹填砂和海滩沙相结合的形式,海滩沙的厚度为 1.0 m,其下为吹填砂。在原泥面与吹填砂以及吹填砂与海滩沙的结合面上铺设土工织物将二者隔离(图 4-24)。

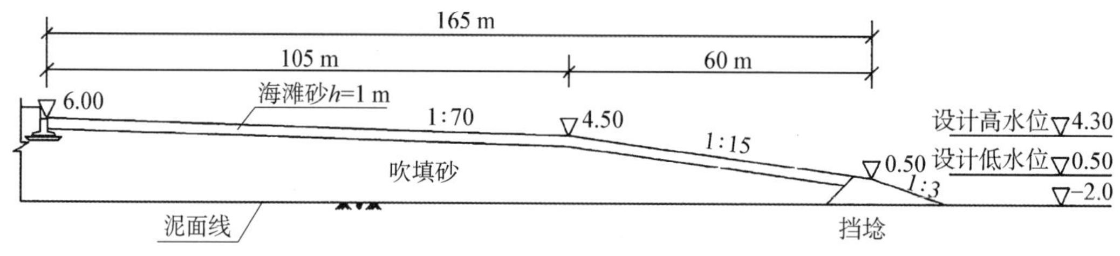

图 4-24 天津港东疆港区人工沙滩断面布置图

4.4 海岸侵蚀修复施工

4.4.1 柽柳护滩施工

柽柳群落和草本群落是我国北方典型生物海岸,在海岸修复中,由于滨海地区海岸土地盐碱化现象严重,在建设防护林时应选择科学的造林模式和修复技术。

1) 造林模式

盐碱地造林,由于土壤条件差,良种、大苗、壮苗是提高造林成活率和保障林木正常生长的重要前提。一是提倡就地育苗,使苗木自幼就经受当地环境的考验,增强对盐碱地的适应能力,提高耐盐性;二是随着造林生产集约化程度的提高,利用容器苗造林可显著提高树种的耐盐能力和抗旱能力,提高造林成活率和造林前期的生长量。

盐碱地造林的灌水,不单纯是为了满足林木对水分的需求,还在于起到洗盐的作用。因此,一是造林后及时灌水,二是春季返盐高峰季节灌水,对幼树成活和旺盛生长效果良好。

干旱缺水与土壤返盐是并生的，而地面覆盖是保水和抑盐的有效措施。地膜覆盖可减少土壤水分的蒸发，阻止土壤盐分在地表的积聚，有效降低表层土壤盐分的含量。

2）修复技术

(1) 造林时间。裸根苗及营养杯苗均选择春季进行。

(2) 苗木规格。一般来讲，造林所用的苗木为 1～2 年生苗木，应表现出生根能力旺盛、抗性强、移植和造林成活率高、生长较快的特点。具体应具备以下条件：根系发达，有较多的侧根和须根，根系要有一定的长度；苗干粗而直，有与粗度相称的高度，上下均匀，充分木质化，枝叶繁茂盛，色泽正常；苗木茎根比值小且重量大；无病虫害和机械伤害。《主要造林树种苗木》(GB 6000—1999)对不同树种各类苗木的质量标准及其适用地区都做了明确规定，造林中必须严格贯彻执行。

(3) 栽植方法和技术。栽植可通过穴植进行，穴的深度和宽度根据苗木根长度和根幅度确定，每穴 1 株。适宜的栽植深度根据树种特性、气候和土壤条件、造林季节等确定。一般情况下，栽植深度应在苗木根颈处原土印 5 cm 左右，以保证栽植后的土壤自然沉降后，原土印和地面基本持平。立地条件较好的造林地，亦可直插造林。

(4) 灌溉。开始造林时，需浇透水。在柽柳生长期内，如果降水量较小，有条件的可进行灌溉，无条件的亦可粗放管理。

4.4.2　芦苇护滩施工

芦苇种子很小，因此芦苇育苗需要进行整地坐床；芦苇苗按每平方米 1 500 株要求，每亩用种 5～6 kg，出苗后进行人工间苗，保证每平方米 800 株较为理想；播种时先播种量的一半，用剩下的一半找匀，覆土后轻轻镇压，播种应选择无风天气，有风要掺细土拌匀喷上少量的水播撒，防止漂移；播种时应保持苗床湿润，并做好相应的施肥、间苗、拔草等工作。目前，已经有许多育苗场具有芦苇幼苗栽培的能力，建议直接从就近的育苗场购买芦苇幼苗。种植时间安排在 3—4 月，种苗应采用生长中的芦苇，宜选择每段含 4～6 个长度在 30～40 cm 的根状茎的种苗。

4.4.3　碱蓬护滩施工

对于盐地碱蓬植被种植修复，下面主要从选种要求和施工方法两方面进行论述。

1）选种要求

详见 2.2.3.2 节。

2）施工方法

对于生境已经符合盐地碱蓬生长的滨海盐沼，其播种方法可细分为两种：大面播撒-重点补种法和浅翻撒播-覆土轻盖法(表 4 - 7)。种植最佳时间在每年 2 月中旬后，具体耕种时间需要根据当地条件，但最晚也不能超过 3 月底。

表 4-7 盐地碱蓬修复种植方法

种植方法	主要工作内容	适用条件
大面播撒-重点补种	在种子萌发前大量播撒种子，增加翅碱蓬数量；在种子萌发后对翅碱蓬生长稀疏处进行补种	翅碱蓬分布密度较低且滩面水动力条件很小的情况
浅翻撒播-覆土轻盖	在修复种植区翻松表层泥土（1～2 cm），撒播种子、搅匀泥土并平整表面	翅碱蓬分布密度较低且滩面水动力条件较大的情况

4.4.4 红树林护滩施工

红树林的栽培技术是直接决定造林成活率的主导因素。种植红树林的方法分为三类：胚轴插植法；人工育苗法；直接移植法。

胚轴插植法是从野外直接采集繁殖体种植的方法。本方法成本低、操作易，但受繁殖体成熟的时间限制，通常每年只有 1～2 次。胚轴插植法适于在有遮蔽或有成林掩护的岸段，通常把胚轴长度的 1/3～1/2 直接插入淤泥。为防止胚轴插植后被海浪冲走，或在底质坚硬、风浪大的恶劣生境中种植，可在定植后用竹条或塑料管搀扶固定；对隐胎生、繁殖体短小的红树植物，可用种子保护罩保护。胚轴插植的株行距将决定成林后的林分质量和防风抗浪效应，红树植物种植的株行距在国外为 0.4～1.5 m，而国内则为秋茄 0.5 m×1 m、1 m×1 m 或 0.2 m×0.4 m，木榄、红海榄 0.4 m×0.4 m、1 m×2 m，桐花树 0.2 m×0.4 m，无瓣海桑 2 m×1 m。本方法操作简便，造林成活率亦较高，是目前红树林造林的主导方法。

人工育苗法大多在种植前使用容器育苗。在培育过程中，以往较为注重适当的盐度和高温高湿的条件，而有研究表明适宜的光照强度也是红树植物幼苗生长良好的必要条件。在促进白骨壤幼苗产生较大的叶面积上，约 400 μmol/(m^2 · s)的光强比直接日照更为有效。育苗使用的培养基质可用人工调配的培养土，亦可用天然滩涂的淤泥或细沙，但需要根据不同树种选择不同的培养基质。待苗木培养一定的时间后，便可连带容器出圃用于造林种植。但需要注意苗木出圃规格的控制，不同红树植物有不同的高度适宜范围，太低会因苗木太小过于娇嫩，太高则因根系过长在出圃时易受损伤，两者均会降低造林的成活率。人工育苗法虽增加了成本，但可以为红树林恢复工程提供质量更好、抗性更强的苗木，在一定程度上提高造林成活率，目前正逐步成为另一种主流的造林方法。

直接移植法是从红树林中挖取天然苗来造林的方法。由于天然苗的根系裸露，在挖苗和植苗时容易受伤，导致成活率较低。因此，在没有成熟繁殖体的季节、种苗短缺或补植时才需要使用该法。移植天然苗虽可使用容器移植保护根系，但苗木移植的成活率仍会受苗木年龄和规格的影响。在澳大利亚 Brisbane，白骨壤和桐花树天然苗移植的成活率随苗木的高度增加而下降：小于 30 cm 的幼苗种植后 3 个月内成活率超过 80%，而大于 50 cm 的幼苗种植后 1 个月的成活率小于 50%。国内对秋茄天然幼苗移植的研究表明，移植 1 年至多年生秋茄小苗或幼树，半年成活率小于 37%。该方法虽然较简便，但其种源来源限制较大，而且造林成活率较低，并不值得推广。

第 5 章

海岸带污染治理

海岸带是陆地和海洋两大生态系统的交汇区域,陆地和海洋的环境因素都对海岸带环境质量有着十分重要而深远的影响。海岸带环境质量状况及变化趋势在某种程度上反映了各类涉海排污行为的强度和污染防治工作的成效。海洋在海陆水循环中的作用使其成为众多污染物的最终归宿。近年来,随着经济快速发展和生活水平的提高,以各种方式、各种途径排入近岸海域的污染物总量居高不下,环境质量状况不容乐观。面对如此严峻的环境污染形势,统筹推进陆海污染联动治理,保持海洋经济可持续发展是极为重要的。本章将系统介绍海岸带污染治理的设计原理和关键技术,重点介绍生态修复、微生物修复等技术方法。

5.1 海岸带污染治理修复设计

5.1.1 污染类型

根据《2021 年中国海洋生态环境状况公报》数据显示,我国管辖的海域劣四类水质面积达到 21 350 km^2,其中污染情况最为严重的是东海海域,劣四类水质海域面积占总体的 76%以上。近岸海域中劣四类占比 9.6%,主要污染指标为无机氮和活性磷酸盐,重金属和有机质的污染在逐步扩大。海岸带污染类型包括水体富营养化、石油污染、持久性有机污染物、重金属污染、海洋垃圾污染以及新污染物等。

1) 水体富营养化

水体富营养化是水体衰老的一种现象,它既可以发生在湖泊、水库,也可以发生在河口和近海水域。天然水体富营养化本来是一种十分缓慢的过程,但随着有机物质和营养盐的过量进入,大大加快了水体富营养化的进程。目前主流观点认为导致近海水体富营养化的主要原因是沿海工业与生活用水排放、农业活动、海洋养殖业、航海与河流运输等人为活动输入近海海域的有机质(COD、BOD)和氮、磷等营养盐通量增加。富营养化会造成海水透明度降低,阳光难以穿透水层,从而影响海藻、海草等大型海洋植物的光合作用,而表层浒苔、抑食金球藻等有害浮游植物和藻类过度消耗水中的溶解氧,造成海洋生物大量死亡,腐烂的尸体则进一步污染水质,导致恶性循环。不仅如此,有些藻类还能分泌有害物质,这些有害物质通过海产品危及人体健康。根据《2021年中国海洋生态环境状况公报》,我国富营养化比较严重的海域主要分布在辽东湾、长江口、杭州湾、珠江口等近岸海域(表5-1)。

表5-1 我国主要近岸海域氮磷污染状况

区域		无机氮 /(mg·L^{-1})	活性磷 /(mg·L^{-1})	氮磷比	富营养化指数	数据来源
天津		0.88	0.072			褚帆等,2015
黄河口		0.25	0.010	51.1	0.56	胡琴等,2016
山东黄岛区		0.21	0.050		0.14	过锋等,2015
江苏		0.25	0.020		1.52	姜晟等,2012
浙江灰鳖洋		1.14	0.066	19.3	2.38	贾怡然等,2014
福建宁德金蛇头海	春季	0.63	0.050	26.8~31.1	1.10	余祚溅,2017
	夏季	0.05	0.083	10.9~17.5	2.07	
福建东山湾		0.10	0.016	28.5		姜双城等,2016
广东龙江口		2.61	0.180	10.8~13.1		蒋奕雄,2015
珠江口		0.89	0.033	31.8	8.20	谢群等,2017
广西防城港		0.12	0.014	12.0	1.10	赖俊翔等,2013

注:无机氮、有机磷含量为均值。

水体富营养化导致我国近岸海域生态功能发生紊乱,生态功能结构呈现退化,致使有害藻华和底层水体缺氧现象不断加剧。海洋中常见的有害藻华现象包括由微藻形成的赤潮(red tide)、褐潮(brown tide),以及由大型绿藻形成的绿潮(green tide)等。有害藻华现象常见于近岸的河口、海湾等区域,许多有害藻华现象一旦出现,就会演化成常态化现象,可持续发生数年甚至数十年。

在我国,有害藻华是最为突出的海洋生态灾害问题之一。自20世纪70年代以来,几乎每年都有有害藻华监测记录,其中尤以赤潮为最。渤海周边海域、东海长江口邻近海域和南海近岸海域是我国3个典型的赤潮高发区。在2020年,我国海域共发现赤潮31次,累计面积1748 km^2。其中,有毒赤潮2次,分别发现于天津近岸海域和广东深圳湾海域,累计面积81 km^2。

形成有害藻华的藻类能够通过多种途径,如产生毒素、损伤海洋生物鳃组织、改变水体理化环境等危害海洋生物生存,或使生物染毒,从而危及海水养殖、人类健康和生态安全。有害藻华是人类活动引起的自然灾害,会严重制约沿海经济发展,破坏海洋生态环境进而威胁人类健康。

2) 石油污染

海上石油污染主要发生在河口、港湾及近海水域、海上运油线和海底油田周围。进入海洋环境的石油及其炼制品主要来自经河流或直接向海洋注入的各种含油废水，海上油船漏油、排放和油船事故等，海底油田开采溢漏及井喷，逸入大气中的石油烃的沉降及海底自然溢油等。按石油输入类型，可降海洋溢油事故分为突发性输入和慢性长期输入。突发性输入包括油轮事故和海上石油开采的泄漏与井喷事故，而慢性长期输入则有港口和船舶的作业含油污水排放、天然海底渗漏、含油沉积岩遭侵蚀后渗出、工业民用废水排放、含油废气沉降等。据统计，每年海上油井井喷事故和运输事故造成的溢油高达 2.2×10^7 t。

海洋石油污染对海岸带生态环境的危害主要表现在对沉积物的影响和对海岸生态系统的影响两个方面。漂浮于海面的溢油经过风化和乳化作用后，一部分会转化成更重的焦油沉降而附着于海岸沉积物上，特别是淤泥质海岸带沉积物颗粒一般都较细，且富含黏土和有机质，对石油烃有较强的吸附作用。因此，在发生海岸溢油事件后几十年的时间内，依然会有较高浓度的石油烃污染物沉积在海岸沉积物中，而沉积物中的石油烃会经过底栖动物摄食和海岸植物生长吸收等行为富集在海洋生态系统内，经食物链逐级扩大，最终进入人体，产生致癌、致突变的效应。

发生石油污染后，除海岸沉积物会被石油烃长期污染外，近海海水表面的浮油对海岸带生态系统内的生物也会造成重大影响。其一是石油在海面形成的油膜能阻碍大气与海水之间的气体交换，影响海面对电磁辐射的吸收、传递和反射。油膜减弱了太阳辐射透入海水的能量，会影响近岸海域植物的光合作用。同时，油污附着在海洋动物的皮毛和海鸟羽毛上，溶解其中的油脂物质，使它们失去保温、游泳或飞行的能力。其二是石油中多环芳烃等有害物质进入海洋生物体内，会干扰生物的摄食、繁殖、生长、行为和生物的趋化性等能力，导致海洋生物中毒和死亡。受石油严重污染的海域还会导致物种丰度和分布的变化，从而改变群落的种类组成。其具体表现为：①高浓度的石油会降低微型藻类的固氮能力，阻碍其生长，最终导致其死亡；②沉降于潮间带和浅水海底的石油，使一些动物幼虫、海藻孢子失去适宜的固着基质或使其成体降低固着能力；③石油还会渗入碱蓬和红树等较高等的海岸带植物体内，改变细胞的渗透性等生理机能，严重的石油污染甚至会导致这些潮间带和盐沼植物死亡；④石油污染能降低浮游植物的光合作用强度，阻碍细胞的分裂、繁殖，使许多动物的胚胎和幼体发育异常、生长迟缓；⑤油污还能使一些动物致病，如鱼鳃坏死、皮肤糜烂、患胃病以至于致癌。

我国海上溢油事故频发。据统计，1974—2018 年，我国近海发生较大及以上程度的海洋溢油事故共计 117 次，其中 50 t 及以上溢油事故 92 次，500 t 及以上溢油事故 24 次，3.4 万 t 及以上溢油事故 1 次，共造成油品损失 186 105 t。我国石油污染主要分布于辽东湾、广东沿岸、莱州湾、台州湾等近岸区域。

3）持久性有机污染物

持久性有机污染物因具有长期残留性、生物累积性和高毒性而受到广泛关注。海岸带常见的持久性有机污染物主要有多环芳烃(PAHs)、多溴联苯醚(PBDEs)、多氯联苯(PCBs)、有机氯农药(OCPs)等。我国海岸带水体、沉积物、沿岸土壤、水生生物体内均有持久性有机污染物检出。我国近岸海域表层水体中持久性有机污染物的残留浓度处于低至中等的污染水平，且南北差异明显，南中国海表层水的 OCPs 和 PCBs 残留量要分别高于海河和渤海湾。近岸海域沉积物中持久性有机污染物超标现象较为严重，表 5-2 为我国主要海岸带沉积物中 PAHs 含量，该表表明东南沿海、山东半岛污染较为严重。我国 PBDEs 含量在 1990 年后迅速增加，特别在珠江口地区；PCBs 全国污染水平较低，珠江口地区最为严重，含量介于效应区间低值和效应区间中值之间；OCPs 污染在我国东南沿岸较为严重，闽江口地区含量已逼近国家水质标准临界值，珠江口地区已达警戒水平，超过国际沉积物质量安全标准。

表 5-2 我国主要近岸海域沉积物中 PAHs 含量

区域	PAHs /(ng·g^{-1})	数据来源	区域	PAHs /(ng·g^{-1})	数据来源
辽东湾	191.99～624.44	Zhang et al., 2016a	泛杭州湾	106.10	胡小萌等，2017
渤海湾	175.10	国文等，2015	长江口	737.65	沈小明等，2014
天津	228.10	南炳旭等，2014	福建泉州	354.80	庄婉娥等，2011
莱州湾	554.24	张道来等，2016	厦门	949.60	程启明等，2015
威海	326.14	张道来等，2016	大亚湾	126.20	Yan et al., 2009
青岛	496.46	张道来等，2016	深圳	870.65	刘晓东等，2016
山东半岛	262.08	Zhang et al., 2015a	珠江口	563.52	Zhang et al., 2015b
南黄海中部	255.10	张生银等，2013	北部湾	29.00～438.00	Kaiser et al., 2016

注：表中数据为 PAHs 含量均值。

海岸带环境中的 PAHs 主要来源于近岸人类活动中的石油及其产品的排放或高温燃烧，以及煤、石油等化石燃料或木材等的不完全燃烧；PCBs 主要作用是工业中的热载体、绝缘油和润滑油，同时也用作农业中农药的添加剂，经过河流或人为排放而进入海域；而 OCPs 更主要的在海岸附近的农业活动中肆意使用，随径流排入海洋，虽然多数 OCPs(如 DDT、六六六等)已被禁用多年，但其性质稳定且半衰期长，不易降解，在土壤、水体以及海产品中仍广泛存在。

持久性有机污染物不仅会对海洋等生态环境产生有害影响，生存在海洋中的双壳类软体动物由于对有机污染物具有较高的富集能力，且能够经过食物链产生生物放大作用，最终会对人类及其他生物体产生危害。

4）重金属污染

在海岸带环境中，沉积物是各种重金属元素重要的来源和汇集处，沉积物对重金属有富集、累积作用，含量一般比水体高。而进入水体中的重金属在离子交换、共沉淀、吸附、络合等物理化学作用下，大多以相对不稳定的结合形态进入表层沉积物。我国海岸带沉积物中重金属污染物主要来自两个方面：一是城镇入海排污口未达标废水排放；二是工业企业污染物排放。工业企业污染物排放源自人为的煤炭石油燃烧、金属冶炼、工业生产、矿石开采、电子垃圾排放等；此外，河流输入是重金属最主要的入海方式，其次为排污口直接排放。目前污染海岸带的重金属元素主要有 Hg、Cd、Pb、Zn、Cr、Cu 等，近年来海域大气气溶胶中 Cr、Cu、Pb 沉降通量有所提高。

根据海洋环境公报显示，我国近海沉积物重金属污染整体上较为轻微，但个别地区需要引起重视。由表 5－3 可以看出，我国南海北部沿岸地区、渤海湾、长江口等地污染相对严重。各类重金属分布略有不同，Zn、Cu、Pb 普遍含量较高，集中在渤海和南海沿岸地区，Cr 在黄海、东海沿岸地区含量也较高，Cd 含量绝对值小，但生态风险高。

重金属对水生生物的毒害作用主要有以下几个方面：①对水生生物早期发育的影响；②对生理生化指标的影响；③对水生生物基因水平的影响；④水生生物对重金属的回避作用。重金属在海洋中的积累不仅影响水生动植物的生长和繁殖，而且通过食物链逐级进入人体，威胁着人类的健康和发展。某些特殊的重金属在微生物的作用下能够发生形态之间的转化和富集，形成毒性更强的复杂的重金属化合物。如在一定的温度、营养基质和通气条件下，微生物能够将不同形态的汞转化成甲基汞，鱼贝类将水中的甲基汞富集，人或其他动物食用了含甲基汞的鱼贝类从而导致水俣病的发生。

5）海洋垃圾污染

随着沿海城市化建设进程加快，人口不断增加，人们生活水平也不断提高，同时垃圾的量和种类都有不同程度的增加，产生的生活垃圾和固体废弃物也成为海岸带主要的污染物，如塑料袋、橡胶制品、食物残渣、洗涤剂、粪便等。

沿海城市垃圾处理配套设施较少，而且垃圾处理方法简单，绝大部分直接倒入大海。生活垃圾中有机质和氨氮类无机盐含量高，造成沿海营养盐类普遍偏高，水体富营养化严重，这也是导致赤潮的主要原因之一。此外，沿海居民生活垃圾以及海洋船舶垃圾排放入海的量也不容忽视。我国海洋垃圾主要类型如图 5－1 所示。

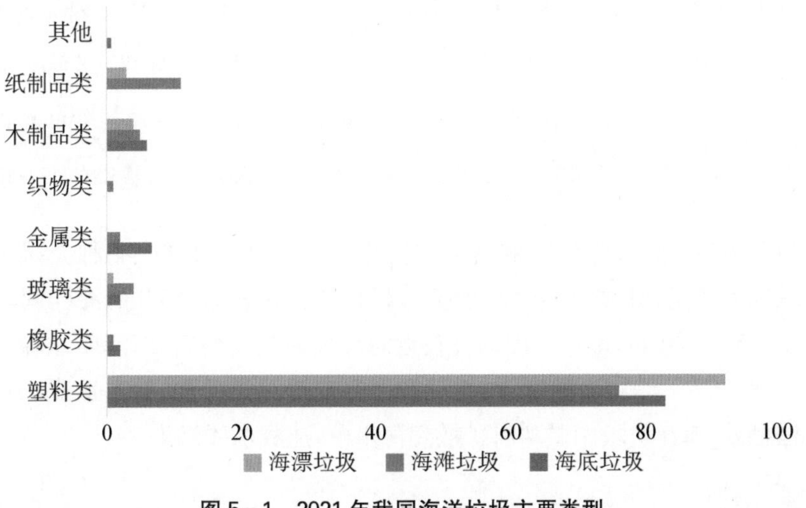

图 5－1　2021 年我国海洋垃圾主要类型

表 5-3 我国主要近岸海域沉积物中重金属含量 单位:mg/kg

区域	Cu	Pb	Zn	Cd	Cr	Hg	As	数据来源
鸭绿江口	9.37	17.95	37.86	0.20	24.30	0.05	6.36	Li et al., 2017
大辽河口	6.84	14.28	27.65	0.45	25.42		22.78	张蕾等,2014
辽东湾	19.40	31.80	71.70		46.40	0.04	8.30	Hu et al., 2013
滦河口	18.76	30.98	44.63	0.09	44.14	0.02	7.21	Liu et al., 2016
秦皇岛	7.86	27.60	81.60	0.14	93.70			Zhu et al., 2016
渤海中部	24.34	30.69	79.91	0.14	69.54			Liu et al., 2015
渤海南部	65.90	24.54	122.68	0.18	54.31	0.05	9.36	Xu et al., 2014
莱州湾	10.99～22.00	13.37～21.90	50.63～60.40	0.12～0.19	32.69～60.00		8.90～12.70	Xu et al., 2015a; Zhang et al., 2015a
山东半岛	18.70	18.20	61.00	0.09	59.00		8.90	Xu et al., 2015b
青岛	23.10	25.00	71.10	0.82	64.30	0.32	11.40	刘珊珊等,2015
黄海	15.90	11.30	46.20	0.12	8.46			Jiang et al., 2014
南黄海和东海	20.00	21.80	78.40	0.21	77.20			Xu et al., 2018
杭州湾、长江口、舟山群岛	21.80～24.70	18.80～25.41	44.29～85.20	0.14～0.19	60.75～79.10	0.02～0.05	9.10～10.67	柴小平等,2015;李磊等, 2012; Wang et al., 2015
东海	33.10	28.00	102.40	0.30	84.20			Yu et al., 2013
福建罗源湾	18.77	8.11	33.60	0.52		0.05	6.48	高文华等,2012
汕头湾	48.50	51.60	153.30	0.67	53.60	0.07	10.79	Qiao et al., 2013
大亚湾	16.46	37.01	87.81	0.07	59.03	0.04	8.16	Zhao et al., 2016a
广东西部沿海	43.83	44.29	139.93	0.38	86.97	0.13	20.83	Zhao et al., 2016b
北部湾东部	58.26	17.99	67.28	0.16	53.65			Dou et al., 2013

注:表中数据为各元素含量均值,为避免各案例研究的偶然性和差异性,同一地区研究取多篇文献给出均值的范围。

海岸带垃圾污染导致海洋生物群落结构变化、水质恶化、海洋生物种类减少,最终影响海洋生态系统服务功能,威胁海洋生态系统健康。据研究表明,45%的海洋哺乳动物、20%的海鸟和几乎所有种类的海龟都会因为吞食近海垃圾而受到伤害;海岸带垃圾经海浪、洋流等作用扩散,覆盖大型海藻、珊瑚礁、红树林和海草床等海洋植被,对其造成物理性破坏,使海洋生物无法栖息;海洋垃圾中微塑料扩散到海水中,造成水体污染。

6) 新污染物

国务院办公厅在 2022 年 5 月印发了《新污染物治理行动方案》,对新污染物治理工作进行全面部署。新污染物不同于常规污染物，是指新近发现或被关注，对生态环境或人体健康存在风险，尚未纳入管理或者现有管理措施不足以有效防控其风险的污染物。新污染物有四大类，一是持久性有机污染物，二是内分泌干扰物，三是抗生素，四是微塑料，在被排放到环境中后，被界定为新污染物。

新污染物具有两大特点：一个特点是“新”。新污染物种类繁多，目前全球关注的新污染物超过20大类，每一类又包含数十或上百种化学物质。随着对化学物质环境和健康危害认识的不断深入以及环境监测技术的不断发展，可被识别出的新污染物还会持续增加。因此，联合国环境署对新污染物采用了“emerging pollutants”这个词，体现了新污染物将会不断新增的特点。另一个特点是“环境风险大”，主要体现在以下几个方面：

一是危害严重性。新污染物多具有器官毒性、神经毒性、生殖和发育毒性、免疫毒性、内分泌干扰效应、致癌性、致畸性等多种生物毒性，其生产和使用往往与人类生活息息相关，对生态环境和人体健康很容易造成严重影响。

二是风险隐蔽性。多数新污染物的短期危害不明显，即便在环境中存在或已使用多年，人们并未将其视为有害物质，而一旦发现其危害性时，它们已经通过各种途径进入环境介质中。

三是环境持久性。新污染物多具有环境持久性和生物累积性，可长期蓄积在环境中和生物体内，并沿食物链富集，或者随着空气、水流长距离迁移。

四是来源广泛性。我国现有化学物质4.5万余种，每年还新增上千种新化学物质，这些化学物质在生产、加工使用、消费和废弃处置的全过程都可能存在环境排放，还可能来源于无意产生的污染物或降解产物。

五是治理复杂性。对于具有持久性和生物累积性的新污染物，即使达标排放，以低剂量排放进入环境，也将在生物体内不断累积并随食物链逐渐富集，进而危害环境、生物和人体健康。因此，以达标排放为主要手段的常规污染物治理无法实现对新污染物的全过程环境风险管控。此外，新污染物涉及行业众多，产业链长，替代品和替代技术不易研发，需多部门跨界协同治理。

5.1.2 制度要求

1）*海岸带污染防治组织架构*

国务院环境保护行政主管部门作为对全国环境保护工作统一监督管理的部门，对全国海洋环境保护工作实施指导、协调和监督，并负责全国防治陆源污染物和海岸工程建设项目对海洋污染损害的环境保护工作。

国家海洋行政主管部门负责海洋环境的监督管理，组织海洋环境的调查、监测、监视、评价和科学研究，负责全国防治海洋工程建设项目和海洋倾倒废弃物对海洋污染损害的环境保护工作。

国家海事行政主管部门负责所辖港区水域内非军事船舶和港区水域外非渔业、非军事船舶污染海洋环境的监督管理，并负责污染事故的调查处理；对在中华人民共和国管辖海域航行、停泊和作业的外国籍船舶造成的污染事故登轮检查处理。船舶污染事故给渔业造成损害的，应当吸收渔业行政主管部门参与调查处理。

国家渔业行政主管部门负责渔港水域内非军事船舶和渔港水域外渔业船舶污染海洋环境的监督管理，负责保护渔业水域生态环境工作，并调查处理前款规定的污染事故以外的渔业污染事故。

军队环境保护部门负责军事船舶污染海洋环境的监督管理及污染事故的调查处理。

沿海县级以上地方人民政府行使海洋环境监督管理权的部门的职责，由省、自治区、直辖市人民政府根据法律及国务院有关规定确定。

2）陆域和海域一体化管理制度

在海岸带污染防治管理制度方面，有学者提出应建立陆海联动的一体化管理制度。党的十九大报告提出的区域协调战略要求坚持陆海统筹，加快建设海洋强国，河长制和湾长制是区域协调战略的关键。“海域”和“陆域”管理方面交叉也是海陆联动的必然要求。“治海先治陆”的理念是前提，加快基础设施的建设，控制入海污染物总量，建立陆源污染排放总量控制制度，使纳污容量符合海洋环境容量自净能力的要求。

要建立较为超脱的高层次协调机构促进陆域和海域的一体化，还要注意政府之间、海岸带区域中陆海交接处的协调，构成严密的近岸海域环境管控网。特别注意近岸海域跨地域的双边、多边协商和协调制度的构建，在此基础上逐步推进区域合作。建立统一的行政协助制度，设立多部门、多行业参与的跨区域环境保护协调委员会。

3）海岸带污染防治法规政策

为保护我国海洋环境，近几十年来，我国非常重视海洋环境保护的立法工作，基本形成了以《中华人民共和国海洋环境保护法》(以下简称《海洋环境保护法》)为主体法律，以相关法律为补充，以海洋环境保护法规、规章、规范性文件等为配套，以相关国际公约(条约)为参照的海洋环境保护法律体系。在全面推进依法治国基本方略的大背景下，加强海洋生态环境法治建设，构建一套系统完整、科学有效、与时俱进的海洋生态环境保护法律体系显得尤为重要。

为落实《水污染防治行动计划》，改善近岸海域环境质量状况，维护海洋生态安全，切实加强近岸海域环境保护工作，2017 年国家环保部、科技部等五部联合颁布了《近岸海域污染防治方案》，旨在加快沿海地区产业转型升级，严格控制各类污染物排放，开展生态保护与修复。为贯彻落实党中央、国务院关于深入打好污染防治攻坚战的决策部署，2022 年生态环境部会同发展改革委、自然资源部、住房和城乡建设部、交通运输部、农业农村部和中国海警局制定了《重点海域综合治理攻坚战行动方案》，旨在巩固深化渤海综合治理成果，实施长江口-杭州湾、珠江口邻近海域污染防治行动，着力打好重点海域综合治理攻坚战标志性战役。

4）污染源控制制度

污染源控制是海岸带污染最有效、最经济的防治措施，海岸带的污染源主要分为陆源和海源，而其中以入海河流携带、污水排放及农业面源为主的陆源污染占主导地位，污染源控制应陆海统筹兼顾。

在陆源污染控制方面，一是积极开展企业技术升级，发展绿色生产产业，推广清洁生产工艺，淘汰高能耗、高污染企业；二是加强污水集中处理技术，提高污水管网收集率和尾水排放标准，完成入海河流的污染整治；三是加强对农业面源污染的有效控制，推广农药、化肥的合理施用技术并提高其利用效率，开发环境友好型农药、化肥；四是加强企业非法直排入海的监管力度，对各排放口进行有效监管，建立完善海岸带环境监管管理体系。

在海源污染控制方面，一是合理规划管理近海养殖活动，提倡并鼓励生态养殖，严格监管种苗、饲料、药物的投入使用，推动环境友好型饲喂药物的研发，规划并实施近海养殖区的环境监测及生态修复工程；二是有效监控海上油气平台、船舶及临港产业，严格控制其污染物排放，建立突发性污染（如溢油）事故应急响应机制和处理预案；三是对海上倾倒活动的动态跟踪监控，严格控制倾倒总量，加大对倾倒行为的执法力度。

5.1.3　治理理论

1）海洋环境容量理论

海洋环境容量一般是指为维持海域特定功能所要求的海水质量标准所允许陆源环境污染物的最大入海量。海洋环境容量大小主要决定污染物入海后在海洋各个界面间的物理、生物、化学等迁移、转化动力学过程，以及由此所产生的自净能力。海洋环境容量大小主要取决于两个因素：海域环境本身的条件和海洋功能。前者包括海域环境空间的大小、位置、物理、化学和生物自净能力等和污染物的理化特性等，客观条件的差异决定了不同地带的海域对污染物有不同的净化能力。污染物的自身理化性质不同，被从目标水团去除的能力不同，其环境容量也有很大的差异。此外，由于不同的污染物对海洋水生生物的毒性作用及对人体健康的影响程度存在较大差异，允许存在于水体中的量不同，环境容量也随之变化。

污染物进入水体后，通过多种物理、化学、生物自净作用而得以去除。目前，关于海洋环境容量的研究主要考虑水动力输运的自净过程，一般不考虑生物自净和化学自净等作用。其主要原因是生物与化学自净取决于生态系统的结构组成和污染物的性质，但目前关于不同生物对污染物的吸收还不清楚。还有一个重要原因是目前人们主要依据的急性毒性、毒理分析和对生物生长影响等试验只能定性描述环境负荷物对生物群落结构及数量变化现状的影响，无法定量描述环境负荷物在食物链中的分布，也难以预测生物群落结构及数量变化趋势。

2）入海污染物总量控制理论

根据一个流域、地区或区域自然环境和自净能力，依据环境质量指标，充分考虑该地区经济发展水平、控制污染源的排污总量，把污染物负荷总量控制在自然环境的承载能力范围之内，以满足该区域的环境质量要求。总量控制是以数学模式架构为基础，包含水质模拟所组成的多目标优化模式，其目的在于估算水体达到令人满意的水质目标情形下，目标水体可允许最大点源及非点源排污负荷量。

总量控制应当包含三个方面的内容：排放污染物的总重量、排放污染物总量的地域范围、排放污染物的时间跨度。从地域角度看，入海污染物总量控制要求在满足海域海水水质标准的前提下，控制进入水体的污染源排污总量；总量分配又要求将进入水体的污染物总量优化分配至各污染源，包括海源、大气沉降及陆源，而陆源的河流、排污口则是可控分配的重点。因此,实行入海污染物总量分配是在保证海水水质目标的前提下,对陆源排污口污染物排放量进行优化分配,实现海陆一体化管理与海岸带综合管理。

3) 海洋生态系统健康评价理论

生态系统健康的评价主要基于功能过程来筛选指标,然后通过对指标的分级度量和对各指标的整合来评价生态系统健康状态。目前生态系统健康评价方法主要有指示物种法和指标体系法。

生态系统中各个物种的地位和作用并不是一样的,某些特定的物种因参与一系列关键生态过程而在生态系统中发挥更加重要的作用,有些物种对生境变化高度敏感,还有些物种是特定生态系统的稀有/濒危种。因此,可以通过对这些物种进行监测来评估生态系统的变化,这些物种也就有可能成为生态系统健康状况的指示物种。指示物种应具备以下特征:可以提供环境影响的早期自然预警;直接指示环境变化的原因;可以提供对一系列不同质和强度的胁迫的持续性评估;监测过程成本低廉,可以方便地精确操作。目前,已有多种指示物种应用于海岸带生态系统健康评价研究中。

指标体系法的核心思想是有针对性地筛选评价指标组成指标体系,然后构建科学的评价模型对生态系统健康作出判断。目前,指标体系法已经广泛应用于各种类型的生态系统健康评价。

全面评估生态系统的健康应考虑以下六方面的属性:①内稳态(自我调节);②没有疾病;③多样性和复杂性(物种种类和数量);④稳定性和恢复力;⑤活力;⑥系统组分间的平衡。

4) 可持续发展理论

1987 年,世界环境与发展委员会的《我们共同的未来》报告,将“可持续发展”定义为“既能满足当代人的需要,又不对后代人满足其需要的能力构成危害的发展”。该定义体现了以下几个原则:①公平性原则,包括代内公平、代际公平和公平分配有限资源;②持续性原则,即人类的经济和社会发展不能超越资源和环境的承载能力;③共同性原则,意指由于地球的整体性和相互依存性,可持续发展是全球发展的总目标。我国关于海洋环境也提出了“坚持陆海统筹、人海和谐、合作共赢,协同推进海洋生态保护、海洋经济发展和海洋权益维护,加快建设海洋强国”的海洋可持续发展需求。

可持续发展理论有利于解决环境失衡问题。地球实际利用资源有限,地区环境资源的失衡问题始终存在,海洋福利以及海洋污染危害在全球范围内分配不公平,所以各种利益关系影响着各国治理污染的投入。而强调人与自然构建动态关系的可持续发展理论,就能依靠整体性原则,对海洋的环保价值进行划定,从而协调各方利益,从根本上解决福利和危害分配不均的问题。

5.1.4 总体设计方案

5.1.4.1 基本原则

一是陆海统筹。在环境标准的制定上,需综合考虑海洋陆地环境,特别是在入海河流、入海排污口和海岸带等交汇地带,统筹考虑环境质量要求,考虑陆源污染对海洋生态系统和资源环境的影响，构建以海洋环境承载能力和近海水域质量目标为核心的管理体制。

二是保护优先。海岸带环境污染的一个重要根源在于无序的开发活动。过去在海岸带管理中，资源开发往往压倒了保护目的，围填海、破坏自然堤岸等往往缺乏合理的环境影响评估，而一旦海岸带生态系统遭到破坏，则在短期内难以恢复。保护优先就是强调近海及海岸带开发活动中，将保护的目标放到更重要的位置，平衡资源开发与环境保护之间的关系。

三是整体保护。过去海岸带环境管理和陆地环境管理之间的空白和冲突并存的情况得以改善。海洋环境与陆地环境统一纳入生态环境部门监管，在制度上将环境影响评价制度、排污许可制度、区域限批等重要环境制度进一步整合，在适用保护标准上也将更趋一致。

四是综合防治，精准施策。针对各海域环境问题的特点，合理设计防治方案，管理措施与工程措施并举，生态系统自然修复与人工修复相结合，提高污染源排放控制和入海河流水质管理的精细化水平。

5.1.4.2 治理目标

1）海水质量标准

根据《海水水质标准》(GB 3097—1997)，按照海域的不同使用功能和保护目标，将海水水质分为四类：第一类适用于海洋渔业水域、海上自然保护区和珍稀濒危海洋生物保护区；第二类适用于水产养殖区、海水浴场、人体直接接触海水的海上运动或娱乐区，以及与人类食用直接有关的工业用水区；第三类适用于一般工业用水区、滨海风景旅游区；第四类适用于海洋港口水域、海洋开发作业区。该标准并对不同类别的海水水质指标进行了规定。

进行海岸带污染修复设计时应对照不同海岸海水功能及保护目标将海水分类，并对照分类使海水水质满足现行海水水质标准。

2）海洋生态环境保护目标

“十四五”海洋生态环境保护目标在全国“十四五”生态环境保护目标下，统筹制定“海碧生多、岸美滩净、河清海晏”美丽海洋的六类生态指标。

“海碧”体现海洋环境质量保护，包括近岸海域和重点海湾优良水质比例、劣四类海水面积比例、主要河口富营养化下降程度、海水浴场水质达标率、入海排污口排查整治比例、重要海洋渔业水域海水环境质量等指标。

“生多”体现生物多样性保护成效，包括红树林、柽柳林、芦苇等湿地修复面积，海草(藻)床生境增加面积，滨海湿地恢复修复面积，海洋产卵场和育幼场恢复面积，海洋生态系统健康状态比例等指标。

“岸美”体现海洋生态保护修复成效，包括自然岸线保有率、海岸线整治修复长度等指标。

“滩净”体现洁净沙滩成效，包括海滩垃圾、海洋垃圾防治等指标。

“河清”体现流域治理成效，包括入海河流消劣比例、入海河流总氮浓度值下降比例、入海河流断面达标比例等指标。

“海晏”体现海洋灾害及风险应急控制能力，包括五年期突发环境事件总数下降比例、海洋环境监测监管和风险防范处置能力建设等指标。

海洋生态环境保护目标实现的战略路线如图 5-2 所示。

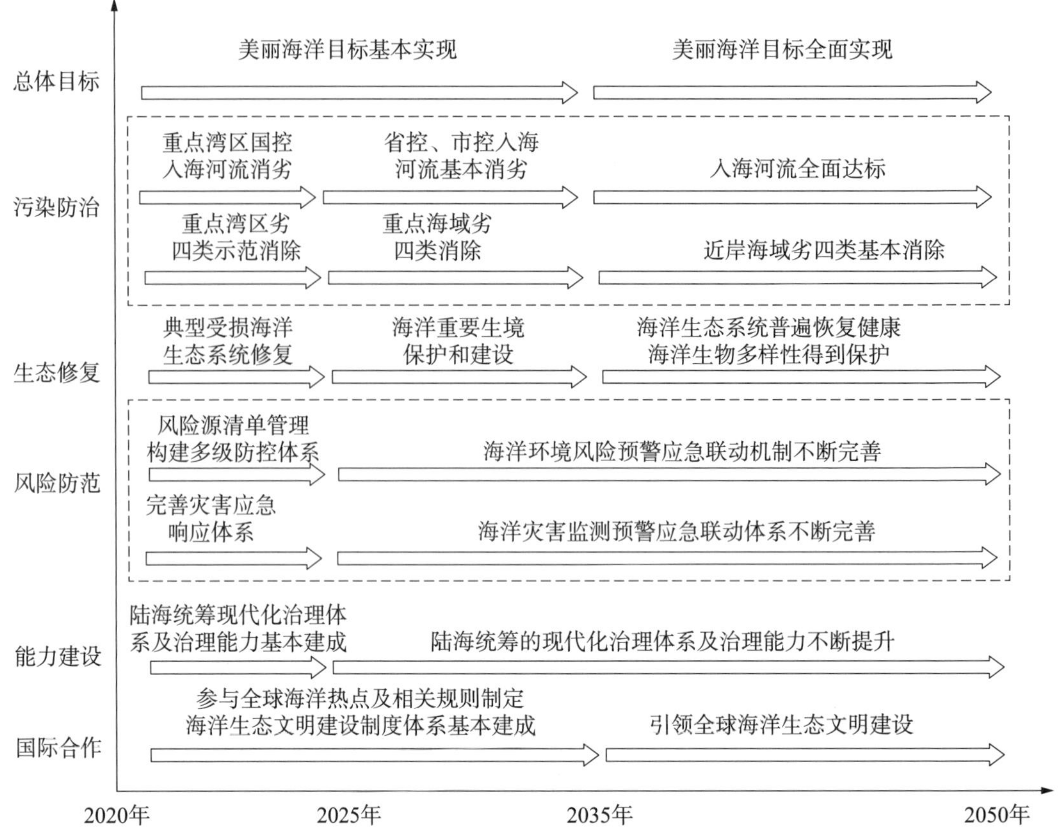

图 5-2　海洋生态环境保护目标实现的战略路线

5.1.4.3　评价指标与模型

我国海岸污染治理应以维护近海生态系统健康、保证生态系统服务可持续性、保证人体健康为首要目的。在进行治理指标选择时应充分考虑与现行海洋功能区划分等上位图则的衔接，针对不同类型、不同功能的海域，制定不同的污染治理指标体系。根据近海海域服务功能，针对半封闭型海湾、江河入海口、城镇毗邻海域，以控制富营养化、减少赤潮灾害的发生为首要目的时，选择以有机质(COD/BOD)、氮(TN/DIN)、磷(TP/DIP)等为必控指标；根据近岸不同功能区类型，针对农渔业区、港口航运区、工业城镇区、旅游娱乐区等，以去除特征污染物，以及达到水体清澈、呈现蓝湾景观效果为目的时，还应选择石油类、农药类、重金属类等特征污染物为必控指标，以及氨氮(NH_3-N)、总悬浮颗粒物(SS)以及大肠杆菌群等环境指标。

在掌握海区有关污染物质含量实测数据的基础上，确定各要素、各因子的评价标准值，然后逐站求出其实测值与标准值的比值，比值超过 1 的为超标污染物质，此值为标比值。根据超标污染物的个数和超标比值的大小和组合不同，通过适当的归类后，划分出不同污染物质及污染程度存在差异的各种类型和亚类。

水质模型是在掌握污染指标和参数的基础上用以预测海洋污染趋势的重要工具。目前，我国采用的海洋水质模型为 COD 浓度模型，视 COD 为准保守物质，即不考虑有机物在输运过程中的氧化作用,实际上是按保守物质处理的。然而,我国近岸海域中氮、磷等营养元素普遍超标,甚至是首要污染物,COD模型难以反映海域的水质状况,因此基于富营养化概念模型提出的富营养化评价模型得到广泛研究和应用。该评价模型不仅基于系统营养盐的水平,还考虑系统富营养化症状,考虑的指标体系更加全面,并且能代表系统富营养化的不同阶段和程度,如初级响应指标、次级相应指标等。因此,在评价近海水质污染状况及发展趋势时,本书推荐使用近海富营养化概念模型进行全面系统的分析,除考虑营养盐压力以外,还应考虑近海生态环境所面临的其他多方面压力因素,如过度捕捞、有毒污染物、外来物种及水动力改变等。

5.1.4.4 技术路线

海岸带污染修复过程包括:①了解海岸带污染前的物理、化学、生物、气候、文化和经济背景;②开展现状海岸带环境污染状况调查的同时,识别环境问题和追踪污染源;③根据海岸带所在海域功能及定位,最终确定污染治理目标;④开展海岸带水环境动力数值模拟研究,分析污染扩散趋势;⑤初步拟定数个污染治理方案,开展可行性研究;⑥确定最佳治理方案,制定污染治理详细设计和实施计划;⑦工程实施与效果评估;⑧长效管护和后期监测等。

海岸带污染治理工程应开展科学准确的资料调研和研究试验等工作,方可判断工程位置环境问题,制定合理的工程方案,确定准确的工程量和投资规模。海岸带污染治理技术路线如图5-3所示,主要包括以下内容。

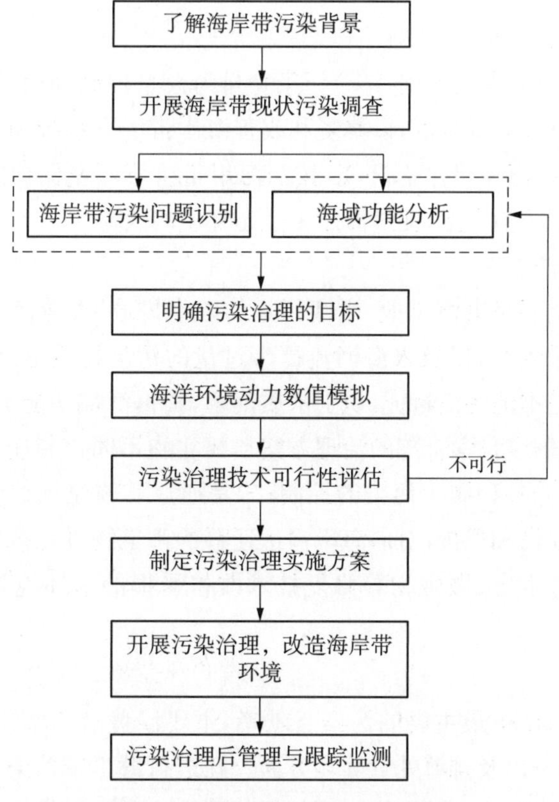

图5-3 海岸带污染治理技术路线

1）海洋环境调查

通过对海岸带环境现状的研究，结合历史资料的综合分析，了解当地海域环境的发展过程，查明影响其环境质量的主导因子，是研究污染物治理方法的基础。通过水质调查分析和趋势研究，分析海域内主要环境问题和污染指标以及入海污染总量，总结海域的环境状况基本特征，为污染治理和环境质量控制目标确定奠定基础。

2）海岸带污染治理和环境质量控制目标的确定

依据与海域功能区所要求的相应的环境质量，我国全部管辖海域划分为农渔业、港口航运、工业与城镇用海、矿产与能源、旅游休闲娱乐、海洋保护、特殊利用、保留八类海洋功能区。根据海域功能区类型和分布特征，按照《海水水质标准》中不同使用功能和保护目标，确定污染治理和环境质量控制目标。

3）海洋环境动力数值模拟

陆源排放于海洋环境中的污染物在与海水混合之后，其输移扩散的路径和范围主要取决于受纳海区的海洋环境动力状况，其中海流是海水自净过程中最主要的环境动力因素。对于特定海区的特定环境动力条件而言，污染物受纳水域对污染源的响应关系也是确定的，即一旦污染源的时空分布确定之后，受纳水域污染物浓度的空间分布和时间变化即亦确定。这种响应关系建立在物质动量守恒和质量守恒的基础上。因此，在完成海洋环境调查后，应开展潮流场和污染运输扩散的数值模拟，分析海域潮汐潮流和污染物浓度的运动和时空分布与变化过程。

4）污染治理与防治方案

依据河海统筹、陆海兼顾的原则，结合污染物排海总量控制理论，从控制沿海工业、沿海城市以及沿海农业污染排放等角度，以修复和改善海岸带生态系统和生物多样性为目标，合理开发海岸带资源，保护海岸带生态环境，按照海岸带生态环境保护的指标体系，制定合理可行的海岸带污染治理防治方案，促进海岸带生态环境的改善。

5.1.4.5 治理方法

海岸带水体污染主要是滨海工业、生活污染的随意排放，农业面源污染、海水养殖废水等污染物不经收集直排入海，以及入海河流携带过量的污染物质汇入。在开展海岸带污染治理时应充分调查清楚本地污染特征，识别水质问题，根据海域功能类别及要求确定主要的污染因子和污染程度，制定科学合理的治理方案。要实施不同控制途径污染物减排：一是加强对工业、生活和农业等各种源头污染的控制；二是通过实施流域综合治理，强化流域和入海河口区的生态环境建设和保护，对向海岸输送迁移的污染物进行截留和净化；三是加强海岸带的末端治理，通过生态、微生物等修复技术改善受损的水环境条件，提高海域水环境容量。

1）控源截污

陆源污染物作为海岸带最主要的污染贡献者，主要涵盖沿海城镇污水、沿海工业废水、垃圾、农村农业面源污染以及排海处置等多方面。在进行海岸带污染治理时，应根据污染特征和成因，按照“陆海统筹，河海兼顾”的原则，因地制宜地制定污染治理方案，实施不同的控制途径，进行污染物的控制和削减。应加强对工、农业和生活污染物排放的监管，不仅要对排放标准进行严格要求，而且应注意工业生产过程中生产技术的提高、生产工艺和流程的改进。对于一些技术落后、污染严重的企业，要对其进行强制性整改或关闭。对于新建企业，尤其是化工、石油、造纸等污染较重的行业，要严格把关。同时也要合理施肥，坚决杜绝肥料、农药等的滥用。对生活垃圾进行分类处理，从多角度、多方向提高其利用率，大力倡导循环经济，比如对包装物、塑料、废旧电器的回收利用，做到生活垃圾无害化、减量化、资源化，从源头上控制和减少污染物的排放。对于石油污染，一方面要加强国家立法和部门监管，加强对石油工业、船舶、海上作业的管理，采取积极有效的应急处理措施，对突发情况比如井喷、漏油和撞船事故等进行及时有效的处理；另一方面要加大油污处理新技术、新设备的开发，实现石油的无害化处理，降低污染。

滨海城镇控源截污措施可从以下三方面着手：

一是采取雨、污水分流制排水系统，完善城镇的雨、污水管网布置和改造，提高污水收集率，减少渗漏量，有条件的可采取海绵城市建设措施，提高年径流总量控制率。

二是加强海滨城镇工业废水和生活污水处理处置率，提高排放标准。近年来，我国沿海兴建了大量的城市污水处理厂，污水处理率逐年提高。但近岸的水体污染趋势却未得到明显的遏制，多数近岸水体中的氮、磷等营养物质超标，主要原因可能还是在于污水厂的排放标准过低，以及部分偷排现象屡禁不止。因此，对于沿海城镇污水厂进行提标改造，选择的处理工艺必须要考虑有机质、氮、磷的去除以及控制污染物排放对海域水质的影响。

三是加强农业面源污染控制。近海海岸是大部分沿海农田用水的主要去向，不合理的农药、化肥使用也会造成海岸水体污染加剧。因此，要重视并加强对农业面源污染的有效控制：一方面推广农药、化肥的合理使用技术并提高其利用效率，开发环境友好型农药、化肥；另一方面要从污染物迁移途径进行控制，可采用泥沙滞留工程、缓冲带、人工湿地以及人工水塘等措施对农业生产使用过剩的农药、化肥进行截流，减少进入末端水体的污染物量。

2）入海河流污染治理

入海河流污染一般具有地域面域广、涉及跨省市管理、流域内污染种类复杂等特点，使得河流流域污染整治困难重重。目前，针对污染较重的河口海湾入海河流，国家层面已经出台了相应的管理政策和污染防治方案，如《渤海综合治理攻坚战行动计划》《重点海域综合治理攻坚战行动方案》等，指导渤海、长江口-杭州湾、珠江口等重点海域污染防治的实施。

制定入海河流流域污染治理方案时，要按“一河一策”要求，减少氮、磷等污染物入海量，一般可采取的生态工程措施包括人工湿地技术、生态浮床技术、滞留塘技术等。

人工湿地技术是20世纪70年代发展起来的一种河湖水质净化技术，指在河道周边修建湿地，利用地势高低或机械动力将河水部分引入湿地净化系统中，污水经净化后，再次回到原水体的一种处理方法。湿地净化水质的主要原理是当含有污染物的水体流经湿地时，流速减缓，水中悬浮物质沉淀；同时，湿地表面种植的植物如芦苇、香蒲、水葱等能有效吸收污水中的营养物质;在湿地基质层中植物根系吸收、附着的微生物降解以及基质吸附等共同作用下,湿地将污水中的污染物质和有毒物质吸收转化,削减污染浓度,达到水体净化的目的。经过数十年的不断发展,人工湿地技术对河湖水体中的有机质、氮、磷等污染物均具有极高的去除效率,是目前河湖水环境治理最为有效的工艺技术之一。

生态浮床技术利用有机或合成材质作为载体漂浮于水面上,其上种植植物,形成生物群落来改善水域生态环境。浮床植物通过根部的吸收、吸附作用和物种竞争相克机理,削减水体中的氮、磷及有机物,净化水质。该技术直接投放在水体中,施工简单,运行管理方便,是非通航河流原位治理的主要手段。生态浮床水质净化效果受植物品种的影响较大,一般选用本土耐污型水生植物,夏季可选择水雍菜、香根草等,冬季可选择水芹菜、黑麦草等。

滞留塘技术也叫稳定塘技术,是一种利用细菌和藻类共同处理污水的自然生物技术,该技术在美国等发达国家得到广泛应用。其水质净化的主要原理是在河道上建坝拦截河水,形成滞留塘,利用其中的水生植物的拦截、稀释、沉淀以及微生物降解等作用达到水质净化的目的。

3) 海岸带的末端治理

末端治理一般是在实施控源截污的基础上,对已受污染的近海水体进行治理。由于早期使用的理化修复措施会对生态环境产生负面影响,后来又开展了生态修复途径的探索,经过几十年发展,海岸带污染的生态修复技术,特别是在利用高等植物清除营养盐和重金属污染、微生物降解石油烃类等方面,取得了重大突破,并逐步运用到实践当中。

(1) 生态修复。海洋生态修复是指利用大自然的自我修复能力,在适当的人工措施的辅助作用下,使受损的生态系统恢复到原有或与原来相近的结构和功能状态,使生态系统的结构、功能不断恢复。海岸带污染环境的生态修复措施包括植物修复技术和动物修复技术,其中植物修复技术主要通过栽培种植耐盐植物和海洋植物实现。目前已被证实具有较强污染物吸收、降解能力的耐盐植物有海蓬子、碱蓬、芦苇、菊芋、油葵等。海洋植物中可被用于污染修复的主要是海草及大型海藻。其中大型海藻更多地被用于近海养殖特别是鱼类养殖区共生栽培,可有效吸收氮、磷等营养盐,同时提高养殖经济效益。海草则对重金属具有较高的吸收容量,在海岸带重金属污染修复方面具有一定潜力。而利用动物修复海岸带污染目前研究还比较少,包括利用滤食性贝类(如牡蛎、贻贝、蛤仔等)的滤食作用,减少水环境中的有机污染物;利用以摄食底质中沉积性食物为主的动物(如海参、沙蚕等)消化底泥中的有机沉积物,降低底质有机污染;利用某些生物体内金属硫蛋白可以结合重金属污染物的特性,降低底质中的有机物污染和重金属污染等。

与传统的化学、物理处理方法相比,生态修复技术具有下列优点:①可在现场进行,污染物在原地被降解、清除,减少运输费用,消除运输隐患,就地处理,操作简便,对周围环境干扰少;②对位点的破坏最小;③修复费用较低,仅为传统化学、物理修复经费的 30%~50%;④人类直接暴露在这些污染物下的机会减少;⑤永久性地消除污染,不产生二次污染,遗留问题少;⑥可与其他修复方法联合使用,从而更有效地分解和去除污染物质。

我国近些年已经开展了多项海岸带污染治理修复工程,并取得了较好的效果。以杭州湾污染综合治理行动为例，利用杭州湾悬浮泥沙来源丰富的条件，采用生态修复技术进行岸线修复，加强杭州湾沿海滩涂湿地保护和潮间带生物资源养护，治理互花米草等外来入侵物种，改善湿地生物多样性状况，逐步恢复滨海湿地生态功能，提升杭州湾海岸带抵御台风、风暴潮等海洋灾害能力，开展滨海旅游景区的环境整治，维护海岸自然系统平衡。

通过一系列工程实施后发现，生态修复技术只能对某些特定污染物质有一定效果，而不能去除所有的污染物，这使得该技术在实际应用上受到限制；环境中的有毒有害物质往往会对生物的生长起到抑制作用，当超过一定的量时甚至会引发大面积死亡，反而造成更大的污染；生态修复在极端环境下的治理效果十分有限，无论植物还是动物对生存温度、pH 值、天敌等环境要求比较严格，一旦生境发生变化，则会影响其污染治理进程。

因此，在生态修复实践中，应基于干扰与演替原理、功能构建原理来制定合理的修复方案，并对其可行性进行论证，尽可能保证修复行为或目标系统向预期方向发展。

（2）物理或化学修复。针对海洋溢油事故，采取物理、化学修复措施可快速有效地防止污染扩散，降低溢油事故造成的环境污染危害。发生溢油等突发事件时，需要紧急阻止石油及其他污染物扩散，尽量缩小海域污染面积。此时难以用机械方法回收，最有效的方法是利用围栏对受污染的海域进行隔离，形成封闭海域，然后对封闭海域进行循环处理，或在可能发生危急情况时，向水中喷洒化学药剂，进行化学消解。在遇到大量石油泄漏的情况下，可投加凝油剂使原油凝固成胶状油团漂浮于水面，然后用拖网回收。

物理或化学方法在溢油初期能有效防止溢油的扩散及漂移，对去除大片油污的效果比较显著，但是用物理方法很难去除海水中溶解的污染物，用化学方法要向海水中投加人工合成的化学物质，很可能会造成二次污染。所以，物理或化学修复的应用较少，仅用于应对溢油等突发事件。

（3）微生物修复。微生物修复技术是指利用微生物或微生物菌群来降解环境中的有机物或有毒有害物质，使之减量化甚至无害化，从而使环境质量得到改善，生态得到恢复或修复的技术。该技术适用于对海岸带中石油、农药以及持久性有机物污染(POPs)等污染物的治理。还有研究表明，利用溶藻微生物(或称溶藻菌)可以有效应对赤潮藻类，是治理赤潮的重要方法。与其他技术相比较，微生物修复技术具有以下几个优势：①可实现原位修复，成本较低；②可将有机物分解为小分子无毒物质或无机物，无二次污染。当然，微生物修复也有其局限性：①海岸带污染介质中的一些组分很难被微生物利用，如重金属等；②微生物也可能产生危害性代谢产物，并且还要评估外加营养元素或污染物降解菌群可能会产生的生态效应。

在实际环境中，能够降解石油类污染物的微生物大量存在，但是本土微生物对石油类污染物的自然降解效率很低，需要通过诱导、驯化这些本土微生物来处理海洋有机污染。影响微生物降解有机物的因素有很多，如水体的温度、盐度、pH 值，溶解氧、氮磷等营养的含量，水中油类的成分、物理状态、浓度，以及海岸边的风浪等。因此，微生物修复技术在用于海岸带溢油污染处理时存在较大的限制条件，并且容易出现修复效果不理想的情况。

（4）海漂垃圾监测、拦截与治理。我国对于海漂垃圾的研究起步较晚，目前研究的热点主要在：一是完善海漂垃圾监测体系，从垃圾来源、分布、数量的角度研究海漂垃圾的监测站点布设、监测指标确定等，以及利用摄像头的长期监测技术；二是构建海漂垃圾治理体系，从立法层面限制入海垃圾的总量，明确责任人以及建立长效保洁机制，如《中华人民共和国海洋倾废管理条例》《防治陆源污染物污染损害海洋环境管理条例》《水污染防治行动计划》《中华人民共和国固体废物污染环境防治法》和《中华人民共和国清洁生产促进法》等污染防治法律法规均对海岸带垃圾防治工作作出明确指示；三是海漂垃圾的可循环利用研究。海漂垃圾的监测与拦截是实现海岸带清洁、无污染的必要手段和前提。

目前，海漂垃圾的监测主要依托信息化手段，定期调度无人机和岸基摄像对重点区域海漂垃圾及陆源入海污染物进行监测，航拍图像、监测数据等信息全部汇入"海洋信息一张图"。这种海洋垃圾监测系统可实现重点岸段海域全景监测，智慧化分析预警，应用人工智能识别算法，基于水深、岸线、地形等基础数据，对漂浮物进行监测、识别、预警及分析，研判海漂垃圾分布区域和扩散轨迹等。

漂浮垃圾拦截可分为人工小船打捞治理、固定式拦截治理、活动式拦截治理和综合拦截打捞治理等多种方式。伴随着科学技术的发展，机械化、智能化的海漂垃圾治理技术得以产生。将渔船改造为专门的机械化自动打捞船、压缩处理船和垃圾转运船，并完成海洋垃圾智能一体化垃圾处理系统的建设，便能够自动进行沙子、石块、贝壳等物料的过滤、筛选。具体过程为先将海草和轻质垃圾等容易浮于水面的垃圾分离出来，然后进行砂石分离，最后完成贝壳分离回收，沿着海岸线进行海漂垃圾常态化整治。利用智能系统对数据展开系统分析，完成清理人员、船只等各种资源的统筹调配，能够以最快速度完成海漂垃圾清理，体现垃圾治理的智能化特点。针对集中收集的海漂垃圾，可以利用垃圾焚烧发电项目进行资源化、减量化和无害化处理，使更多人和企业参与到海漂垃圾回收治理工作中，通过垃圾回收发电获得收益，为推动海漂垃圾治理技术的机械化、智能化发展提供支撑。

5.2 海岸带污染治理修复技术

5.2.1 生态修复技术

关于海岸带污染的生态修复技术，目前国内外尚无清晰统一的概念。一般来讲，海岸生态修复的总体目标是：在停止或减少人为干扰的基础上，采用适当的生物、生态及工程技术，降低海岸带海水、沉积物中的污染物浓度，逐步恢复退化或受损的海洋生态环境质量和功能，最终达到海岸带生态系统的自我持续状态。在具体的海岸污染生态修复实践中，采用的生态修复技术包括植物、动物等方面。

5.2.1.1 植物修复技术

国外众多研究学者的研究结果表明，植物修复技术被称为最低廉的绿色修复技术。植物修复技术的原理是利用植物自然生长过程中对土壤理化性质的改变，对土壤中的各类污染物进行移除、降解、富集、固定，从而实现污染土壤的净化目的。一方面，植物自身会对污染物进行吸收、转化、富集；另一方面，植物生长能为微生物的生存提供良好的营养条件和环境条件，促进微生物繁殖和活性提高，实现污染物的降解与转化。其优点主要在于操作过程成本低、步骤简单、环境友好以及美观等，已经被广泛应用到有机污染物环境的治理中。

1）修复机理

目前，植物修复（利用植物降解所有类型的污染物，如有机污染物、重金属）已经在海岸带污染物，特别是碳氢化合物污染物的降解方面进行了广泛的研究。植物修复是最生态友好、经济上可持续、成本效益高的技术，并能提供生态和自然美学效益；从更广的角度来看，植物修复因其明显的可持续性和生态整体性而获得公众的高度认可。

理想条件下，具备较好修复能力的植物应该满足以下条件：①对污染物具有良好的抗性；②生长速度快，对污染物具有高效的生物富集、降解和固定能力；③能将植物根部积累的污染物转移到地上茎叶部分；④容易收割。

植物修复的作用机理可分为以下六种：

(1) 植物提取(phytoextraction)，是指应用可积累污染物的植物将环境中的金属或有机物污染物转运、富集于植物易于收集的部分。

(2) 植物转化(phytotransformation)，是指植物从土壤、水体等污染环境中吸收富营养化污染物或有机污染物，并通过植物体的代谢过程来降解污染物，将污染物部分或完全降解或结合进植物组织内，从而使污染物变得无毒或毒性较以前减小。

(3) 植物固定(phytostabilization)，是指利用植物降低污染物质在环境中的不稳定性和生物可利用性，防止污染物进入地下水或食物链，降低污染物对生物的毒性。

(4) 根际生物修复(rhizosphere bioremediation)，又称植物激活或植物支持的生物修复(phytostimulation or plant-assisted bioremediation)，是指植物根系及其根际微生物释放酶、有机酸等物质，对污染物质进行溶解、螯合、吸收或降解。

(5) 植物挥发(phytovolatilization)，是指应用植物将挥发性污染物或其代谢产物吸收并挥发到大气中，从而清除土壤或水中的污染。

(6) 根际过滤(rhizofiltration)，是指利用植物根部从水中或废水中吸收、富集和沉淀重金属、有机物等污染物，从而达到消除环境污染的目的。

2）国内外研究现状

我国在植物修复技术方面的研究起步相对较晚，自20世纪80年代以来，植物修复技术因弥补了微生物修复技术的劣势，国内的学者对其关注广泛。植物修复技术具有成本低、操作简单、不破坏土壤结构、环境友好、兼顾美观的特点；另外，植物根茎等部位的生长、营养物质的吸收、植株的腐解等过程会对海岸带沉积物环境的物理、化学及生物学性质产生积极的影响，促使沉积物环境得到大幅改善。

海岸带污染的植物修复主要是利用丰富的海洋植物来发挥其生物修复作用。海洋植物一般分为浮游植物、大型海藻、海洋种子植物三类，共1万多种。目前在近海污染的植物修复中，研究最多的是大型海藻和红树植物。近几年，国内外主要致力于研究植物修复在海水养殖富营养化的治理、石油等有机污染物的治理、赤潮的防治、重金属污染的清除和沿海水质恶化的防治等海洋污染领域中的机理与应用。

有研究表明，红树及其根部微生物所构成的红树微生态系对石油、PAHs、PCBs 和农药等有机物污染有着良好的修复潜力。与无红树微生态系相比，红树微生态系可更高效和更快速地降解柴油、农药甲胺磷和芘，并能对石油污染产生的 PCBs 和 PAHs 进行高浓度富集。另外，除了红树以外，也有研究发现在多种大型海藻上发现附有大量的石油分解细菌，这些大型海藻和细菌共同作用可有效降解石油污染物。

有学者在海水养殖富营养化的治理研究过程中发现，大型海藻是海洋环境中非常有效的生物过滤器。例如，江蓠属植物可以利用鱼类养殖过程中产生的废物作为营养源，从而降低养殖水域中的氮磷浓度，对海水富营养化有很大的改善，而单位水体养殖的经济效益也有所提高。通过研究，科学家们认为通过栽培江蓠、紫菜、石莼等大型海藻可以真正意义上消除营养负荷，植物修复效果非常明显，是减轻海水养殖富营养化的一种有效途径。在此基础上，科学家们提出了综合养殖理论，并开展了一系列综合养殖系统、再循环养殖系统的筛选、构建、研究与实际应用，发现与单一养殖相比，海藻可减少排放到环境中的营养物质，增加养殖体系的可持续性，减少养殖用水量，降低对环境的负面影响，保持稳定安全的水质条件。

红树植物吸收富集重金属污染物的研究较多。研究发现，红树植物对铅、汞、镉、铜、锌等重金属有相当程度的吸附及固定作用，还具有吸收某些放射性物质的作用，可有效地净化沉积物中的重金属，而所富集的重金属 70%～90%储存在不易被动物消耗的根和树干部分，利用红树植物净化海域重金属污染是一种投资少而可行的治理途径。此外，一些海藻对铜、锶、镉、铅、镍、锰等重金属也有一定的吸收积累作用，如三角褐指藻对铅、镍具有较高的耐受力，海篙子对砷和锶具有超富集能力，对锰、镍、铜和铅也有较强的富集能力，海带对砷的富集作用也很强。

综上所述，植物修复应用于海岸带污染水体、土壤和沉积物的治理方面具有广阔的前景。

3）修复应用

目前植物修复在海水富营养化的治理、重金属污染的清除和沿海水质恶化的防治等海洋污染领域中的机理研究较多和应用较广，主要包括红树林、藻类以及川蔓藻。

（1）红树林。红树林是生长于热带、亚热带海岸和河口潮间带的木本植物，它生长于陆地与海洋交界带的滩涂浅滩，是陆地向海洋过渡的特殊生态系。红树林突出特征为根系发达，能在海水中生长。成片红树林具有保护生态环境、净化水体污染物等多种功能。

红树林生态系统不仅对恶劣的水体环境具有一定耐受力，而且红树林植物发达的根系能使重金属与氮磷等污染物沉积下来，对重金属和水体中的氮磷有较好的去除作用，甚至可以削减部分溶解性有机物。从红树林湿地系统来看，与其他植物湿地系统净化污水的机理相似，净化污水是红树林湿地系统中发生的物理、化学、生物等作用的综合过程，是红树植物—红树林区土壤(沉积物)—红树林区生物这个系统共同作用的结果，包括沉淀、吸附、过滤、溶解、气化、固定化、离子交换、络合反应、硝基化、反硝基化、营养元素的摄取、生物转化以及细菌和真菌的异化作用等过程。红树植物在红树林湿地系统中的作用在于通过自身的生长以及协助湿地内的物理、化学、生物等作用去除湿地中的污染物质。红树林植物还会与藻类、鸟类、鱼类、昆虫和细菌等生物群落组成一个兼有厌氧、需氧的多级净化系统,这个生物群落的多种微生物能分解污水中的有机物,并且整个净化系统能增加吸收对生物有毒害作用的重金属,以及氮、磷对海洋水体的污染,起到净化海洋水质、保护海洋环境的作用,同时释放出营养物质供给红树林湿地生态系统内的各种生物。

(2) 藻类。海藻是海洋生态系统中重要的初级生产力,同时也是最常见的海生生物。大型海藻在生长过程中,通过光合作用吸收大量的营养元素如氮和磷,同时释放氧气以补充海水中的溶解氧,调节海水 pH 值,维持海洋生态系统平衡。藻类生态功能如下:

① 净化受污染水体。由于藻类对重金属富集具有能力较强、修复效率高等特点,藻类被认为是理想的净化海水重金属污染材料。

② 降低富营养风险。大型海藻在富营养化海域主要表现为对氮、磷营养盐的吸收利用,甚至可以对赤潮藻类的生长产生抑制作用,对富营养化海域水质具有显著的修复效果。在富营养化水体中,大型海藻可吸收富营养海域中的营养盐。

③ 阻滞悬浮物作用。大型海藻在净化受污染水体和降低富营养化的基础上,还可以吸附水体中的泥沙,将悬浮颗粒物从水体中去除,并且产生水动力阻滞作用,增加水中悬浮物沉降,降低水体悬浮颗粒物浓度。

珠江口下游红树林湿地公园在北部填海建设区南部开敞空间建立约 4 hm^2 的红树林湿地。在 4 hm^2 红树林湿地范围内,假设水体整体封闭情况下,8 个月水质达到Ⅱ类海水水质标准,4 个月水质达到Ⅲ类海水水质标准;同时设置了 320 m 宽红树林带,消浪达 1.54 m;最后营造生物栖息地、候鸟迁徙停留地、红树林生物栖息地,生物多样性被恢复和保护。

(3) 川蔓藻。川蔓藻是具有显著耐盐性的沉水植物。川蔓藻比其他沉水植物都具有更高的盐度容忍性;川蔓藻与海草生长在同一栖息地,但它并不是真正的海洋植物,川蔓藻对无机氮磷有较高的去除率。川蔓藻生态功能如下:

① 修复重金属污染水体。目前有关川蔓藻对重金属的吸收的相关研究较少,然而以往的研究表明,川蔓藻具有对某些重金属富集的特征,显示了川蔓藻对重金属污染水体的生态修复能力。现有研究表明,川蔓藻中痕量金属的残留浓度是锌、砷、铜、铬、铅、镍和汞,尤其是锡的浓度系数高达 12000。

② 降低富营养风险。川蔓藻通过吸收水体中氮磷营养盐进行生长,并且在生长过程中通过遮荫作用对浮游植物的快速繁殖进行抑制。当水体中营养物质缺乏时,川蔓藻还可以吸取底泥沉积物中氮磷营养盐,实现底泥沉积物的净化。

③ 抑制藻类生物生长。川蔓藻通过对无机氮、磷的吸收与浮游藻类争夺水体营养盐,有效抑制藻类的过量生长,从而提高水体的透明度。在此基础上,现有研究试验表明,川蔓藻的水浸提液对普通小球藻的抑制作用显著并具有浓度效应。

5.2.1.2 动物修复技术

1) 修复机理

动物修复主要通过水生动物对水体中有机和无机物质的吸收和利用来净化受污染的水

体，一般通过呼吸道、消化道、皮肤等途径；利用海岸带生态系统食物链中的底栖贝类、鱼类，直接吸收营养盐类、有机碎屑和浮游藻类；利用部分海洋动物蚕食水体中的藻类植物，对水体进行清理，以达到水体中的营养平衡。这一技术是经过长期的研究发展而来的，多运用于二次修复之中，对解决水体污染起到重要作用。水生动物的食物种类繁多，如水生藻类、有机物等，都是水生动物的食物。因此，在水环境保护中，运用水生动物修复技术可以高效地消除水生藻类、有机物等危害，从而有利于水体透明度的提高和减少水中悬浮物。同时，水生动物的作用可以有效延长水中的食物链，为净化水质提供保障。作为海洋生态系统中处于食物链上端的动物来说，它们在生态修复上所起的作用也越来越引起人们的重视，其中研究较多的是海洋底栖软体动物。

双壳类是滤食性生物，它们过滤水体中的微粒，并将消化后的和不可食用的物质沉积到海底，有助于清理水体中的微粒，提高清澈度。将物质沉积到海底也有助于刺激细菌群落通过脱氮作用将硝酸盐污染转化为惰性氮气。由于这些底栖动物生活的活动范围相对固定，在污染物监测和环境评估上具有重要潜力。大量研究证实，底栖软体动物对污染水体的低等藻类、有机碎屑、无机颗粒物具有较好的净化效果，如贻贝、牡蛎等。

另外还有研究发现，某些动物可提高海岸带沉积物通气效果，促进需氧微生物的繁殖，也可促进石油烃与微生物的充分接触，同时自身还能够富集和代谢石油类污染物，从而可以应用于石油污染修复之中。相比于微生物和植物修复方法，能够应用于石油污染修复的动物种类相对较少，现在研究较多的是利用沙蚕等修复沉积物石油类污染。双齿围沙蚕可以通过生物扰动作用，增强沉积物再悬浮过程，将沉积物中石油烃组分带到水体中降解，从而降低石油烃含量。

动物修复具有其他修复技术不可比拟的优势：成本较低；对生态系统的影响较小；可最大限度地降低污染物浓度；基本不产生副作用和二次污染；可应用于其他技术难以使用的场合；可同时修复受损底质和水体。动物在水污染修复中主要起辅助作用，但它们在处理污染物质的同时增加了经济效益及观赏效益，是传统生物修复的必要补充。

2）修复应用

（1）海岸带污染沉积物的修复。有些海洋、海滩动物在生活中可以吸收或富集沉积物中的残留有机污染物，并通过其自身的代谢作用，把部分有机污染物分解为低毒或无毒产物，实现污染沉积物的修复。相比于单一的修复生物，建立微生物-植物-动物的联合生物修复体系能够更加有效地降解石油，动物的生物扰动可以增加土壤中的氧气和孔隙率，为植物和微生物提供更加适合的生长条件，同时植物的根际作用也能刺激微生物生长，提高石油降解效率。相比于盐地碱蓬、盐地碱蓬＋微生物等处理方法，盐地碱蓬＋微生物＋沙蚕处理方法对石油烃和多环芳烃的去除率有显著提高。此外，沙蚕还能够改善沉积物的 pH 值，增强沉积物酶活性。

目前，国内外对动物修复海岸带污染的研究较少，且主要集中在动物强化微生物、植物、植物-微生物修复方面。

（2）海岸带污染水体的修复。很多近海底栖动物具有较强的过滤能力、耐污能力、富集能力和分解能力，能有效吸收和转化重金属、氮磷及其他水体污染物。例如，牡蛎是世界广布和常见的大型底栖动物，同时也是重要的近海经济贝类，对高浓度的重金属、有机污染物等反应敏感，对中、低浓度的污染物则具有相当强的蓄积能力，其体内的浓度与水环境中的浓度、暴露时间呈明显的正相关关系。因此，牡蛎不仅是水污染尤其是重金属污染的指示生物，还是污染水体的修复生物。

底栖动物在冬季生长缓慢，但仍具有一定的水体净化能力。底栖动物虽然生活在水体底部，但可在近海水体设置礁体，为造礁或喜礁生物提供生存载体，从而发挥立体净化作用。将底栖动物与多种水生植物组成复合生态系统，可发挥不同水生生物在空间和时间上的差异性，在治理水体污染和富营养化时独具优势。作为水生生物净化系统中的重要组成部分，底栖动物分布广、种类多、食性杂，从水体中大量摄取营养物质、积累污染物质，可与其他多种净化措施加以组合形成高效的复合净化系统，有效降低水体中有毒物质和营养元素的含量。底栖动物在污染物的代谢、迁移和转化，生态环境修复，生境稳定和系统平衡中扮演的角色值得进一步深入研究。

5.2.2　微生物修复技术

微生物修复技术是指利用微生物或微生物菌群来降解环境中的有机物或有毒有害物质，使之减量化甚至无害化，从而使环境质量得到改善、生态得到恢复或修复的技术。微生物修复已成功应用于土壤、地下水和河流的污染治理，在近海海洋污染修复方面，也已经取得令人瞩目的成果，在有机污染物（如石油类、农药、挥发酚等）和重金属等污染物的治理方面对其开展了大量的研究。

5.2.2.1　有机物污染修复技术

1）修复机理

微生物对有机污染物的生物修复主要通过两种方式来完成，一种是生长代谢的方式，另一种是通过微生物的活动改变化学或物理环境而间接作用于有机污染物的方式。能够进行生长代谢生物修复的微生物本身含降解该有机物的酶系基因，或本身虽无该酶系基因，但是经诱导或环境存在选择压力，基因发生重组或改变产生了新的降解酶系，能以有机污染物为碳源和能源物质进行分解和利用。具有第二种代谢方式的微生物又分为以下三种：①矿化作用，微生物直接以有机污染物作为生长基质，将其完全分解成无机物；②共代谢作用，共代谢型微生物不能利用有机污染物作为碳源和能源，须从其他底物中获取大部分或全部的碳源和能源，共代谢基质选择和代谢酶的诱导是控制目标污染物降解的关键因素，高浓度有机污染物对共代谢微生物存在明显的抑制作用；③种间协同代谢，同一环境中的几种微生物联合代谢某种有机污染物。

石油、农药以及持久性有机物污染（POPs）已成为国内外主要的海洋有机物污染问题。随着海洋溢油事件的不断发生，特别是重大海洋油污染事件的爆发，海洋石油污染受到高度关注。石油的组分包括链烷烃、环烷烃、芳香烃以及非烃类化合物。微生物主要通过脱氢作用、羟化作用、过氧化作用等，在酶促系统共同作用下完成自身的代谢功能，同时通过不同的途径分解转化这些烷烃、芳香烃以及中间产物如烯烃等，最终使石油污染无害化。

在实际环境中，能够降解石油类污染物的微生物大量存在，但是本土微生物对石油类污染物的自然降解效率很低。人为添加活性物质、营养物质以及接种高效降解菌株等手段可以促进微生物对石油的降解。不同类型微生物对碳源的利用目标和方式有所不同，经优化组合可选出石油降解优势菌群。微生物修复从需氧类型来看，主要包括好氧修复和厌氧修复。好氧菌主要降解低环芳烃，对四环以上的多环芳烃降解效果不明显。厌氧菌的培养速度和降解速度虽然较慢，但是可以利用 NO_3^-、SO_4^{2-}、Fe^{3+} 等作为电子受体代替 O_2 进行呼吸作用，将好氧处理不能降解的部分物质降解掉。近年来，关于石油类污染物的好氧修复研究较多，其降解机理研究已经较为透彻，而关于厌氧降解机理的基础研究则相对较少，远没有好氧降解研究透彻。

尽管微生物修复石油污染的研究取得了丰硕成果，但是需要指出的是，海上溢油往往具有突发性，并且石油的组分复杂，含有多种难降解物质，其中甚至包括一些对于微生物生长有害的毒性物质，限制微生物对石油的降解。因此，有关微生物降解石油的时效性、稳定性和耐受性仍有待深入研究。

2）修复应用

石油类污染海洋的生物修复主要采用原位生物修复技术，依靠投加表面活性剂，氮、磷以及一些金属元素等营养物质，改善微生物的生长条件，促进生物修复。原位微生物修复可以分为自然微生物修复、强化自然微生物修复和人工强化微生物修复。自然微生物修复主要是指在无人为干扰条件下自发降解污染物的过程。由于石油烃的疏水性和环境的复杂性等原因，自然条件下微生物降解速度较慢，可采取多种措施强化微生物修复这一过程。强化自然微生物修复是指通过人工干预的形式，提高污染物的降解效率，主要措施是定期向受污染含水层中注入无机营养物质以及适当电子受体，来刺激本土微生物的生长，提高其生物代谢活性，将污染物彻底转化为 CO_2、CH_4、H_2O 或者无机盐，这可以通过生物漱洗技术和生物曝气技术来实现。

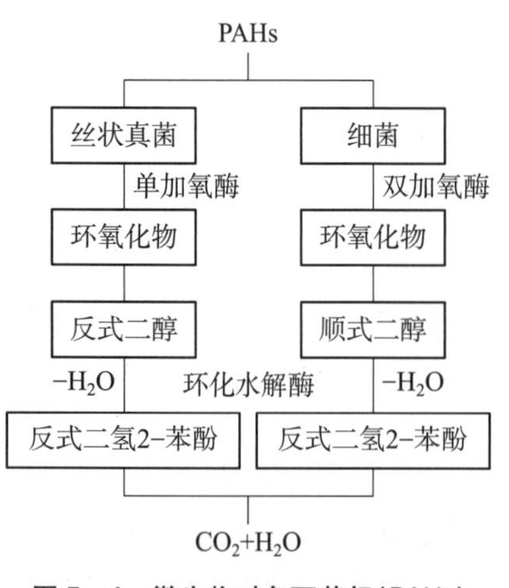

图 5-4　微生物对多环芳烃(PAHs)的降解途径

与降解石油不同，海洋本土微生物可以有效降解农药和 POPs。一些海洋微生物具有特殊的代谢途径，可将农药和 POPs 作为代谢底物，加以利用、降解。微生物联合修复 PAHs 是一种重要的生物修复方法，它通过多种微生物共存的生物群体，在其生长过程中降解 PAHs(图 5-4)，同时依靠各种微生物之间相互共生增殖及协同代谢作用进一步降解环境中的 PAHs，并能激活其他具有净化功能的微生物，从而形成复杂而稳定的微生态修复系统。目前，大量具有有机物降解能力的海洋本土微生物已被筛选出来，这些微生物虽属不同的门类，但都具有相同的有机污染物去除能力，为利用微生物修复技术治理海洋有机物污染带来曙光。

难降解有机物对海洋的污染主要是石油类污染。自1989年首次成功修复阿拉斯加石油污染海滩以来，生物修复已成功用于多起石油泄漏污染事件，如：科威特报道了通过硬盖在海藻上的生物膜修复被石油污染的海域；韩国海洋技术发展研究所利用聚亚胺醋泡沫固定微生物，将其用于石油污染地表水，研究表明该固定化微生物具有吸附与降解双重功能，且能最小化石油类污染物在水体中的迁移。阿拉斯加石油污染的生物修复就是通过加入一种外表乳化，内含氮、磷营养物质的亲油性肥料，石油的降解速率提高了6～9倍。

1991年，美国得克萨斯州溢油污染海岸线和日本重质原油污染场地分别运用了菌剂AlphaBioSea™ 和 Terra-Zyma™ 进行生物修复，证实了污染现场接种石油降解菌可以提高处理效果。但是经过大量试验后发现，接种进去的细菌很难与污染场地中的本土菌共同生存，其相比于本土菌的竞争能力较差，所以加入外源菌的效果并不好。为了提高外源菌的竞争力，研究者们将尿素与石油降解菌制备成复合修复剂，试验结果显示这种复合修复剂的使用使外源菌在石油降解中占优势地位，提高了石油降解的效率。

5.2.2.2 重金属污染修复技术

1) 修复机理

微生物对重金属污染的修复机理研究目前还不透彻，大多停留在实验室阶段，且大多针对土壤污染修复，海岸带重金属污染修复研究相对较少，总的来说主要集中在海洋细菌对重金属的吸附性、耐受性及活化与转化方面。

微生物处理重金属是利用细菌、真菌(酵母)、藻类等生物材料及其生命代谢活动去除或积累废水中的重金属，并通过一定的方法使金属离子从微生物体内释放出来，从而降低水中重金属离子的浓度。细菌主要通过吸附作用、氧化还原作用、淋滤作用、协同效应实现对重金属的富集与转化；而真菌则是通过吸附作用和络合作用实现对重金属的富集与转化。菌根对重金属的作用体现在：通过分泌特殊的分泌物等形式改变植物根际环境，改变重金属的存在状态，降低重金属毒性；影响菌根植物对重金属的积累和分配，使菌根植物体内重金属积累量增加，提高植物的富集效果；在菌根植物对重金属的吸收或运输、迁移或积累等过程中，丛枝菌根(arhusclar mycorrhiza, AM)真菌很可能参与调控这些相关功能基因的表达；菌根真菌向宿主植物传递营养，使植物幼苗成活率提高，宿主植物抗逆性增强，生长加快，间接地促进植物对重金属的修复作用。

微生物对重金属的吸附及其吸附机理，包括细胞外吸附、细胞表面吸附和细胞内累积等，已有较为清晰的论述。与陆地环境不同，海洋环境的流动性迫使海洋细菌必须具备黏附结构或分泌黏性EPS(如多糖等)以保证一个相对稳定的生境，而多糖与重金属具有高亲和性，显示海洋细菌在重金属的吸附去除方面具有更为广阔的应用前景。除了单纯的吸附作用以外，一些菌群还可通过"吸附—解吸附—再吸附"的方式循环富集环境中的重金属如Zn、Cd、Hg，而且富集能力随着重金属含量的增加而提高。

海洋细菌对重金属的活化与转化研究仍较少。目前已经发现海洋细菌对重金属的转化，包括氧化、还原、甲基化、脱甲基化等作用，能最终使有毒重金属离子转化为无毒物质或沉淀，降低重金属的危害。简而言之，筛选和利用微生物治理海洋污染已成为海洋生态修复领域的热点。

2）修复应用

国内外应用微生物技术修复重金属污染水体的实例很多，所用的生物资源也非常丰富，从细菌、放线菌到酵母菌、霉菌以及海藻类等都有涉及。所进行的研究多是从筛选耐受菌株开始，进而研究其耐受机理。能耐受高浓度重金属的微生物本身会存在一种使细胞免受重金属毒害的保护机制，而这种机制很可能就是微生物对重金属所产生的作用方式。微生物对重金属产生的作用方式有以下三类：

一是吸附作用。微生物是一种特殊的离子交换剂，菌体细胞表面存在着各种离子基团，能够进行物理吸附和伴随生化反应的生物吸附。微生物吸附是一个复杂的过程，细胞表面结构的差异决定了微生物吸附效果的差异，并且吸附力还会受到环境酸碱度、温度、金属离子的初始浓度以及共存离子的影响。

二是絮凝作用。一些微生物能产生具有絮凝活性的代谢物，如一些多糖类、蛋白类的高分子物质。这些物质含有多种官能团，分泌到细胞外能使水中的胶体悬浮物互相凝聚沉淀。到目前为止，已开发出的对重金属离子有絮凝作用的生物有细菌、霉菌、放线菌、酵母菌和藻类等 12 个品种。

三是产生生物化学反应。微生物通过产生氧化-还原、甲基化和去甲基化等生化反应，将毒性重金属离子转化为无毒物质或沉淀，此过程与代谢和酶密切相关。硫酸盐生物还原法是一种典型生物化学法，该法是在厌氧条件下硫酸盐还原菌（SBR）通过异化的硫酸盐还原作用，将硫酸盐还原成 H_2S，重金属离子和 H_2S 反应生成溶解度很低的金属硫化物而被去除。

已有研究发现，不同菌种的组合使用可以获取比单种微生物更好的效果。表 5－4 总结了海洋环境中修复重金属污染的部分微生物种类。但需要指出，海洋污染物的种类繁多、成分复杂，不同的微生物对不同类型的污染物修复或降解机制不同，最适用条件也不同，将微生物生态修复技术有效地应用于实际污染治理中，依然面临诸多的挑战。

表 5－4　修复重金属污染的微生物及吸附重金属的种类

微生物种类	吸附重金属种类
细菌	芽孢杆菌属（Cu、Pb）、链霉菌（Zn、Pb、Cd）、铜绿假单胞菌（Cu、Pb、Cd）、假单胞菌（Zn、Cu、Pb、Cd）、蜡状芽孢杆菌（Ni、Pb）
真菌	酿酒酵母（Zn、Cu）、毛霉菌（Ni、Zn、Pb、Cd）、根霉菌（Ni、Zn、Cu、P、Cd）、青霉菌（Ni、Zn、Cu、Pb、Cd）、黑曲霉（Cu、Pb）
藻类微生物	小球藻（Ni、Zn、Cu、Pb、Cd）、马尾藻（Ni、Cu、Pb、Cd）、岩衣藻（Ni、Pb、Cd）、墨角藻（Pb、Cd）、红藻角叉菜（Ni、Zn、Cu、Pb、Cd）

5.2.3 海漂垃圾拦截与处置修复技术

1）我国海漂垃圾现状

随着全球人口的增长以及沿海地区海洋经济活动的快速发展，海上漂浮垃圾成为危害人类居住环境、海洋环境的主要污染物之一。大量的漂浮垃圾会破坏生态、影响水质，加重航道整治任务，阻碍城市发展及旅游景点建设，对生物造成极大的危害。如何治理海漂垃圾成为迫切需要解决的难题。

海漂垃圾对海洋生态系统的健康具有严重影响。我国河口海域分布多个红树林保护区，据九龙江口实地调查发现，红树林堆积的漂浮垃圾厚度达 2～3 m。海漂垃圾会通过改变海水的理化性质和微生物的生存环境，使红树林的生物多样性被大幅度破坏，对红树林生态系统构成严重威胁，甚至使整个红树林生态系统消失。

海漂垃圾漂浮在海面或沉降至海底，不仅会对海洋生存环境造成严重破坏，还会出现海域内的海洋哺乳动物误食海漂垃圾致伤致死的情况。另外，海漂垃圾还会造成海水浑浊、大肠杆菌严重超标，并且重金属和有毒化学物质还可能被鱼类食入体内富集等，对人类健康构成威胁。

2）海漂垃圾拦截技术

为更有效地治理海漂垃圾，人们设计和建造了多种收集装置来清理海漂垃圾。

Boyan Slat 提出的漂浮"簸箕"式垃圾拦截收集系统，是在较为宽阔的海域中设置一个人造海岸线式垃圾拦截收集系统。该系统有一组漂浮在海面上的 U 形长距离浮栅，浮栅长度可以根据实际需要进行设计，浮栅栏中部设有空隙，浮栅的张口顺着海流的方向，装置中间进行垃圾收集压缩。垃圾拦截收集系统的动力依托水流动力和太阳能。

Pete Geglinski 和 Andrew Turton 设计建造了"Seabin"垃圾桶，该种垃圾桶可以固定在码头上，应用水泵从桶底产生水流，从而使垃圾桶边缘和海水液面形成水位差，带动周围水体和漂浮物向"垃圾桶"内运动，完成漂浮垃圾的收集。该设备的目的是收集各种尺寸的污染物，最小拦截直径 2 mm 的浮动碎屑，能够收集石油，发生溢油事件时能够发挥巨大作用。预估每个垃圾桶每年可拦截 20 000 个塑料瓶或 83 000 个塑料袋。浮动式海上垃圾桶主体是由可循环材料制作的可漂浮于海上的圆桶，通过水下小型抽水泵提供动力。装置运行时，抽水泵工作，保持桶内的水面低于海平面，形成小漩涡，流速较小，但能够将周围水面浮动的垃圾卷入垃圾桶中，塑料袋、空瓶、纸张等垃圾均落入垃圾桶处理袋中，海水过滤后从处理袋中流出，垃圾被留在处理袋中，装满后将清空处理袋。浮动式海上垃圾桶还可以加装油水分离器，收集海中泄漏的石油。

我国刘必劲研制了 Duck Mouth 型海漂垃圾收集装备并布放于平潭大屿岛海域，该收集装备以波浪、海流的冲击力为动力进行漂浮垃圾收集，但只有波浪波高足够大或者水流作用足够强时才能带动装备的传输组件运动。林思源等提出振荡浮子将波浪的运动转化为机械能，克服 Duck Mouth 浪高需足够大的问题。

海漂垃圾自驱动收集装备如图 5－5 所示。

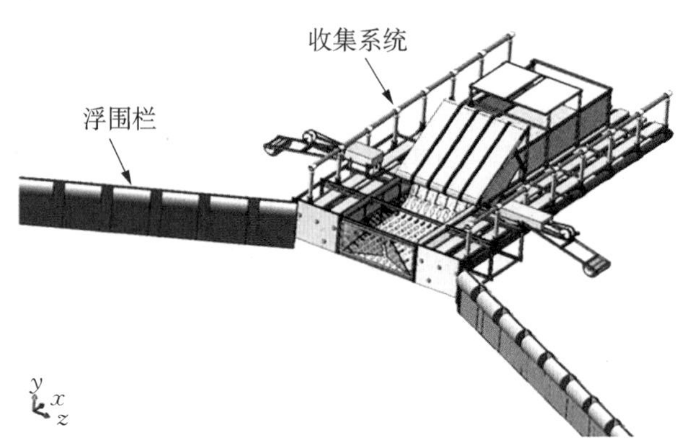

图 5-5　海漂垃圾自驱动收集装备

3）海漂垃圾处置技术

海岸带垃圾污染是全球性的难题，大多数近海国家都纷纷参与海洋垃圾治理。随着科技的发展，各国科学家提出了各种治理方法：

（1）日本科学家把近海岸垃圾粉碎后重新编织成细密的网子，并用网子围建起一个深海鱼虾饲养场。饲养场根据鱼虾的生活习性进行区域划分，它们的内部网眼众多，方便鱼虾的自由进出，饲养场的外表面还有吸附塑料垃圾的功能，这样能高效收集水体中的塑料垃圾为饲养场的修补扩建提供材料。

（2）澳大利亚的"垃圾旅游岛"是近海岸垃圾治理中最吸睛的项目。科学家们搜集了6万 t 的塑料垃圾经过无毒处理后，把它们制成类似砖头的中空块状物，并对其进行隔绝处理防止二次污染，然后把它们拼成了一个大面积的漂流岛。在这个岛上修建房屋、种植作物、开发旅游项目，利用太阳能或风能发电，岛上的生活自给自足能给人们一种新潮的体验。

（3）我国科学家把近海岸垃圾搜集起来，经过脱水和粉碎后当作原料焚烧，用来发电。这一过程会产生大量的二噁英污染大气，科学家们解决了这一难题，他们发现并培育出一种以二噁英为食的细菌，垃圾燃烧发电排出的气体被这种土壤中的细菌吞食后将不再造成污染。

（4）马尔代夫因为国土面积的限制不能在陆地上对近海岸垃圾进行填埋，因此他们另辟蹊径在海底建了一座垃圾塔。工作人员把搜集来的垃圾进行脱水杀菌处理后，把它们压缩起来存进塔底，如果将来爆发能源危机，这些垃圾就能被利用起来。

（5）沙特阿拉伯攻克了技术难关，把脱水、粉碎后的塑料垃圾升温汽化，再把汽化的塑料导入特殊的冷却装置，这样就能重新获得石油。

4）修复应用

2018 年，沿海各地积极探索建立海漂垃圾治理长效机制。以福建省为例，宁德市分段划定责任区开展全面整治，清理海域面积 3 000 多平方千米；福州市成立治理工作领导小组，领导小组由分管副市长牵头，相关市直部门组成，安排专项资金 3 000 万元用于海漂垃圾治理；平潭综合实验区采用购买服务的形式开展辖区海面漂浮物整治；泉州市采取属地负责、部门协作、资金保障和考评奖惩等制度运行机制，投入约 2 500 万元海漂垃圾治理经费，实行考评、通报及奖补制度；厦门市实现了海漂垃圾漂移路径和分布区域的预测预报；漳州市建立了 187 支日常、应急打捞队伍和监督管理队伍，全年共清理打捞江河、海漂垃圾 3 400 t。

5.2.4 新修复技术

1）金属硫蛋白基因工程技术

金属硫蛋白作为一类分子量相对较低又富含半胱氨酸的金属结合蛋白，其生物活性涉及生物机体微量元素储存、运输、代谢，重金属解毒，拮抗电离辐射，从而消除自由基，用来治理受到重金属污染的海水。目前，我国已经构建出哺乳类金属硫蛋白突变体 beta-KKS-beta 基因，金属硫蛋白双 alpha 结构域嵌合型突变体基因，以及利用农杆菌或质粒转化技术在小球藻、聚球藻、鱼腥藻等藻类中遗传转化，获得多株转基因藻类。这些金属硫蛋白基因对 Cu、Zn、Cd、Pb 等重金属离子具有很强的耐受性和选择性吸收，能够有效吸收海洋水体中的有害金属离子。

在实践中，利用电导法遗传转化技术，将金属硫蛋白基因转化到海带中，利用金属硫蛋白基因固定重金属离子，增强海带对受污染水体中的重金属离子富集、吸收能力，并将其转化成无毒有机结合蛋白，分离纯化制备金属硫蛋白粉剂，可作为保健药物原料，做到修复受污染海洋水体及药物开发，实现良好的环境效益和经济效益。

2）特定微生物降解技术

我国近岸海域的微塑料丰度较高，微塑料种类复杂多样，污染形势非常严峻。数量巨大的微塑料及其表面附着的各种污染物对近海渔业资源以及近岸水生生态系统造成严重危害。已有研究表明，利用特定微生物降解的方法，可以通过筛选高效降解微生物和氧化聚合物碳链的生物酶，结合陆海与海陆一体化协同措施，实现近岸微塑料污染的高效治理。

第 6 章

微地形塑造

微地形塑造是一种以自然恢复为主、人工修复为辅的工程技术手段。在海岸带生态修复工程中,通过微地形塑造技术构建海岸带生态湿地、生态廊道,为生物栖息地提供生态基质。其主要措施是通过对平坦的地表进行处理,形成大小不等、形状各异的丘坑组合体,改变土壤理化性质、水文循环和物质迁移路径,改善土壤立地条件,遏制土地退化,促进生态系统修复。本章主要介绍海岸带微地形塑造作用机理以及水系连通、退养还湿、拆除堤坝、疏浚清淤、高程整修等地形塑造技术。

6.1 微地形塑造作用机理

6.1.1 微地形凹凸化设计的作用

沿海地区往往土地肥沃、物产丰富,其工农业发达、人口密度大,同时也是我国的灾害易发区,存在较大的灾害风险。采用微地形凹凸化改造,可发挥防灾减灾和生态保护的作用,其具体表现如下。

1) 充分利用雨水资源,减少洪涝灾害

在雨量时空分布极不均匀的北方平原地区,有限的水资源因雨季无处存储而大量流失,从而加剧水资源供应的危机,微地形凹凸化改造可提升雨水资源的有效存储与利用,缓解水资源短缺的区域现状。地形大多十分平坦的沿海地区,没有足够的水力比降,在强降雨时不能及时、顺利地排除积水,易产生内涝灾害,此时微地形就具有组织排水的重要生态功能。由于连绵起伏的自身属性使得高程不断变化的微地形能够有效地将其所在空间内的地表降水疏散到各个雨水口中,有的则是渗透到土壤中,用于植被的灌溉,从而促进植被的生长。一般情况下,地形排水和坡度相关,坡度越大,排水速度越快,但在地形交汇低洼处经常会因为排水不畅而导致积涝问题,通过微地形改造可提高区域排水能力,降低区域被淹没范围。

2) 缓解土地盐碱化,改善土壤理化性质

在地下水位较高的低洼平原地区存在着土地盐碱化现象。有学者提出了采用开挖沟池、填高地面的办法来减轻土地的盐碱化。通过挖深与填高的办法营造出凹凸不平、错落有致的微地形，把原来的平地改造成具有三级高程组成的土地，即人造低地、人造高地和原来的平地。由于高差的存在，微地形塑造区域在降雨、径流等地面淡水作用下，可逐渐改善土地的盐碱特性。微地形改造通过改变地表起伏结构增加地表粗糙度，同时创建流通路径，改变土壤表面水文连通性以及地表径流，进而控制土壤物理化学性质。微地形通过水文过程影响土壤水分、有机质质量、养分含量及有效性、微生物生存环境、酸碱度、温度和呼吸等属性。

3）微地形分隔空间，营造不同的植被环境条件

微地形最基本的功能就是空间的分隔与划分，利用原有场地中的起伏或者对其加以适当的人工改造，可将场地中呈现不同空间属性、功能作用的区域间，通过塑造微地形的手法巧妙地分隔开来。在利用微地形划分空间时，通过控制地形的高度、跨度、形态、坡度等条件来分隔形成不同类型的空间，塑造不同空间的特征效果。

微地形与平地形成的植物种群模式不相同，在地表径流的影响下地形形成的凹地含水量大、土壤潮湿，适合水分耐受性植物，凸地海拔相对较高，适合对水分耐受性小、需求矿物质较高的植物。同时，地表面积的增大提高了土壤与空气的接触面积，有利于植物根系的呼吸，为植物根系提供更为广阔的纵向生长空间，这为植物的成活和生长提供了有利条件。

此外，微地形造成的空间异质性直接影响植物的种植面积、凋落物的分解、种子种类和植物分布。合理的微地形改造能有效改善植物所赖以生存的土壤条件。微地形处理后的地面高低起伏、峰峦跌宕，这种高低起伏的地形增加了地表的表面积和土壤的容积，显著增加植被的种植面积。根据摄动法曲面计算法计算，相比较平面地形，当地面坡度为 5%～10% 时，表面积增加 2%～3%。微地形影响凋落物质量，微地形造成的凸起与局部凹陷造成的垂直差异性，与凋落物相互联系，使土壤性质发生变化。微地形影响土壤种子库的形成，植物种子在凸起的地点优先定居，极大地改善局部退化生境，提高植物群落的存活率，加速植被的更新。微地形处理所产生的不同坡度特征能够形成干、湿、缓、坡等多样性环境基础，为不同生活习性的植物提供适宜的生存条件，丰富植物种类。

另外，微地形塑造结合地形的种植设计会令景观形式更加多样，层次更为鲜明，不但能更好地美化和丰富区域景观，而且还有利于形成结构合理、稳定的植物群落，实现良好的景观生态格局。

4）微地形促进区域小气候的形成

微地形可以缓冲或加剧气候压力，地表凹凸状况促进特定的小气候形成，使地面温度、林下湿度、风速、风向以及太阳光辐射等发生变化。这些改变会对凋落物分解、微生物种群活性、土壤动物群落繁衍、种子萌发等诸多细微过程产生重要影响，从而促进区域小气候的形成。此外，不同微地形改造措施对周围小气候的影响特征在空间上具有高度异质性。

微地形凹凸化设计的作用效果如图 6－1 所示。

图 6-1 微地形凹凸化设计的作用效果图

6.1.2 海岸生态修复对微地形的响应

平坦、单一的微地形往往造成生物多样性的匮乏。为此，地形塑造作为海岸带生态修复的重要手段，通过生态修复技术营造生物栖息地，对退化的海岸生态进行恢复，实现海岸线生态可持续发展。海岸生态修复对微地形的响应特征主要体现在鸟类适栖地的生物多样性、抵制外来物种入侵的本土物种生长环境、生物生长所需潮间带水动力和海岸区域景观廊道的生态格局等多方面的生态修复要求。

微地形能够为动植物的生存创造有利的条件。通过地势高低变化来增加覆土深度，以此来满足根系发达的植被的种植。通过水深控制，可以满足鸟类栖息、捕食等生活需求。在防风、防灾方面，起伏的微地形能够有效引导风向，从而在夏季降低环境空间中的温度，在冬季利用高起的山峰抵挡寒风，产生冬暖夏凉的小气候。同时，微地形坡面还增加了植被的光照面积与时长，利于植被生长。在淤泥质海岸生态修复中，湿地的微地形塑造更多是为了营造生境，为动植物的生存提供有利条件，从而实现海岸的生态修复。而在生态廊道中的微地形塑造更多体现为景观方面的塑造，通过塑造更为合理、美观的生态廊道，可实现海岸带周围特色景观的打造，实现人与自然的和谐发展。

1) 鸟类适栖地的生物多样性要求

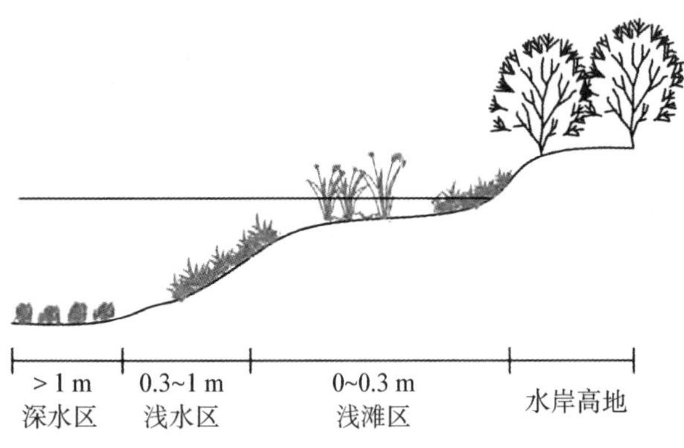

图 6-2 鸟类栖息地水深设计示意图

淤泥质海岸带由于其独特的地理位置，泥沙的淤积落淤塑造了起伏变化的区域地形地貌，是重要的鸟类栖息地。通过水深、微地形高度的人为控制，营造满足鸟类栖息、捕食的生境，促进生物多样性，实现退化海岸带的生态修复。在图 6-2 中，水域、裸地、植被是影响自然湿地中涉禽、游禽的三个重要生境单元。水陆交错带是水鸟(游禽和涉禽)最为重要的栖息生境。水流两侧的滩地由于周期性被水淹，土壤保水量较高，是适宜湿地植被的生长环境，也是两栖动物、甲壳类动物的适宜栖息环境，是水鸟极为重要的觅食地以及部分水鸟的适宜营巢地。滩地生境多样性直接影响在此栖息的水鸟多样性。不同种类水鸟在觅食和营巢上对水深有着不同的水深需求(表 6-1)。

表6-1　湿地水鸟水深要求

水深	适于觅食代表鸟类	适于营巢代表鸟类
<0 m	林鹬、丘鹬、矶鹬	大白鹭、白鹭、绿鹭、夜鹭、池鹭、苍鹭
0～0.3 m	长嘴剑鸻、金眶鸻、环颈鸻、扇尾沙锥、白鹭、大白鹭、苍鹭、绿鹭、黑鹤、东方白鹤	长嘴剑鸻、金眶鸻、环颈鸻、林鹬、丘鹬、矶鹬、池鹭、苍鹭、白鹭、绿头鸭、绿翅鸭、赤膀鸭、罗纹鸭、斑嘴鸭
0.3～1 m	黑鹤、东方白鹤	小鸊鷉、凤头鸊鷉
>1 m	小鸊鷉、绿头鸭、绿翅鸭、凤头鸊鷉、小天鹅、豆雁、翘鼻麻鸭、鸳鸯、赤膀鸭、罗纹鸭、斑嘴鸭、针尾鸭、花脸鸭、斑头秋沙鸭、普通秋沙鸭、普通鸬鹚	

针对游禽，应重点营造水深大于1 m的开阔水域以满足栖息。此外，对于鸊鷉科，还应构建水深0.3～1 m的浅水区域。涉禽中，针对鹭科和鹳科鸟类，重点构建水深小于30 cm的水域；针对鹬科这类小型涉禽，则应重点构建水深0～20 cm的水域；对于鹭科和鹳类等涉禽，可扩大构建水深15～20 cm的区域。在浅滩区形成水域逐步由浅至深的过渡分布。

相关研究表明，三种生境单元中任意单元的缺失将导致鸻鹬鸟类的消失，且不同生境单元的组合也会对鸻鹬鸟类种类和数量产生影响。同时，水深对涉禽的分布也产生重要影响，水深在10～20 cm时涉禽的种类和数量最高；区域内至植被覆盖率10%～20%时，鸻鹬鸟类的数量最多。在自然滩涂上，涉禽和游禽在栖息地各要素之间的分布还取决于其饵料的丰度。通过人为进行生境单位组合，控制多样化植被格局，人工投饵、自我繁育及自然纳饵等手段可实现鸟类适栖地的营造，促进海岸带生物多样性，实现海岸带生态退化的修复。

2）抵制外来物种入侵的本土物种生长环境要求

互化米草等外来物种入侵改变海岸滩涂地形地貌，影响土壤的理化性质。互化米草凭借其繁殖能力、抗盐和抗淹没能力强的特点，挤占本土物种的生态位，造成本土植被退化。同时由于其对潮汐水盐过程及沉积物沉积过程的影响，破坏区域内生物多样性，对滨海湿地生态系统造成巨大破坏。通过防控防治、引进竞争力强的本土物种，结合微地形塑造的措施可形成不同的植被分布格局、生境异质化。

通过微地形塑造，可以形成不同坡度特征的地形，营造干、湿、缓、陡等多样性环境基础，改变沉积物、营养物质的运输，为本土植物生长提供适宜条件，进而丰富区域内植被种类并形成结构合理、稳定的植物群落，塑造良好的景观海岸生态格局。同时基于海岸带水位潮位的变化和植被水深适应性的限制性因素，在引入本土植被时应充分考虑植被的水深适应范围，针对不同区域水深选择相应的植被类型。

由于湿地水文状况是富于变化的，所以对湿地微地形进行修复塑造时要考虑年最高水位和年最低水位，应确保种植土地和岸上生物栖息地的岛屿区域地形要比年最高水位高，确保稳定的岛内生境。

水生植物除浮水植物外，对其影响最大的生态因子是水的深度，它直接影响到水生植物的生存。我们把植物在一定水深范围内能够正常生长和繁衍的生态学特性称为植物的水深适应性。应当指出的是，各种植物的水深适应性是长期适应环境的产物，是系统演化、自然选择的结果。在植物的个体发育过程中，随着外界环境的变化，植物的某些性状也会发生相应的变化。水的深度是设计、施工人员必须要考虑到的问题，在做竖向设计和营造地形时要密切关注等深线。

植物的水深适应性是常水位以下区域配置植物时的限制性因素，根据水深适应性条件不同，可将植物分为以下几类：

(1) 湿生植物。湿生植物从严格意义上来说是喜水的，但植物根茎部及以上部分不宜长期浸泡在水中。

(2) 挺水植物。挺水植物种类繁多，对水深的适应性一般而言和植物高度有一定关系。植株高大的适应水深能力强一点，但一般来说水深不能大于 60 cm，如芦苇、芦竹等高大植物的水深可以达到 60 cm。

(3) 浮叶植物。浮叶植物植株根部生在水域的底泥中，其叶片浮在水面上。有些是靠叶柄的伸长，有的是依细长的茎来使叶片浮在水面上。浮叶植物对水深的适应性一般来说较挺水植物要好。

3) 生物生长所需潮间带水动力要求

受潮汐水周期性淹没的影响，生物淹水频率、累计淹没时长、潮沟形态、水位深度等因素呈周期性特点，构成了潮间带特有的水文地质条件。人类活动和外来物种入侵等，如围垦堤坝或互花米草沼泽的阻碍，致使潮沟水系退化，从而使湿地与潮汐水的连通随之减弱，减少了区域内的水体交换和水盐过程，改变了土壤的盐度、水分、营养物质等分布特征，进而抑制本地植被的生长，破坏区域生物多样性。

通过退养还湿、疏浚潮沟、开挖深水环沟等方式可改变潮间带水动力特征，连通区域水系，恢复湿地内水体交换和水盐过程。

4) 海岸带生态廊道的景观格局要求

平坦地区海岸带生态廊道的道路景观在视觉上缺乏空间限制，它仅是一种缺乏垂直限制的平面因素，而道路两侧景观地面的微地形则占据了垂直面的一部分，能够限制和封闭空间，使生态廊道景观空间感增强。地形的高低起伏在构成生态廊道空间的同时，还创造了不同的视线条件。地形能在生态廊道景观中将视线导向特定点，影响可视景物和可视范围，形成连续观赏或景观序列，以及完全封闭通向不悦景物的视线。不同体形、大小、高低的微地形变化，能使生态廊道绿化景观更加层次鲜明，透过连绵起伏的微地形，让人产生了前景和后景的分隔，前景的逐渐抬升和后景的虚掩联想，增强廊道的道路连续性、方向性，丰富立面上的景观层次。此外，微地形的塑造有利于抑制来自陆侧的废气、粉尘、噪声等污染物的空中扩散，可以有效降低环境污染。

海岸带生态廊道不同于陆上景观设计中的生态廊道，更侧重于保护生物多样性、净化水体、减小侵蚀、塑造景观、构建优美的海岸生态环境，其主要包含近岸生态带、海堤生态带以及沿岸生态带，如图6-3所示。近岸生态带包括裸露潮间带的湿地、光滩及与海洋水体连接的区域，往往需要进行基地修复，保证一定的宽度来满足各项功能的发挥。海堤生态带作为缓冲空间，主要起到拦截污染物、增加地表覆盖，起到遮阴和林冠截留的作用；而沿岸生态带是人类活动的主要场所。

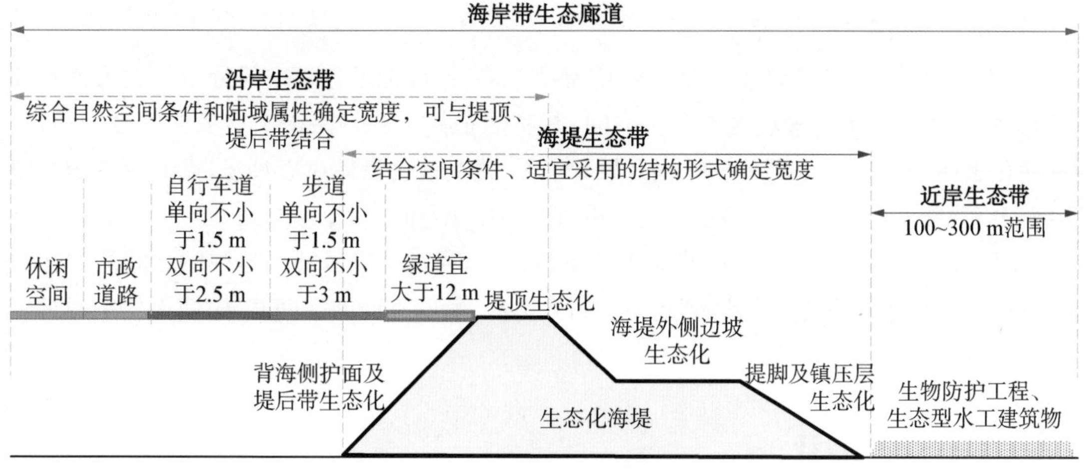

图6-3　海岸带生态廊道示意图

6.1.3　微地形在不同生态环境下的作用

1）自然微地形

自然微地形主要源于降雨和径流冲刷，在降雨过程中会随着雨滴和径流发生侵蚀作用，影响径流路径、入渗量、径流量和侵蚀量。地表的填洼和泥沙拦截也会影响微地形的空间分布。因此，天然微地形既是侵蚀的直接结果，又是导致侵蚀进一步发展的重要原因，它是一个能够反映坡面侵蚀动力学各要素及相互作用的综合因素。

针对微地形，研究发现了微地形的良好表现。降雨条件下微地形与产流产沙存在良好的线性关系，坡面微地形能起着削弱裸地雨滴溅蚀的作用，坡耕地微地形坡度越大则产流越快。在生态方面，微地形生境存在热缓冲效应，且与季节、距地面高度、坡面和坡位有关；不同微地形条件下，不同科属植物受限的营养元素不同，不同土层内草地植物群落结构组成有差异，且根系周转率的平均值为0.75左右。在植物营养与土壤学科方面，不同微地形土壤有效水饱和度顺序为塌陷＜缓台＜原状坡＜切沟＜浅沟＜陡坎，而阳坡微地形土壤水分顺序为塌陷＞切沟底＞缓台＞浅沟底＞原状坡＞陡坎；在坡面微地形的土壤化学方面，土壤阳离子交换量在微地形中顺序为浅沟＞塌陷＞切沟＞原状坡＞缓台＞陡坎。

2）生态湿地中的微地形

生态湿地是海岸带生态系统的一个重要组成部分，具有很高的综合价值和强大的生态服务功能。由于人类的大量开发活动导致了湿地面积萎缩，生境丧失、斑块化、破碎化，水动力条件紊乱和生物多样性严重破坏等一系列问题，沿海生态系统破坏和衰退加剧，生态湿地萎缩受损更为严重，其生态服务功能已受到严重威胁。

生态湿地微地形塑造作为恢复或修复湿地生态系统的重要手段之一，通过对平坦的地表进行处理，形成大小不等、形状各异的丘坑组合体，影响土壤属性、水文环境质量和生态水文过程、小气候和微生境、植被修复和景观结构异质性等微地形内在因素，从而改变湿地生态结构，进而恢复或修复受损的生态湿地。

3）生态廊道中的微地形

生态廊道是指在生态环境中呈线性或带状布局、能够沟通连接空间分布上较为孤立和分散的生态景观单元的景观生态系统空间，其功能定位主要是保护生物多样性、过滤污染物、净化水体、减弱波浪、侵蚀防护、提升景观效果，进而改善海岸生态环境，尤其后方是城镇区域，更需要构建生态廊道为城镇居民提供更好的休憩空间。

微地形塑造作为生态廊道构建的重要手段之一，通过研究微地形与空间之间的内在联系，利用多种微地形塑造的手法，营造多空间微地形，形成不同的空间载体，使得生态廊道更为美观、合理。

6.2 微地形塑造设计

6.2.1 设计原则

1）生态优先原则

在海岸带生态修复过程中，微地形塑造要始终坚持生态修复为导向，优先考虑当地气候、土壤、水系、潮流等生态要素，实现地表特征的差异性改造，从而为改善小气候、促进生物多样性、水系连通提供有利条件，实现海岸生态修复，塑造良好的海岸生态格局。

2）因地制宜原则

通常情况下，微地形塑造很大程度上受环境条件和空间范围的影响，不同地域、不同的生态环境背景会采用不同的微地形塑造方式。设计时应充分结合当地海岸带的水文、气候、物种等生态条件，制定适宜的微地形塑造方案，以减少对海岸带造成新的破坏。

3）景观美学原则

微地形塑造除了要考虑生态性，还需考虑美观性。在微地形塑造过程中，要充分考虑形态差异，塑造不同的区域形态，通过交替式的生境设计为动植物提供较大限度的生存环境，形成地形上的丰富多变，同时也起到生态平衡的作用，符合美学自然均衡的原则。

6.2.2 设计方法

6.2.2.1 水系连通设计

水系连通是指在自然水系基础上，通过建立自然或者人工的连接方式，能够维持或者改变、重新生成或重新构筑水体之间相互连接的通道，能够达到不同水体之间可以互相实现物质和能量循环的过程。通过水系连通工程设计，可实现原本封闭流域之间的水系连通，以实现海岸带生态恢复。在设计过程中应考虑以下因素。

1) 水文状况

海岸水文研究的是海岸带水域中海水的各种运动，包括海浪、潮汐、近岸流及泥沙运动的特征、分布及变化规律。泥沙运动通常由于上述运动而产生，泥沙运动包括悬移运动、推移运动和底部流移运动。泥沙运动方向有沿岸的纵向运动和垂直于海岸线的横向运动。泥沙粒径、含沙量、含盐度和沿岸输沙率是研究泥沙运动的主要特征参数。

2) 水系连通性能分析

水动力模型是建立水系连通性能分析的重要途径，水系连通性能可通过盐度分析和水体交换能力进行判断。

通过收集区域内相关资料，包括水深、岸线、潮位等边界条件，可建立潮流数值模型，计算可得到大潮期、中潮期、小潮期内的海域潮流分布趋势、区域内最大流速、平均流速等结果。

河口是连系河流与海洋水体的过渡地带，下泄淡水径流与随潮上溯的咸水在此交汇混合，引起河口水体盐度的沿程变化。盐度在河口的空间分布取决于流域净流量与海域进潮量的对比关系，径流量显示河口淡水水体及各种物质向海输移的动力强度，而上溯的潮流量在一定程度上体现了盐水入侵的程度。在分层和部分混合型河口，径流与潮流共同作用下通常会形成河口特定的环流结构，上游较淡水体流向海洋，下游较咸水体流向内陆。通过在潮流场的基础上加入盐度输送方程，在设置盐度、径流边界等相关范围后可计算得到区域内盐度分布情况。根据盐度预测结果，可从侧面反映河流与海洋水体的连通性能。

水体交换能力是物质稀释和扩散的主要动力，通过模型对物质扩散情况的预测，利用物质空间浓度随时间变化的过程来反映水体交换能力的变化。潮流是海域物质进行稀释扩散的主要动力因素，在获得可靠的潮流场的基础上，通过添加水质模块，进行物质扩散预测计算。通过计算区域内工程前后，在相同的溶解态保守污染物浓度值、不同时刻区域内各点的浓度值，比较工程建设前后附近海域的水体交换能力。

3) 水系连通方式

(1) 拆除围海养殖堤坝。围垦是造成生态湿地退化及损失的主要人为因素，一方面围垦直接导致天然湿地大面积丧失，另一方面围垦周围的人类生产生活也会对未围垦湿地造成影响。通过拆除围垦堤坝，恢复滩涂高程和面积，从而恢复海岸带地貌形态。

(2) 滩涂潮沟疏通。潮沟是生态盐沼湿地的重要组成部分，针对淤泥质海岸潮沟淤积、水动力减弱、海滩盐度升高、植被退化的问题，通过疏通、恢复滩涂上的历史潮沟可增大近岸滩涂的水动力条件，减缓近岸滩涂的淤积趋势，同时增加近岸滩涂的潮汐淹没时间，维持滩涂土壤的盐度。

当潮沟的设计流量和设计水位确定后，便可以确定潮沟断面尺寸，包括水深与底宽。为充分连通区域水系，通常设置一级潮沟和二级潮沟，潮沟断面尺寸宽一般不少于 180 mm，高一般不少于 150 mm，沟底应有不少于 1%的纵向坡度。

开挖过程中需要根据历史上滩涂潮沟的发育情况，结合保护区排水现状，对现有滩涂上的潮沟进行延伸，开挖主要的潮沟至滩涂上游，最终恢复整体滩涂的潮沟水系。同时，潮沟疏通过程中要考虑回淤情况，通过合理设计潮沟走向、宽度及深度，实现海域、滩涂的冲淤平衡，进而保证潮沟的稳定性。

(3) 开挖集水坑。受海岸冲刷影响，岸滩多形成曲线、圆形、长条形等零星式集水坑，集水坑附近聚集植物斑块(图 6-4)。不同形状的集水坑对土壤改良效应和促进植物恢复效应表现出显著的差异。

图 6-4 零星集水坑示意图

(4) 深水环沟。开挖的深水环沟往往与现有水系连通，环沟水系可在枯水期为鱼类提供避难所。同时，环沟包围的区域形成了形状自然、高低错落有致的鸟类栖息岛，为涉禽提供觅食及活动场所。而鸟岛上芦苇、碱蓬等植被，也为鸟类提供休息和隐蔽场所。

6.2.2.2 微地形塑造设计

地形高程整修法，即微地形塑造过程中基于土方平衡原则，通过控制地形的高度、坡度等条件分隔区域，形成不同类型的空间并实现不同形态地形的塑造。

1) 土方平衡

土方平衡设计是地形设计中一个重要的控制性环节。通过地形修正对土方量进行控制，可以更好地把握空间植物群落的形成和水系畅通。在土方平衡计算过程中，通常采用面积法进行计算，通过调控土方量达到地形造景的效果。结合地勘地图标高和设计标高，可以分为水、陆、岛屿三大区域的计算，陆地面积采用断面法计算，划分依据根据不同的边坡划分大单元格，再根据原始地形标高划分小单元格，选取原始地形相近或平均标高值做估算。水域部分采用体积计算法，将水域部分近似梯形或矩形的形状进行体积计算，岛屿部分采用圆锥体积的计算，最终总计土方量可通过以下公式进行计算：

$$V = S_1 h_1 - S_2 h_2$$

其中，V 表示实际需要的土方量；S_1 表示挖土方底面积；h_1 表示挖土方深度；S_2 表示回填土方底面积；h_2 表示回填土方高度。

在微地形塑造过程中，要因地制宜，在设计过程中，要充分利用土方平衡，开挖土方和回填土方要尽量平衡，防止产生多余土方或土方缺失，如将围堰、堤坝拆除后的土体用来回填。当产生需要或者多余的土方，要就近处理避免产生过多的工程费用。

2）高程控制

基于海岸湿地水文的周期性变化特性，在湿地地形改造中需要谨慎确定设计潮位，应以设计区域内的动植物生存所需水深为前提条件。当现状地形高程小于目标生态湿地生物生长所需的适宜地形高程时，则需要利用回填土进行滩面抬升。对于回填土的选择，回填土的各项土壤指标如粒径、营养盐含量、重金属指标等，应满足目标湿地生物的正常生长需求。疏浚物等沉积物具有较高的营养含量，适用于大部分盐沼湿地生物，并可以促进其快速生长，加速生态湿地的修复进程，是回填土的较优选择。

当现状地形高程大于目标湿地生物生长所需的最佳地形高程，则需要采用疏浚技术进行滩面降低工程。通过滩面高程的适当降低，消除湿地内高营养盐含量的表层沉积物。

目前疏浚技术主要包含干法疏浚与湿法疏浚。干法疏浚是设置围堰并将围堰内的水体抽干进行基底疏浚，具有可控性好、易操作、地形塑造快速等优点，但对原生湿地生态系统影响较大且工程量大，故建议在湿地重建或湿法疏浚无法开展的情形时采用。湿法疏浚是指潮间带、浅水区域受潮水影响，陆地机械无法正常作业时，采用小型绞吸船或两栖挖泥船进行疏浚作业。相对于常规陆上清淤作业，湿法疏浚清淤工程具有工效低、工期长和单价高的特点。

3）地形坡度改造

地形坡度是生态盐沼湿地地形改造需要考虑的另一个重要因素。通过地形坡度改造，模拟天然潮滩坡度，使其在滩面较窄时可满足多种不同生物的生长高程需求。地形坡度的改造与地形高程的改造原则类似，即根据目标生物生长所需的最适宜地形坡度进行确定。在实际坡度改造过程中，为方便施工，同时考虑到自然动力较强的区域在一定年限可自然形成坡度，其坡度可设计为0°，而对于自然动力较弱的区域需设计成一定坡度的形式。

6.2.3 设计注意事项

淤泥质海岸带生态修复微地形设计思路不同于以往传统的围填海项目，为保护海洋生态环境，生态修复地形塑造本着生态优先、因地制宜、景观美学原则，通过清淤、微地形塑造，恢复其自然滩涂生态功能，改善动物栖息生境和生物资源养护，逐步恢复海洋生物多样性。由于淤泥质海岸带生态修复为近年来新兴的业务，工程设计实践不多，微地形塑造设计有以下几点注意事项。

1）海岸带生态修复规范应用

微地形塑造设计宜遵循《海岸带生态减灾修复技术导则》等规范，通过研究修复区水动力条件的影响，结合修复区水文、地形现状、浸没时间等因素，造成的修复区水位变动及修复植被自身的生物特性，分析水动力、淹水时间、岸滩形态对于盐沼植被种植的影响，给出修复区植被种植高程分布建议；根据鸟类的繁殖特点和巢位空间分布、食性特点、活动空间和时间特点等，通过恢复受损湿地面积等措施为鸟类创造宜居环境。

2）开展水动力研究，制定水系连通方案

针对水文环境受人为活动严重干扰的区域，涉及水文动力及冲淤环境恢复区，可进行水系连通工程的物模、数模试验，重点关注纳潮量、水体交换能力、岸滩稳定性及其引起的生态环境变化，可结合水文模型确定潮沟开口位置、深度、宽度、走向和数量，通过堤坝拆除、疏浚清淤、改变局部区域的高程、疏通小支流和沟渠等方法，提高水系连通度，改善水文动力冲淤环境。

盐沼湿地水文条件恢复主要采用水系连通技术，根据修复地盐沼水道淤塞现状实施相应修复措施。海岸工程导致潮汐受阻的盐沼湿地，在实施海堤开口、退塘等基础上，充分考虑湿地的潮时、潮型、潮位、潮差、波浪等多方面因素，利用已有的潮汐汊道，必要时通过数模计算结果实施地形地貌改造，使生态盐沼湿地的潮汐水系得以有效的修复。

3）微地形塑造平面布局合理，土方综合利用

微地形塑造应避免造成围填海嫌疑，仅对堤外滩涂进行地形整理，进行局部地形堆高，塑造缓坡，营造一系列异质性的湿地生境。淤泥质海岸带生态修复地形塑造平面布局宜因地制宜、因势利导，并确定合理的清淤疏浚范围和深度，尽可能实现土方资源化利用，有效控制投资。

6.3 微地形塑造技术

6.3.1 微地形构成的基本要素

高程、坡度、坡向是微地形的基本构成要素，这些构成要素决定了微地形的空间形态，从而影响微地形塑造中的平面布局、水系分布、植被种植等要素。

1）高程

将地形以等高线或剖面的方式来显示基地的高程变化情况，高程决定了地形的高度和竖向空间形态。高程决定了地形改造的整体布局、微地形塑造的工程量、植被种植种类等因素；同时，高程是微地形设计中最为直观的视觉感受，也决定了微地形景观的视觉体验。

2）坡度

坡度是地表单元陡缓的程度，是坡面的垂直高度和水平方向的距离的比。坡度因素决定了夏冬季太阳能照射的时间以及全天的太阳直接辐射量、气流方向和速度。缓坡坡度在6°～15°，具有较为明显的起伏感，空间开阔；斜坡坡度在16°～25°，具有较强的地形起伏感，视野较为开阔；陡坡坡度在26°～35°，适宜种植。海岸中的微地形坡度还影响海岸带的水平宽度、水深等因素。

3）坡向

地形中坡地朝向对降水量、气温、太阳辐射量、风向、风速等产生影响。在阳坡，阳光、水汽等植物生长要素充足，植被生长茂盛。

6.3.2 微地形的分类

从平面布局上看，微地形设计可以归纳为点、线、面及组合式。

(1) 点状微地形(图 6-5a)，是相对于整体环境而言尺度较小且主体元素较为突出的微地形景观。

(2) 线状微地形(图 6-5b)，又被称为带状微地形，是指形态狭长、具有连续性和整体性的微地形景观。线状微地形景观形态分为自然式的折线和人工式的曲线。

(3) 面状微地形，是指面积较大、形态丰富的微地形，由高低起伏、形态不一的微地形单元相互构成丰富的景观空间。

(a) 点状微地形

(b) 线状微地形

图 6-5 微地形布局示意图

从微地形的形态上可将微地形分为自然式、圆丘式、规则式、台地式、下凹式等形态。不同微地形形态具有不同的视觉感受，在生态修复过程中起到不同的功能作用(表 6-2)。

表 6-2 微地形形态分类

形态	图示	功能作用
自然式		通过高低错落的起伏变化和流畅的天际曲线以及曲线前后层次的叠加，模拟自然山体的形态特征，达到景观环境源于自然的造景效果
圆丘式		呈现单个隆起且高度不高的小土包，重复有规律的出现形式会带来很强的视觉冲击力
规则式		采用直线条或者折线来堆造土方，形成微地形的形式感和方向感
台地式		用来处理场地中现有的高差，层层跌落的地形处理结合人的尺度，可形成具有形式感或向心性的台阶形的软质景观

续 表

形态	图示	功能作用
下凹式	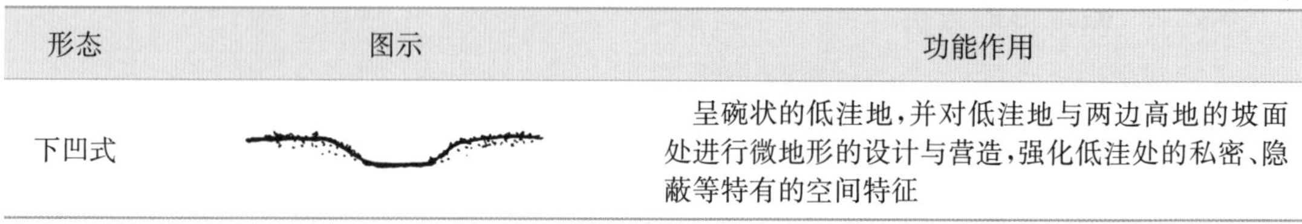	呈碗状的低洼地，并对低洼地与两边高地的坡面处进行微地形的设计与营造，强化低洼处的私密、隐蔽等特有的空间特征

此外，微地形还可按照组合方式分为单一式、多峰式、连绵式和混合式（表 6－3）。根据工程具体地形形态、水文状况等自然因素，结合工程实际情况，选择不同组合形式的微地形，可实现经济、景观、生态效益的最大化。

表 6－3　微地形组合方式分类

组合方式	图示
单一式	
多峰式	
连绵式	
混合式	

6.3.3　塑造关键技术

1）水系连通技术

水动力条件不仅是控制湿地结构和功能的基本条件，而且决定了生态演替的方向，是湿地恢复的重点和关键。导致生态湿地退化主要的原因之一是人类对生态湿地长久以来的开发利用，如通过建闸筑堤、兴建排水渠、降低湿地水位从而便于围垦。但生态湿地与周边流域系统往往存在着水文的纵向-横向-垂向的结构和功能联系，水利设施的建设导致湿地与周围流域系统水文连通的阻断，进而对生境格局的塑造和生物组成、分布以及多样性产生了负面影响。因此，水系连通对湿地生态系统完整性和稳定性具有重要作用，共同维系栖息地的多样性和种群多样性。水系连通可以改善水域栖息地水动力条件，恢复和创造多样的栖息地条件，维系物种多样性，同时也为生物的迁徙提供廊道。水系连通技术主要包括以下几种方式：

（1）拆除围海养殖堤坝。通过拆除围垦堤坝，恢复滩涂高程和面积，从而恢复海岸带地貌形态。

(2) 深水环沟(图 6-6)。通过深水环沟的开挖,连通现有排水渠,可为枯水期鱼类提供避难所,为游禽提供觅食及活动场所。

图 6-6　深水环沟

(3) 滩涂潮沟(图 6-7)。通过疏通、恢复滩涂上的历史潮沟,一方面可增大近岸滩涂的水动力条件,减缓近岸滩涂的淤积趋势,另一方面可增加近岸滩涂的潮汐淹没时间,维持滩涂土壤的盐度。开挖过程中需要根据历史上滩涂潮沟的发育情况,结合保护区排水现状,对现有滩涂上的潮沟进行延伸,开挖主要的潮沟至滩涂上游,最终恢复整体滩涂的潮沟水系。潮沟疏通过程中要考虑回淤情况,在合理设计潮沟走向、宽度及深度的条件下,可实现海域、滩涂的重新冲淤平衡,进而保证潮沟的稳定性。

图 6-7　滩涂潮沟

2) 微地形塑造技术

(1) 鸟类栖息岛(图 6-8)。选取地势较高处进行挖沟筑岛,形成形状自然、高低错落有致的鸟类栖息地。栖息岛相对高程一般控制在 1.5～1.8 m,鸟岛为缓坡,栖息岛周围地区水深 0.2～0.3 m,为涉禽提供觅食以及活动场所,开阔水面为游禽提供觅食区域,丰水期在水

图 6-8 鸟类栖息岛

面之上保留一定比例的裸地和植被，为鸟类提供休息和隐蔽场所。

（2）生态湿地本土植被环境。基于海岸带水位潮位的变化和植被水深适应性的限制性因素，在引入本土植被时应充分考虑植被的水深适应范围，针对不同区域水深选择相应的植被类型，通过生态湿地微地形改造，形成不同的植被分布格局、生境异质化，为本土植被生长提供适宜的环境。

6.4 微地形塑造施工

6.4.1 潮沟疏浚开挖与水系连通

1）*潮沟疏浚开挖*

淤泥质海岸周围潮沟清淤、潮沟开挖通常采用以下施工顺序：施工准备—测量、放样—潮沟排水—机械结合人工开挖—人工修整边坡—完工验收。

由于淤泥质海岸的地基较软，传统大型机械无法进入场地，通常采用人工开挖和机械开挖的方式进行施工。施工时应该严格要求对标高、轴线控制桩进行检查，其标高、潮沟几何尺寸、坡度应该符合设计要求，并在接近潮沟标高时采用人工配合进行修正，以免超挖。开挖时应严格按照控制桩进行检查，确保标高、坡度符合设计要求。潮沟开挖到沟底时，在沟底补设临时桩控制标高，防止因多挖而破坏自然土层，一般可在挖至接近标高时留出 100 mm 深土层暂时不挖。堆土和机械离沟槽边缘的距离应保持 1 m，以保证边坡稳定。

2）*水系连通*

水系连通施工可分为以下两类：

（1）通过拆除修建的堤坝、水闸等建筑物的方式或疏通淤积的潮沟，打通原有的连通水系。

(2) 通过新建潮沟的方式,将原来独立的水系进行连通,盘活区域内的水系,实现水资源的“活化”。

通过上述方式,可实现海岸带附近淡水资源之间、海水资源之间、淡水和海水之间的水体交换,从而活化水体,改善水生态环境,从而促使海岸带的生态修复工程。

3) 应用案例分析

针对山东省滨州市沾化区生态湿地系统受损、互花米草入侵、盐沼植被退化、水体交换受阻等生态问题,开展了沾化区套尔河河口至潮河河口之间海域的生态修复工程,工程修复范围为 3 924 hm^2。通过对区域内水系及地形进行系统改造,实现盐沼碱蓬区域面积的恢复,同时水系治理后的滩涂高地,在高潮位时可为滩涂鸟类提供栖息、落脚和觅食的场所,进一步促进了生态系统的修复。

通过开挖沟渠进行区域水系的连通,避免潮滩区域土壤盐碱化而影响植物的生长。山东省渤海湿地修复工程中,考虑到套尔河东岸现有沿南北方向的自然潮沟,长度约 1.5 km,最大底宽约 6.9 m,深度小于 1 m,高潮时被海水淹没,低潮时少量积水,潮沟发育较简单(图 6-9)。工程在现有潮沟尺寸及走向基础上进行适当拓宽。该区域水系设计底宽 15～30 m,底高程为−1.0～−2.0 m,水系设计边坡坡度采用 1∶5(图 6-10)。

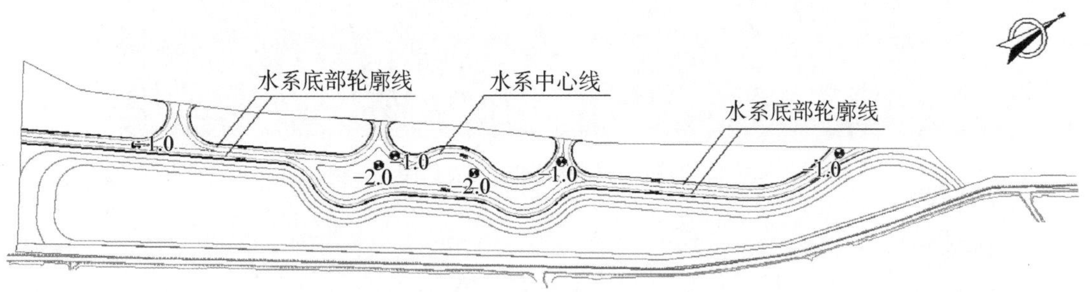

图 6-9　套尔河河口东岸水系治理图

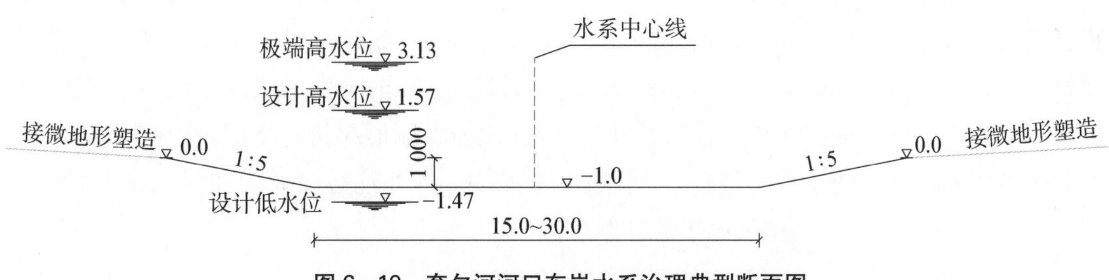

图 6-10　套尔河河口东岸水系治理典型断面图

6.4.2　堤坝拆除与地形塑造

1) 堤坝拆除

堤坝围堰拆除通常可分为爆破拆除和机械拆除。爆破拆除是通过布设炸药进行堤坝拆除的。爆破拆除具有快速拆除石坝的特点，但爆破拆除对周围环境影响大、费用较高，不适用于淤泥质海岸生态修复工程。

机械拆除往往以机械为主、人工为辅，相互配合进行堤坝围堰的拆除。在围堰拆除过程中，应尽量减少围堰堰体两侧水位差，防止堰体拆除时因水位差太大而导致大量泥沙冲刷使得堰体处在不稳定状态，从而引发安全事故。挖掘机在拆除围堰时需在其履带下侧铺设钢板，增大挖机受力面积，确保挖机在围堰上的施工安全，挖机在拆除过程中往往采用后退法(图 6-11)。

图 6-11　挖掘机现场工作图

2）地形塑造

地形塑造需结合修复区内地形、高程、水系等特点，针对不同区域特点，设计不同的高程要求。

土方回填通常采用分层填埋方式，每层夯实厚度为 30～60 cm，单填单筑，层层夯实，防止自然沉降过大。在自然式坡地时，要注意土坡的滑落，因此开挖时通常以倒梯形开挖，方便筑土。在一次土方完成后，对表面进行微地形整理，通常按照水岸线的走向，在一次土方成型面上进行土堆的堆积和铲平，形成一段一段连续的微地形起伏与下凹，注意微地形土堆堆起时整体的线条流畅性和美观性，对水陆生态过渡带的处理必要时增加锚固槽上方的土堆压实，且保证不破坏水陆植被的生态连续性。

3）施工要点

堤坝拆除与地形改造施工过程中需要注意地形设计的效果，还需要考虑土方平衡因素，这样可以避免对土壤的破坏性，减少土方的二次搬运费，土方平衡是地形设计的理想结果。此外，在施工过程中，要考虑到施工过程中堤坝、围堰的稳定性，通过充分考虑施工过程中可能遇到的影响结构稳定性的因素，如水位差、软弱地基等因素，并合理安排工序，保证施工安全开展。

4）应用案例分析

在山东省渤海湿地修复过程中，结合修复区内地形、高程、水系等特点，针对不同区域内不同的高程要求进行设计。在河口东岸根据碱蓬适生条件要求对此处进行微地形塑造，将现有堤坝高程 1.5 m 处向外延伸，保持高程 1.5 m 形成一定宽度的盐沼空间，同时在向海边缘处与水系之间采用 1∶20 坡度缓坡顺接（图 6－12），形成漫滩区，使区域内高程 1.4 m 以上部分满足盐地碱蓬的生长适宜条件。

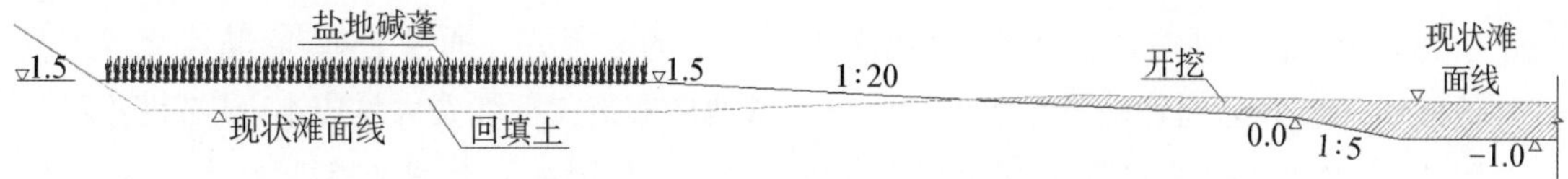

图 6－12　河口东岸微地形改造断面图

在围堤内侧，为满足盐地碱蓬生长需求，对围堤内盐沼区域进行地形塑造，自现状 2.0 m 标高处起，以 1∶20 坡度放坡至标高 1.0 m，保持标高 1.0 m 向外形成 23 m 宽漫滩区，再以 1∶5 坡度放坡至现状标高处。在内隔堤为满足盐地碱蓬生长需求，同时最大化利用现有隔堤，选择现有较宽隔堤坝埂，在其基础上进行地形改造。将隔堤顶高程拆除至 2.0 m 后，两侧以 1∶10 坡度放坡至现状地形，形成具有一定宽度的盐沼植被适生区，然后在高潮滩及以上部位进行盐沼植被修复（图 6－13）。

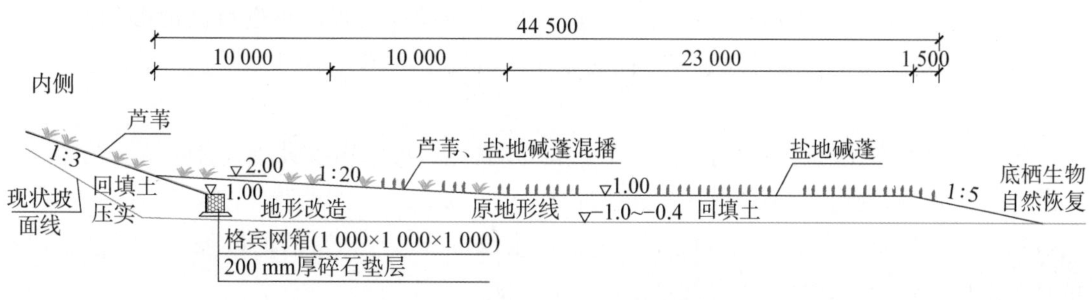

图 6－13　围堤内侧盐沼修复断面图

利用坝埂进行盐沼修复一方面可充分利用现有地形地势减少对区域的扰动，另一方面改造后的坝埂稳定性更高，通过合理的布置可消减内部水域小风区形成的内生波，以及减少水体交换水流对围堤的冲刷，同时内侧远离围堤坝埂可为滩涂鸟类提供不受人类干扰的栖息落脚点（图 6－14）。

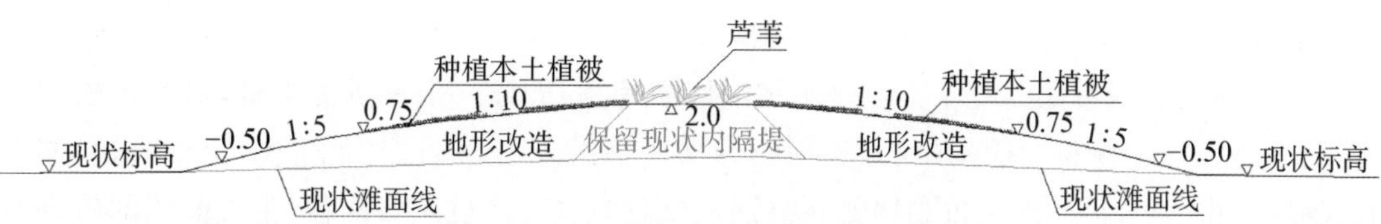

图 6－14　内隔堤（单堤）盐沼修复断面图

通过对区域内水系及地形进行系统改造，修复盐沼碱蓬区域面积，恢复盐沼生态环境，同时对水系治理后保留的滩涂高地形成具有特色的滩涂绿岛，在高潮位时可为滩涂鸟类提供栖息、落脚和觅食的场所，促进生态系统食物链的健全，为当地鸟类及越冬候鸟营造一个静谧、食物丰富、环境适宜的滩涂绿岛。

6.4.3 吹填技术的应用

1）吹填方式

淤泥质海岸微地形塑造过程中，往往需要一定量的砂土方。通过卡车、船舶等交通工具将其他区域的土方运到工程所在地进行回填和微地形塑造需要耗费大量成本，经济性不高。

因此，在微地形塑造过程中可应用现有吹填技术，利用水力机械冲搅泥沙，将一定浓度的泥浆通过事先铺设的管道泵送至回填区域。

根据施工条件的不同，吹填方式大致可以分为三种：

（1）当有稳定的土方来源时，采用绞吸式挖泥船挖出取土区底部泥沙，通过挖泥船上的泵和连接船与岸的漂浮管道，将泥浆输送到场。

（2）当有理想的土方来源且有较好的作业面时，可采用人工水力冲挖的方式，用高压水枪将泥沙冲拌成浆液，并用小型泥浆泵吸进入泥管内输送到场。

（3）当无固定土方来源时，可用挖泥船将泥沙从底部挖至驳船上，驳船将沙土运至吹泥点，吹泥船将沙土吹填至回填区。

微地形塑造可通过吹填技术将海岸带高程回填至设计高程后再进行微地形的整体塑造，也可在吹填过程中根据微地形要求提前布局吹填位置，减少后期地形调整的工程量。

2）吹填施工

针对回填量大、取土区距离较近、施工强度高的特点，可采用绞吸船直接吹填工艺，绞吸工艺能够将挖掘、输送、吹填作业一次连续完成，有效减少施工区域船舶的数量，是一种效率高、成本低、工程质量容易控制的施工工艺。疏浚设备的选择与自然地理条件、挖泥船自身的技术条件、疏浚土深度、土性等关系密切。

吹填料土质为疏浚土，管道输送适宜性很好。从取泥区到吹填区的平均吹填距离控制在1000 m左右，吹填疏浚设备拟采用环保型挖泥船直接吹填，船只性能应满足挖泥深度和吹送强度要求，同时应适合所在海域的各种天气条件，挖泥船的施工能力配置应满足施工进度要求(图6-15)。吹填作业方式:定位下绞刀开始挖泥作业，泥浆经泵吸入泥舱后，经专用排泥管道吹送至回填区。绞吸船的吹填施工工艺和流程:施工前准备→施工测量→绞吸式挖泥船定位、抛锚→敷设排泥管线→直接疏浚吹填或从储泥池取泥→吹填→平整测量→竣工验收(图6-16)。

绞吸挖泥船最常用的施工方法是对称钢桩横挖法，即以一根钢桩为主桩，对准挖槽中心线下插水底，作为横移的摆动中心，利用绞刀架前部的左右摆动缆(龙须缆)交替收换，左右摆动挖泥(图6-17)。并通过利用另一根钢桩(副桩)进行换桩跨步前移，主桩前移的轨迹始终保持在挖槽中心线上，跨步距离应根据土质和质量要求来确定，土质较硬可跨步大些，土

图 6-15 吹填疏浚土示意图

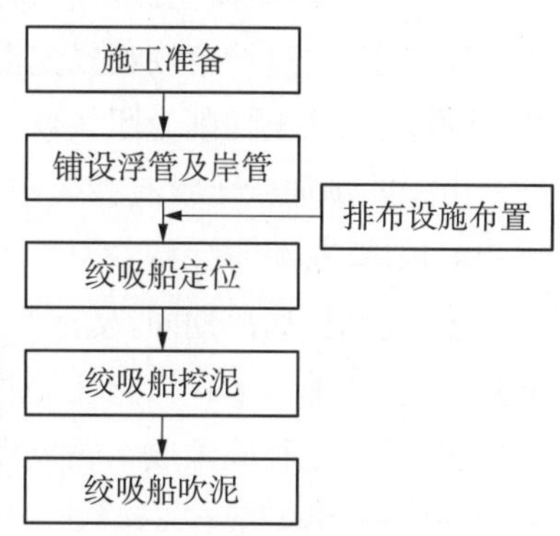

图 6-16 绞吸船吹填流程

质较软可跨步小些。施工通过下放绞吸船施工桥梁使挖泥器具绞刀头破土进入开挖泥层，由船舶真空泵抽泥沙，再由船舶输出泵通过船艉水上管线（浮管）和陆地管线输泥到回填区。根据开挖泥层的厚度，施工时采取分层开挖，分层施工时可根据所挖到的土质并结合回填区吹填土的施工情况灵活调整每层开挖的厚度，原则上分层开挖厚度在 2.0 m 左右（图 6-18）。在开挖每一层时，还需分条进行开挖。

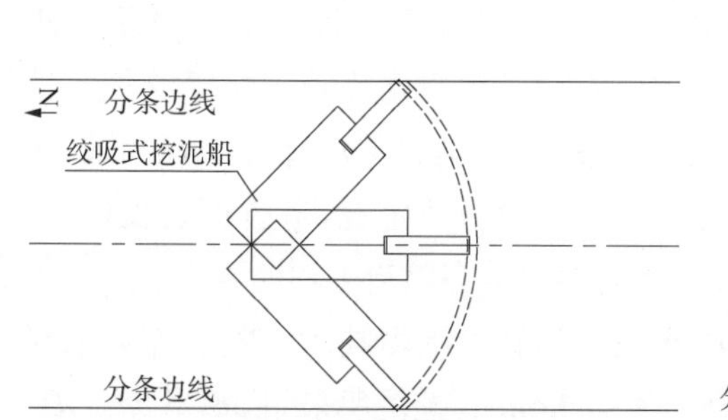

图 6-17 绞吸式挖泥船扇形开挖示意图

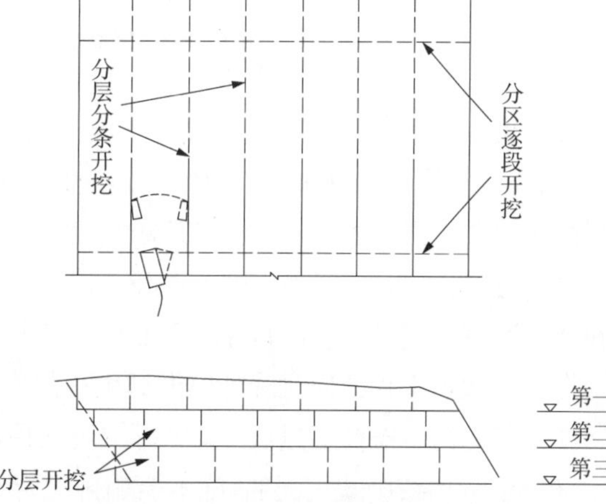

图 6-18 绞吸船分区分层开挖示意图

3）新型吹填工艺

海上黏土作为吹填材料，往往需要挖泥绞刀头的充分破碎形成泥浆，然后输送、吹填。然而，当采用未被绞刀头充分破碎的黏土团块为吹填材料，由黏土团块吹填而成地基，其所形成的土层能在吹填后 4～5 d 内迅速沉降，主固结基本完成，履带机械可以进入，经过 2 个半月的自然固结沉降，吹填地基的承载力趋于稳定状态。基于团块状硬质土泥饼的新型吹填技术能快速成陆、实施简单，对于工期紧张的海岸工程中的微地形塑造，新技术的优势尤为明显，可获得较大的经济效益。

基于团块状硬质土泥饼的新型吹填工艺(图 6－19)，选择取土区中强度较高的土层作为吹填原状土，通过调节绞吸式挖泥船的绞刀转速、土体切削厚度与绞刀头横移速度等运行参数，将吹填原状土切削为团块状硬质土泥饼，并经输泥管道进行水力输送，直接吹填至目的地。由于吹填原状土没有被搅碎，而是被切削为团块状，这使得吹填土体为团块状硬质土泥饼的堆积体，其泥饼保持着原状土的强度特性。吹填后，由团块状硬质土泥饼堆积而成吹填土陆域，潮水位回落期间，暴露于水面以上的吹填土中的滞留水体将迅速排出，吹填土自然沉降密实，其地基承载力能在短时间内迅速增加，从而实现在没有围堰的条件下吹填土体亦可快速成陆，工程施工成本明显降低，施工进度也加快了。硬质土泥饼吹填会形成很多小山丘状的堆积体，一般在 2～4 d 后以挖机进行挖高填低，平整吹填场地。

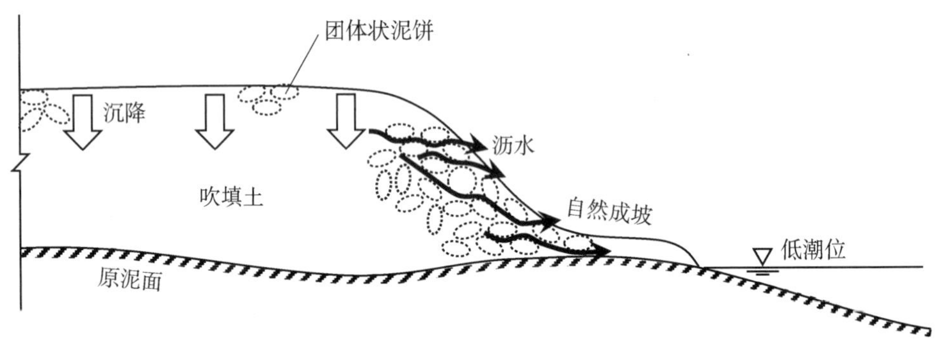

图 6－19　硬质土泥饼的吹填堆积特点

硬质土泥饼吹填工艺能有效改善吹填土的沉降密实效率问题。吹填后，在自然晾晒条件下，团块状硬质土泥饼吹填土中的水迅速排出，在 2～4 d 内产生显著沉降，并形成沥干程度很高的硬质土泥饼场地，人员和部分大型施工机械可安全进场行走作业。由于吹填土体中水可以迅速排出，土体流失较少，吹填土在滨海区域快速、稳定地自然沉降并堆积成陆，无须在吹填区域外侧建造临时围堰，且无须地基处理亦可保持自身稳定性，节省项目投资，并实现在完成吹填工程的同时降低对海域生态的影响，契合海岸生态整治工程的要求。

江苏某海湾生态修复过程中，采用团块状硬质土泥饼的新型吹填技术。吹填作业采用了 1 450 m^3/h 的绞吸式挖泥船，施工船舶排泥管直径为 700 mm。挖泥船采用 38DS 型绞刀，直径 2.755 m，该绞刀为 6 臂绞刀，每条刀臂不均匀地安装 8 枚 38DS 型凿形刀齿。挖泥船在多参数联合调试与试运行基础上优化了运行参数，不同的挖泥船运行参数所切削形成的硬质土泥饼尺寸会有所不同。

在工程中，硬质土泥饼吹填土的自然沉降可分为两个阶段：一个是主固结沉降，另一个是次固结沉降。硬质土泥饼吹填完成的第一个阶段沉降，主要是泥饼间的孔隙水排出，该泥饼土沥干所需要的时间即主固结时间，在该工程中为 4 d 左右。次固结阶段的沉降可以理解为泥饼在孔隙水排出过程中的有效应力增加与重分布，致使泥饼相互之间的架空结构被压垮，甚至一些泥饼发生折断，直至应力重分布调整结束。当然，黏土的蠕变性能也会引起次固结沉降，致使数值比较小。

与现有一般粉质黏土、黏土为代表的细颗粒土吹填成陆技术相比，采用硬质土泥饼吹填工艺能在较短时间内形成承载力较高的吹填土层，有着显著的技术优势，且实施简单、成本低、工期短，特别适用于工期紧张的吹填土工程。吹填效果如图 6 - 20 所示。该技术无须提前设置临时围堰进行吹填保护，对于岸线较长的生态海岸工程，尤其是工期紧张的微地形塑造工程，该新技术的优势尤为明显。

图 6 - 20　硬质土泥饼的吹填成陆效果

(1) 采用硬质土泥饼吹填工艺，无须提前设置临时吹填围堰，在海岸潮间带潮汐与波浪共同作用下，仍可稳定、快速成陆，能适应的环境条件较为广泛。

(2) 硬质土泥饼吹填土体可在吹填后 4～5 d 完成吹填土体的主固结沉降，人员和部分施工机械可安全地进场作业，大幅节省了吹填地基的预处理等施工时间，提高了施工效率。

(3) 硬质土泥饼吹填形成的吹填土体在完成主固结沉降后，泥饼因其架空结构特点而发生较多的泥饼被压弯、折断等破坏，从而产生次固结沉降，沉降速率远低于主固结沉降，其日均沉降速率在吹填后 20 d 降至 15 mm。

(4) 硬质土泥饼吹填形成的吹填土体经过 2 个半月的自然沉降，吹填土体的强度能显著提高，能在较短时间内形成承载力较高的吹填土层，其强度可高达下覆原状土体强度的 3～5 倍，甚至更高。

第 7 章

工 程 案 例

海岸带生态修复是一项复杂、综合的工程，为帮助读者更加深刻地认识与理解淤泥质海岸带生态修复技术的应用，本章以某市蓝色海湾整治项目、滨州市海洋生态保护修复项目等典型工程为例，供广大技术人员参考。

7.1 某市蓝色海湾整治项目

7.1.1 项目概况

为提升某市海堤外侧的生态景观，遏制生态湿地退化的趋势，改善海水水质环境，而开展某市蓝色海湾整治项目。项目建设内容包括生态湿地修复、生态廊道建设和人工沙滩构建。工程区域总面积约 217.2 hm^2，其中生态湿地面积约 68.7 hm^2，生态廊道面积约 44.4 hm^2，人工沙滩面积 104.1 hm^2。项目的实施能有效提升区域生态环境质量，同时也为人们提供休闲娱乐场所。

7.1.2 主要生态问题

1）滩涂养殖导致生态系统破坏

项目周边约 244.6 hm^2 湿地被开挖成养殖围塘，开展违法养殖活动，侵占自然湿地，造成湿地资源面积的减少、生物量下降，生态功能相对退化。同时，养殖业产生的大量生产废水直排入海，影响近岸海域海水水质，造成水体严重富营养化。

另外，非法滩涂养殖泛滥，在非法滩涂养殖过程中，对生态湿地施以大量肥料，造成土壤的富营养化，不利于生态系统建设；在养殖过程中，还伴有爆竹驱鸟现象，严重破坏鸟类栖息环境。

2）外来物种入侵导致湿地生态功能退化

由于外来物种互花米草有淀积泥沙、碎屑和固土作用，造成滨海滩涂的抬高和硬化，破坏了某些海洋底栖动物如贝类、蟹类、藻类、鱼类等生存条件，致使滩涂生物多样性被急剧破坏，而且也加剧了海域陆化的进程。同时，外来物种互花米草入侵，形成优势种群，挤占其他植物的栖息地，对当地生物多样性构成威胁，导致湿地生态功能退化。

3）海岸线硬质化，亲海空间缺失

项目所在地前期进行了大规模填海开发建设，采用斜坡堤抛石结构，形成了硬质化堤坝，缺乏相关亲海空间设计，造成岸线生态功能退化及自然岸线的景观欠佳，导致后方城区"临海"而不"亲海"，背离了"城市向海"的初衷，也与绿色生态发展理念相悖，难以满足人们对临海空间休闲娱乐的需求。

7.1.3　生态修复方案

7.1.3.1　总体设计思路

从生态问题分析可知，项目所在区域现有人工硬质堤坝长约 6.9 km，堤顶标高为 9.4 m。海滩低潮时，海堤外有大片泥质浅滩露出，岸线的生态功能相对弱化。因此，为践行绿色生态发展理念，构建人与自然交互空间，通过以下设计思路实现岸线修复的目的。

总体设计思路是以生态为主线，岸线修复为亮点，打造生态野趣的生境湿地，塑造滨海生态廊道，形成生态廊道区、生态湿地保育区以及人工沙滩区。具体思路如下：

（1）从陆海统筹出发，为消除海堤硬质化及低潮位潮滩裸露现象，构建亲海空间，拟在海堤向海侧设计形成 60～100 m 的景观廊道，在廊道前沿布设 80～120 m 范围的人工沙滩岸线，以同时满足人们休闲娱乐需求。

（2）从海岸带生态服务功能出发，为恢复该海岸带生态功能，丰富生物多样性，与生态廊道形成有效连接，同时与现有周边河口湿地相衔接，在工程区域西段设置 0.687 km^2 生态湿地。

（3）从自然生态角度出发，工程设计充分利用当地疏浚土，构建生态基底，最大限度减少外来填土，实现生态理念下的海岸带构建。同时，生态廊道植物群落采用乔灌草多层配置，成组团搭配，形成海岸线上的防风林带、涵养林带；生态湿地通过生境营造，构建耐盐碱植物群落，形成生物栖息地，维持生态系统的稳定性。

7.1.3.2　修复设计方案

生态湿地建设主要是对现状海滨滩涂进行生态化修复，具体措施为：种植耐盐碱植物，恢复植被多样性；对场地进行水系开挖，以期更好地营造湿地环境，满足湿地植物正常的生长需求，同时也可以使区域内的水体通过植物根系的过滤得到一定程度的净化；适当布置景观栈道，使人更好地参与到湿地中来，为附近居民及游人提供一处近距离体验湿地、了解湿地的科普休闲场所。

生态廊道建设目的是对现状已存在的硬质海堤进行生态化改造。依据现状实际情况、地块生态环境需求及周边居民文化生活需要，进行景观廊道和人工沙滩的建设。景观廊道宽度 60～100 m，功能主要为生态防护林带，兼具为周边居民提供休闲漫步、康体健身场所的功用，以期达到对现有海堤进行生态化改造的目的。人工沙滩宽度 80～120 m，建成后可改善现状滩涂的面貌，大大提升现状滩涂的景观效果，同时为附近居民及游客提供亲海戏水的游憩空间。

通过该项目的建设，打造一处生态良好、生物多样的生态湿地区和一条植被丰富、景色优美的生态绿带，创造生态绿色的滨海岸线形象。

设计以植物造景为主，选用适生植物配植于不同设计区域内，廊道中选用高大乔木，搭配优美的色叶树作为绿化骨架，达到植物防护的功效，以常绿花灌木作为配置的主线，搭配地被植物，合理运用中层植物的层次关系，布置上以近人的尺度，营造赏心悦目的自然环境。绿廊中设置慢行步道，结合市民使用需求局部位置布设休憩空间，使人们既可漫步林间，又可树下小憩，休闲康体的同时充分享受大自然的气息。

景观总平面布置和整体鸟瞰效果如图 7 - 1 和图 7 - 2 所示。

图 7 - 1　景观总平面布置图

图 7 - 2　整体鸟瞰效果图

7.1.3.3 分区设计方案

1) 生态湿地区设计

为修复生态湿地生态系统，恢复物种多样性，生态湿地以“保护与修复”相结合的设计原则，以种植种类丰富的滩涂植物为主，以构建鸟类栖息地为辅，以疏通水系为途径，共同营造植被丰富、生物多样、水质净化的生态环境。

湿地区域内通过疏浚海滩淤泥形成湿地地基，再通过水系连通，构建湿地水系统，大面积种植耐盐碱植物，通过柽柳、芦苇等先锋植物的先导作用，逐步恢复植被多样性。通过水系的开挖，以期更好地营造湿地环境，满足湿地植物正常的生长需求，同时也可以使区域内的水体通过植物根系的过滤得到一定程度的净化。

整体设计考虑利用现状鱼塘肌理营造湿地景观，整合现状道路，布置生态游步道，通过数个出入口与周边大道连接；内部设置柽柳等适生植物种植区，芦苇、碱蓬培育区，鸟类栖息地及配套服务设施等。

生态湿地区鸟瞰效果如图 7－3 所示。

图 7－3 生态湿地区鸟瞰效果图

(1) 芦苇、碱蓬培育。生态湿地区以“芦苇海滩”为特色，以芦苇荡＋柽柳林为背景，再加上数以万计的水鸟和一望无际的浅海滩涂，成为一处原生的自然生态景观、景色优美的纯自然的生态观赏片区。根据湿地保护与游憩需求，该区域划分成核心保护区、生态修复区、生态涵养区(图 7－4、图 7－5)。

(2) 鸟类栖息地(图 7－6)。考虑到滨海湿地最北侧区域距离人类活动区较远，利于营建动物栖息地，故将此区域构建为鸟类栖息地。通过对水系的疏通、植被的恢复、鱼类及底栖生物恢复等工程，建造多个与水体相连的小型半岛、草甸、沼泽等，吸引各种鸟类前来栖息、“度假”、繁育，创造一幅人与自然和谐共荣的美丽画卷。

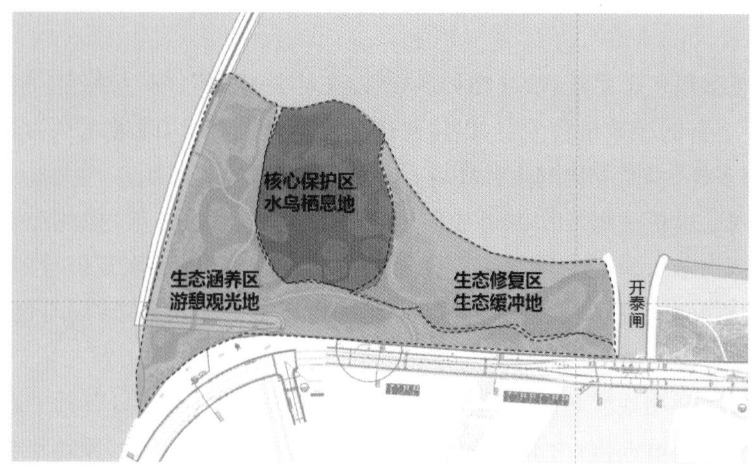

图 7-4 生态湿地区功能布局图

图 7-5 生态湿地区断面图

图 7-6 鸟类栖息地示意图

2）生态廊道区设计

工程区外侧现状海堤采用硬质护岸，海堤与滩涂高差较大，从而导致外露硬质驳岸面积较大，不具备自然岸线的生态功能，同时严重影响景观效果。海岸线现状如图 7-7 所示。

图7-7 海岸线现状图

针对以上问题，生态廊道区设计紧紧围绕如何进行人工硬质海堤生态化改造展开，制定“尊重现状，修复提升”的设计策略，通过构建景观廊道，即沿滨海大道外侧布置宽度为60～100 m的绿化防护带，以植物作为设计的基本元素，展现滨海岸线生态、绿色的自然气息。同时在景观廊道外侧构建宽度为80～120 m的人工沙滩，沙滩岸线形态提取海浪蜿蜒曲折的元素，展现自然、生态之美，人们可以真切地感受到沙滩的壮丽与优美，结合生态设计手法打造可持续发展的岸线景观。生态廊道区鸟瞰效果与断面图如图7-8和图7-9所示。

图7-8 生态廊道区鸟瞰效果图

图7-9 生态廊道区断面图

(1) 廊道绿化。为恢复硬质海堤生态功能,绿化通过多层次种植形式,营造植物种类丰富、结构层次稳定的生态环境,从而实现海堤的生态化处理。

(2) 生态游步道(图 7-10)。生态游步道设计结合场地特性和周边环境需求,合理布局人行及绿化空间,满足居民的通行与简单休闲游憩的功能需求。合理组织人行空间,生态游步道时而穿梭在绿荫丛中,时而漫步在沙滩边,步行空间灵活多变,既强化了人行道的美感,增加了人行的乐趣,又可吸引人们驻足停留,形成充满活力的生态滨海空间。

图 7-10 生态游步道效果图

生态游步道宽度为 3 m,采用碎石、嵌草块石、防腐木等自然材料,并设数个出入口与海滨大道连通,便于居民休闲漫步、康体健身。

(3) 生态排水沟(图 7-11)。生态廊道形成后,场地排水通过地面径流,多余的雨水汇入滨海步道内侧,通过生态植草沟最后排到两端闸口,接入海底。融合生态理念的同时,减少暴雨时节廊道地面雨水汇流到沙滩一侧,保障沙滩免受雨水的冲刷。

图 7-11 生态排水沟断面效果图

3）人工沙滩区设计

（1）人工沙滩的平面设计。本工程生态廊道区前沿设人工沙滩长度约 4 995 m，沙滩宽度考虑岸边亲水要求和景观功能，综合亲水结构占用宽度和沙滩活动需要宽度，确定沙滩平均设计宽度为 80～120 m。

根据典型工程的调查，并结合工程所在地区的周边环境、水文地质等条件，设计将本工程人工沙滩分为三个区段，平面布置成内凹形。考虑海浪和沿岸海流的影响，为避免造成沙粒流失，在各区段沙滩之间设计丁坝，同时为防止沙滩泥化，综合考虑在工程区域外侧建设环抱型潜堤。具体平面布置如图 7－1 所示。

（2）人工沙滩的剖面设计。

① 设计参数的确定。人工沙滩抛填后，波浪作用于沙滩会对沙滩进行一定的分选、净化，细小的、较轻的沙粒被带到外海。最佳的填砂粒径是与天然海滩中沙的粒径相同或者略重。结合淤泥质海岸上建设人工沙滩的粒径取值以及当地天然沙滩的粒径情况，本工程拟建人工沙滩泥沙中值粒径 $d_{50}=0.4$ mm。

参考美国《海岸工程手册》中推荐的施工坡度，当 0.2 mm$<d_{50}<$0.5 mm 时，下斜坡坡度可取 1∶20～1∶15，区域波浪动力条件较弱且主要应用范围为平均海平面以上时，人工沙滩的坡度可适当陡一些，坡度取 1∶15 是比较合适的。

同时人工沙滩滩面坡度也可根据平衡剖面理论计算确定，具体如下：

根据 Bruun-Dean 模式进行计算，沙滩泥沙中值粒径 $d_{50}=0.4$ mm，对应沉速为 $\omega=5.1$ cm/s，则 $A=0.14$，根据 Bruun 和 Dean 提供波控近岸平衡剖面公式，可推求得沙滩滩面坡度在 1∶25～1∶7。

根据 Hattori 和 Kawamata（1980）提出的岸滩冲淤类型判数指标关系式，本工程岸滩剖面形态与当地动力环境应处于相互适应的平衡状态，即比较接近"过渡型剖面形态"。

沙滩泥沙中值粒径 $d_{50}=0.4$ mm，对应沉速为 $\omega=5.1$ cm/s。如果滩面处有效波高 $H_s=0.30$ m，对应深水波高为 0.32 m，可算得深水波陡为 0.01。则一般气象条件下，沙滩岸线剖面特征坡度 $\tan\beta=1/17\sim1/7$。

综上分析，本工程滩面坡度按 1∶15 考虑。

② 剖面设计。滩肩前沿高程的确定方法主要分为现场调查法和代表波计算法。现场调查法主要通过调查自然情况下的健康海滩滩肩顶部高程来确定滩肩前沿高程，参照附近沙滩高程按照 6.00 m 设计。滩肩前沿顶高程也可以采用代表波法进行计算，即滩肩高程＝平均大潮高潮位＋一定重现期波浪爬高值，其中平均大潮高潮位为 4.61 m，一定重现期波浪爬高值采用 50 年一遇波浪计算。由于本工程外侧建设环抱型潜堤，工程区域主要为小风区风浪，高水位下 50 年一遇有效波高为 1.07 m，经计算滩肩高程＝4.61 m＋1.07 m＝5.68 m，因此本工程滩肩高程取 6.00 m。

滩肩宽度参照国内典型人工沙滩滩肩宽度在 30～135 m，取 55 m；沙滩宽度取 100 m。

人工沙滩剖面图如图 7－12 所示。

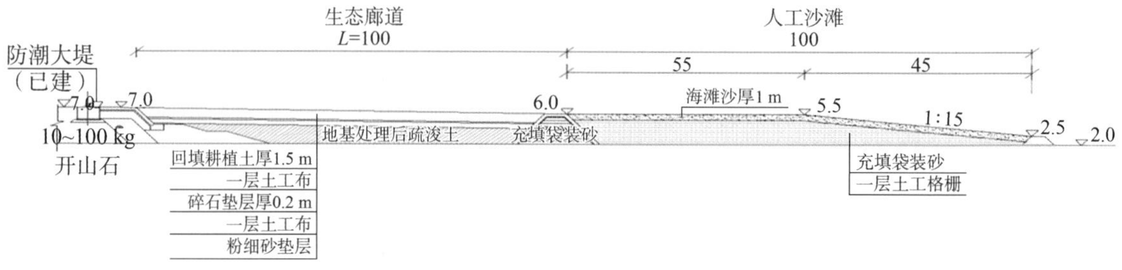

图7-12 人工沙滩剖面图

7.1.4 监测与效果评估

1）海水水质自动监测站

为了提高海洋环境管理的针对性，实时、准确、可靠、安全地获取和传递各种数据、现场情况等原始资料，为入海污染物浓度控制和总量控制提供依据，在蓝色海湾内建设一套海水水质自动监测站，自动对海洋水质、气象、波浪多要素进行长期在线测量。通过实时监测、跟踪分析，有助于科学把握湾内生态系统变化，形成科学的治理方案。海水水质自动监测站设计要求如下：

（1）在线监测仪器必须具备连续监测 pH 值、溶解氧、总磷、总氮、COD、磷酸盐、流速、流向、盐度、油类、叶绿素 a、蓝绿藻和浊度等水质参数的功能。

（2）采配水系统、流量监控等能依据设备工作需要调节工作参数以及工作状态，有效保证在线监测站点运行正常有序。

（3）中央控制单元具备数据存储功能，可确保在系统故障或通信异常情况下测量数据不丢失。

（4）系统可根据需要配置有线网络通信或 3G/4G、北斗卫星等无线数据传输功能，可确保数据传输的可靠性和保密性。系统具有数据和控制指令实时传输功能，远程监控中心工作人员可直接接收数据、发送指令，对在线监测系统的运行状态进行调整。

（5）数据监控管理平台可对在线监测系统进行管理与应用，实现对系统的运行监控，实现对在线监测数据的存储管理、数据分析、综合评价、信息产品制作、数据共享等功能。

2）海洋环境生态跟踪调查

（1）监测内容。

水质：pH 值、悬浮物、油类、化学需氧量、溶解氧、无机氮、活性磷酸盐、铜、铅、镉、锌。

沉积物：铜、锌、铅、镉、铬、汞、砷、石油类、硫化物。

海洋生态：叶绿素 a、浮游植物、浮游动物、底栖生物、潮间带生物、鱼卵、仔鱼。

（2）监测频率和时间。海洋水质在施工期内每年的春季或秋季进行大、小潮期的监测。运营期至少在一年的春季和秋季进行一次大、小潮期的监测，以后可根据前几次的监测结果，适当加大和减小监测频率。

沉积物在施工期监测一次，运行期每两年监测一次，以后可根据前几次的监测结果，适当加大和减小监测频率。

海洋生态在施工期内每年的春季或秋季进行大、小潮期的监测。运营期至少在一年的春季和秋季进行一次大、小潮期的监测，以后可根据前几次的监测结果，适当加大和减小监测频率。

3）湿地生态调查与评估

在生态湿地及周边海域，每年进行一次水环境质量、湿地面积、鸟类数量、植被恢复面积等的调查监测，分析项目实施范围内的生态系统的特征变化情况，包括对恢复区植被和湿地生态系统中动物、植物以及自然环境的特征。

7.2 滨州市海洋生态保护修复项目

滨州市位于山东省北部，处于渤海湾西南岸、黄河三角洲腹地，是渤海湾与黄河三角洲两大重要生态系统功能区叠加处，拥有海岸线长 126.44 km，是黄河三角洲的重要组成部分，域内入海河流众多。但是近年来，滨州近海海域受自然和人为两种因素影响，作为宝贵海洋自然遗产的滨海湿地生态系统受到了严重的侵袭和破坏，且有不断持续和加重之势，因此开展海洋生态修复。

7.2.1 项目概况

项目地位于滨州市沾化区北部海域，西临滨州港，东侧与东营市交接。滨州市沾化区属典型的淤泥质海岸，现有海岸线 77.28 km。岸线利用类型包括养殖岸线、矿产能源岸线两种，其中养殖岸线长 64.59 km，多分布在套尔河东岸、潮河河岸、湾湾沟河岸、草桥沟河岸及新挑河河岸；矿产能源岸线长 12.69 km，主要分布在大义路以南的套尔河东岸和海防盐业用海区。本项目工程范围包括套尔河河口至顺江沟段海洋生态修复和顺江沟至潮河河口段海洋生态修复两部分，工程区海域位置如图 7-13 所示。工程区是典型河口生态系统，主要入海水系有套尔河、顺江沟和潮河，套尔河为徒骇河与秦口河交汇后的入海水道。

图 7-13 本项目海域位置图

7.2.2 主要生态问题

7.2.2.1 生态环境现状

工程区河流入海口海水盐度在22.3‰～31‰，pH值在7.6～8.4。规划用海区周边海域海水COD、活性磷酸盐、无机氮、油类等均出现不同程度的超标现象，其中无机氮和磷酸盐超标较为严重。2018年滨州市近岸海域呈富营养化状态的海域面积平均为916.44 km^2，占全市海域总面积的45.82%。

规划用海域沉积物除秋季部分站位镉和硫化物超标外，各调查因子基本符合海洋沉积物质量标准要求，沉积物质量良好。

沿岸河口区营养盐丰富，浮游生物众多，为著名的鱼虾产卵场和索饵区。沿海滩涂资源丰富，主要有海盐及盐化工原料、丰年虫及虫卵、海贝类、沙蚕、鱼虾蟹类、沿海植物(芦苇、红荆条、油蒿、卤蓬)等，滩涂开发利用率已达44%以上。

7.2.2.2 生态问题分析

1) 滨海湿地生态系统受损

自20世纪80—90年代人工养殖和盐田生产活动大范围开展以来，滨海湿地、滩涂范围被逐渐侵占，原始生态环境被改变后，滨海湿地、滩涂底栖生态系统等逐渐向河口海湾方向发展，但规模及质量远远低于原始状态。尤其是互花米草引入黄河三角洲后，在黄河口、套尔河河口等沿海滩涂区快速扩张，严重挤压了本地滩涂植被盐地碱蓬、芦苇等的生存空间，造成当地滩涂生物文蛤、沙蚕等底栖生物大面积退化，珍稀鸟类觅食、栖息场所被破坏，给本就生存空间严重受限的滨海生态系统造成了新的威胁。

2) 水体交换受阻

套尔河河口至顺江沟段海域海水与外侧海域完全封闭，仅通过两个闸站进行海水的调换调节，远远不能满足内部水体的交换与流通，造成部分海域水质富营养化、水体恶化；顺江沟至潮河河口段外侧海水乘潮涌入，退潮时堤内海水受围堤阻隔难以完全退却，水体交换不畅，海水所携泥沙悬浮物在堤内沉积，造成围堤海域沉积严重(图7-14)。

图7-14 工程区海堤现状图

3) 互花米草入侵

滨州市互花米草主要分布在无棣县套尔河西岸、北海经济开发区潮河北岸和沾化区潮河西岸、套尔河东岸，面积约为 483 hm^2，部分区域密度较高，入海河口尤其严重，河口大部分区域密度高，近岸区域相对分散，处在入侵初期(图 7-15)。由于存在各段治理时间不同以及周边存在未治理区域，造成周边互花米草种子随潮流进入已治理区潮滩，局部治理区治理后再次复发，治理工作仍具有长期性、复杂性和系统性。

图 7-15 工程区互花米草现状图

4) 盐沼植被退化

套尔河河口目前基本被盐田和养殖池塘侵占，在围填海区之前，盐地碱蓬分布广泛，而目前围填海及盐田开发活动造成了滩涂盐地碱蓬大面积退化，盐地碱蓬基本消失殆尽，仅部分区域留存零星群落，密度和盖度均较低。

7.2.3 生态修复方案

7.2.3.1 总体设计思路

针对项目海域存在的现状问题进行分析，分别采取对应措施进行有针对性的修复，通过有层次、有步骤的修复方案，实现区域海洋生态系统的修复，恢复海洋生态系统多样性，为过境候鸟和当地滩涂鸟类提供良好的栖息环境。主要修复思路包括：①通过打通水体交换通道和围垦拆除等水动力修复措施，改善滨海湿地生境；②互花米草外来入侵物种清除；③盐沼、牡蛎礁等典型生态系统恢复；④恢复滨海湿地生物多样性。经生态修复后，恢复河口海湾生态功能和区域生物多样性，增强海洋碳汇能力和生态减灾能力。

(1) 水动力修复思路。通过拆除部分内隔堤和围堤，并设置水体交换通道，连通围堤内外水体，恢复围堤内水域水体自然交换，通过改善修复区海域环境和水动力条件，促进滨海湿地的自然恢复。

(2) 互花米草治理思路。主要针对套尔河河口东岸的互花米草入侵区进行治理，对分布相对密集的区域采取的治理措施为刈割＋翻耕＋围淹，对分布相对零散的区域采取的治理措施为机械挖除＋深埋。

(3) 盐沼修复思路。本项目位于套尔河河口与潮河河口区域，涨潮时海水由外海进入河口感潮河段，海水可漫过滩面，低潮时海水水位降低，上游河道来水进入盐沼区，工程区底质基本为泥沙质，属自然盐沼属性。因此，盐沼植被选型为盐地碱蓬、芦苇等，均为本土盐沼优势植物，根据历史遥感影像分析结论，当地历史上大量分布盐地碱蓬，现状仍有盐地碱蓬群落存在，芦苇群落生长良好，恢复后盐沼生态功能、结构、物种多样性等基本与原生盐沼相似。

(4) 牡蛎礁修复思路。本地区有大量天然牡蛎分布，但由于项目区为泥沙质滩涂，缺乏牡蛎礁发育的附着基，而现有人工抛石堤坝上均自然生长野生牡蛎，因此可人工投放牡蛎礁固着基，牡蛎即可自然附着与发育。

7.2.3.2 修复设计方案

1) 总体设计方案

本项目修复 3 924 hm² 海域海洋生态系统，划分为套尔河河口至顺江沟段海洋生态修复和顺江沟至潮河河口段海洋生态修复两部分。套尔河河口至顺江沟段海洋生态修复主要包括水动力修复、互花米草治理、盐沼修复、牡蛎礁修复和微地形塑造等内容；顺江沟至潮河河口段海洋生态修复主要包括水动力修复、互花米草治理和盐沼修复三部分。图 7－16 为项目总体布置图。

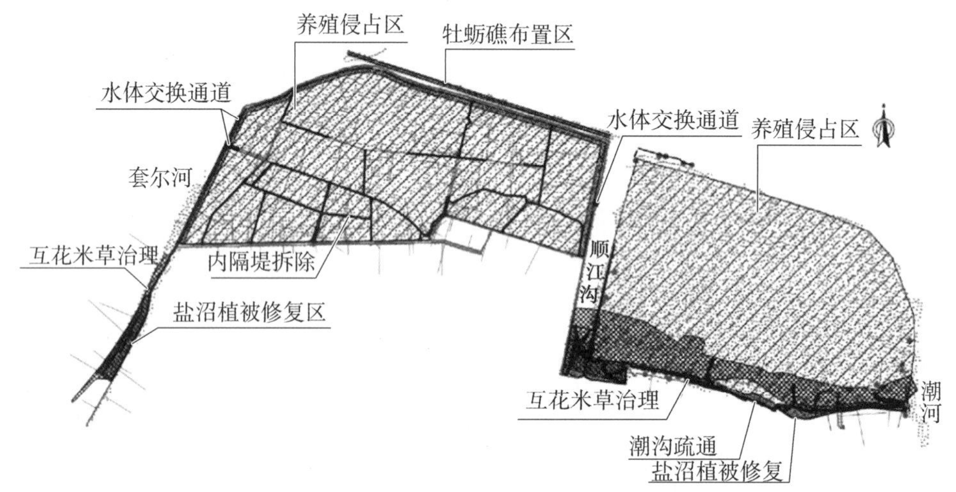

图 7－16 项目总体布置图

本项目通过打通水体交换通道、拆除围堤等水动力修复措施实现退养还湿 3 760 hm²，开展外来入侵物种互花米草治理约 434.6 hm²，盐沼修复约 271 hm²，牡蛎礁修复约 30 hm²。

2) 水动力修复方案

(1) 围堤拆除和水体交换通道(图 7－17)。为恢复海域整体性，对工程区内隔堤进行拆除，考虑到盐沼修复的需要，对部分坝梗予以保留。套尔河河口至顺江沟段内隔堤拆除总长度约 24.2 km，恢复围堤内 1 760 hm² 水域水体自然交换；顺江沟至潮河河口段拆除围堤长度为 2.4 km，恢复 2 000 hm² 滩涂水域水体自然交换。

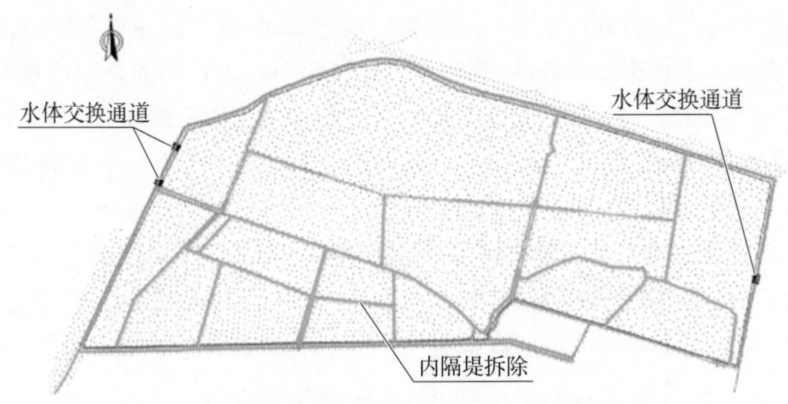

图 7-17 套尔河河口至顺江沟段水动力修复平面图

水体交换通道方案：在套尔河河口至顺江沟段西堤、东堤分别设置两处和一处水交换通道。西堤两处水交换通道靠近外海侧，间距为 500 m，通道过水断面宽 40 m；东堤水交换通道靠陆地侧，通道过水断面宽度为 60 m，通道均以管涵结构形式一直处于打开状态。

项目修复措施实施后，套尔河河口至顺江沟段 15 d 后围堤内水交换率整体大于 70%；顺江沟至潮河河口段 30 d 后靠近外海侧水体交换率介于 90%～99%，整体水域水体能力增加。

(2) 潮沟重建(图 7-18、图 7-19)。套尔河东岸有沿围堰南北走向的自然潮沟，长度约

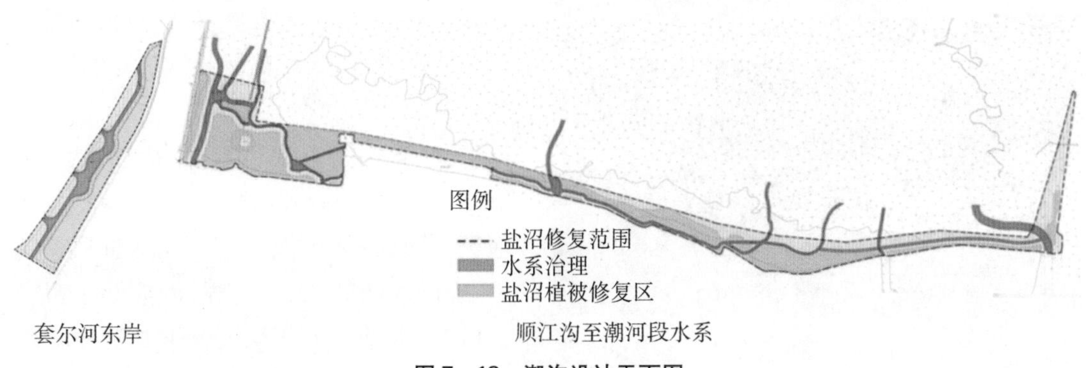

图 7-18 潮沟设计平面图

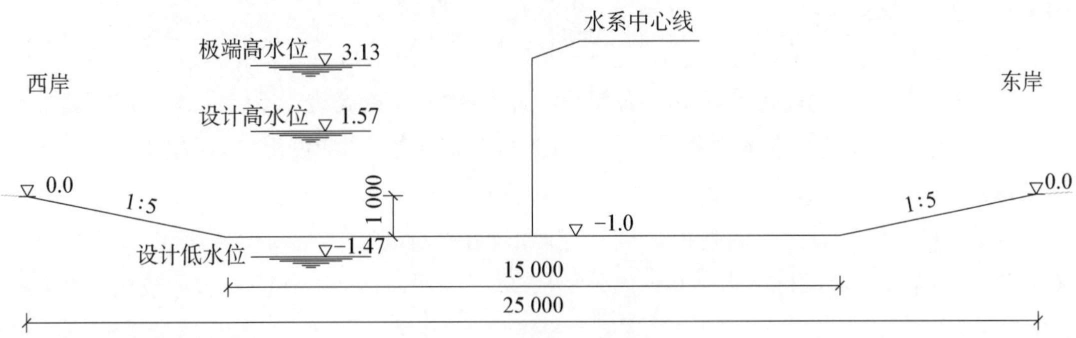

图 7-19 潮沟设计断面图

1.5 km,最大宽度约 6.9 m,深度不足 1 m,低潮时少量积水,套尔河东岸为河漫滩,整体宽度约 0.2 km,高潮时海水可淹没河漫滩,潮沟发育比较简单。水系平面走向以现有潮沟为准,局部区域进行适当拓宽,以提高水体流动能力,水系治理采用梯形断面,底宽为 15～30 m,坡度为 1∶5。根据现状地形及潮位情况,水系治理底高程定为－1.0 m,保证修复完成后的潮沟既具有稳定的边坡,又具有一定的纳潮量。

顺江沟至潮河段水系发育比较成熟,有平行于围堤的主要潮沟,长度约 11.5 km,宽度在 2～20 m。依托现有潮沟进行,在现有潮沟尺寸及走向基础上进行适当拓宽,满足盐沼湿地修复需要,该区域水系底宽 7～24 m,底高程为－1.50 m,水系设计边坡坡度采用 1∶5。

3) 互花米草治理方案

套尔河河口东岸互花米草分布面积约 50.35 hm^2,该区域互花米草为多年生苗,分布相对密集的区域面积为 26.8 hm^2,分布相对零散的区域面积为 23.55 hm^2。对分布相对密集的区域采取的治理措施为刈割＋翻耕＋围淹,对分布相对零散的区域采取的治理措施为机械挖除＋深埋。

(1) 在互花米草生长季节 6—8 月采用履带刈割机进行地上部分的刈割(地上 5～10 cm 处开始刈割),确保其开花季节不能够正常授粉和繁育种子,留茬高度小于 10 cm,施工期间注意潮汐涨落规律,尽量利用落潮的短暂时间进行刈割。

图 7－20　水陆两栖翻耕作业机

(2) 刈割完成后,利用履带式或浮筒式翻耕机对土壤进行翻耕,翻耕深度不小于 30 cm,翻耕次数 3～5 次,起到对根部高度破坏的作用,降低互花米草根茎复生率(图 7－20)。

(3) 8—11 月,刈割、翻耕完成后,在 26.8 hm^2 的集中分布区外围对现有破损围堰进行加固,使围堰具备一定的抗风浪能力,确保水淹效果。围淹时间应 3 个月以上(12 个月更佳),为保证互花米草清除率,本项目淹水保持 12 个月,淹水深度 40 cm,确保互花米草清除效果。

4) 微地形塑造方案

(1) 河口东岸。自现有堤坝高程 1.5 m 处向外延伸,保持高程 1.5 m 形成一定宽度的盐沼空间,在向海边缘处与水系之间采用 1∶20 坡度缓坡顺接,形成漫滩区,高程 1.4 m 以上区域满足盐地碱蓬的生长适宜条件。

(2) 围堤内侧。对围堤内盐沼区域进行地形改造,自现状 2.0 m 标高处起,以 1∶20 坡度放坡至标高 1.0 m,保持标高 1.0 m 向外形成 23 m 宽漫滩区,再以 1∶5 坡度放坡至现状标高处。

(3) 高潮滩基质改造。围堤外侧结构采用500 mm厚植生格宾网箱结构，由外向内依次铺设两片石垫层、碎石垫层，格宾网箱和两片石垫层接触面铺设一层双向土工格栅，土工格栅与格宾网箱绑扎紧密，提高格宾网箱整体稳定性，碎石垫层与原土体之间铺设两层土工布。对位于原泥面以下部位采用灌砌块石，提高结构稳定性和抗冲刷能力，从而提高修复区域的防灾减灾能力。

5）盐沼修复方案

套尔河河口至顺江沟段盐沼修复总面积145 hm^2，河口东岸盐沼修复36.25 hm^2，围堤内侧盐沼修复66.51 hm^2，内隔堤盐沼修复20 hm^2，高潮滩以上植被修复19.61 hm^2，北侧现有围堤修复850 m。顺江沟至潮河河口段盐沼修复面积为126 hm^2，其中盐沼植被修复63.77 hm^2，水系治理面积约为62.23 hm^2。

(1) 河口东岸。盐沼植被修复区位于改造后主水系与河口东岸现有围堤之间、高程1.4 m以上区域，宽30～120 m，长约1 600 m，修复面积13.21 hm^2。此处植被修复以盐地碱蓬为主，在有淡水汇入的潮沟边缘位置，少量带状种植芦苇。

(2) 围堤内侧。围堤内植被修复以盐地碱蓬为主，在高程0.7～1.0 m混播盐角草、盐地碱蓬，在高程1.0～1.5 m混播盐地碱蓬、芦苇，在高程1.5～2.0 m种植多年生宿根植物芦苇，以此增加植物多样性。

(3) 高潮滩以上。在植生格宾网箱植物固着基内混播植物，其中标高1.15～2.5 m区间内混种盐地碱蓬、盐角草，标高2.5 m以上区域混种芦苇、盐地碱蓬。围堤内侧高潮滩以上在加筋麦克垫植物固着基底部种植植物，在高程2.0 m以上、坡比1∶3的坡面上种植芦苇，靠近堤顶处少量带状种植艾草；坡肩处种植灌木柽柳、罗布麻。

6）牡蛎礁修复方案

(1) 牡蛎礁设计。本工程区牡蛎礁位于岸滩最北侧，海洋动力较强，采用块石礁体和混凝土块体结构的“牡蛎城堡”建造方式。采用双层平行堤斑块式礁体修复布设方式，沿海堤外侧布置，总长约5 000 m，总修复面积约30 hm^2，其中礁斑面积约为12 hm^2。

牡蛎礁外层采用400～500 kg块石进行破浪消能的作用，外侧礁斑尺寸为80 m×20 m×2.1 m，礁斑间距为40 m，内侧礁体距外侧礁体20 m，设置双层“牡蛎城堡”，采用预制混凝土构件，“牡蛎城堡”外侧采用2.4 m宽400～500 kg块石防护，单个“牡蛎城堡”构建尺寸为80 cm×80 cm×0.6 m，礁斑尺寸为40 m×20 m×1 m。相关剖面图如图7－21和图7－22所示。

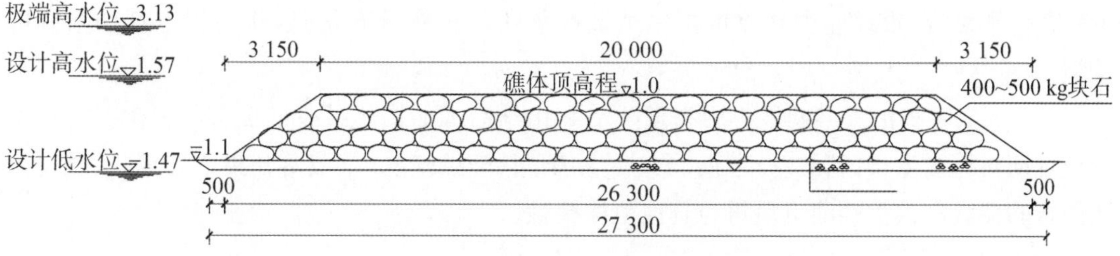

图7－21 外侧大块石牡蛎礁体剖面图

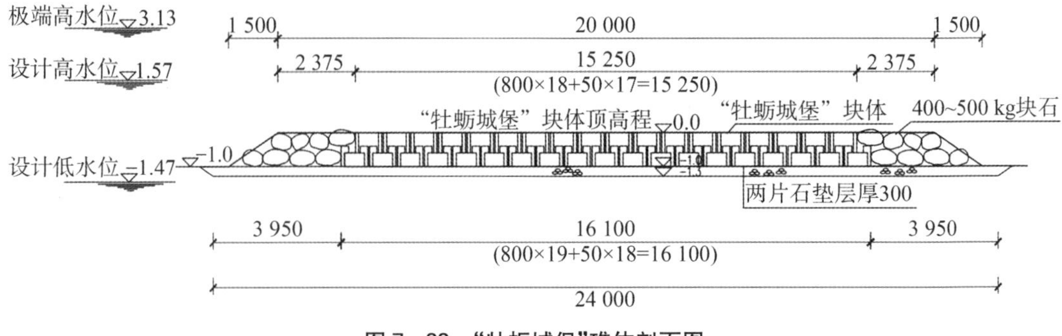

图 7-22 “牡蛎城堡”礁体剖面图

(2) 品种选择。项目海域的养殖牡蛎品种主要为长牡蛎和近江牡蛎两种，区域为长牡蛎(沾化海域本土牡蛎)适生区，因此本项目牡蛎礁修复补充的牡蛎品种为长牡蛎。

(3) 牡蛎投放。牡蛎礁体恢复播苗密度可根据已有牡蛎密度进行投放，滩涂播养、阀式养成和投石养殖等投放密度约为每 667 m^2 播种 1 万粒。

7.2.4 监测与效果评估

1) 互花米草治理监测管护方案

(1) 巡查和监测。在互花米草治理期间，考虑互花米草入侵问题，对项目区外互花米草可能入侵的区域进行防护，一经发现再入侵或萌发的互花米草，应在其零星分布时采取人工措施将其地上植株和地下根部全部拔除。

(2) 监测评估。跟踪监测评估包括互花米草治理效果、生物多样性、水质、土壤等方面的系统监测，实施期 3～4 年，全面监测研究生物多样性在工程实施后的变化和演替规律，监测评估工程实施的效果。

(3) 维护巩固。根据试验完成后监测评估情况，对试验区内治理效果不理想区域加以维护巩固，保证项目全过程的完整性和统一性。

建立长效管护机制，稳固治理成效，防止再次入侵，对工程区进行盐沼修复，构建良好的盐沼生态系统。

2) 盐沼植被监测管护方案

(1) 管护方案。后期管护需根据植被群落物种生态习性和水盐条件的变化制定具有针对性的管护措施，由于目前阶段难以判断修复区盐沼群落的演替结果，建议将管护和修复区的跟踪监测结合，跟踪监测按季度提供植被群落的物种和分布信息，作为指定管护措施的依据。

(2) 病虫害防治。早期推荐用物理防治和化学治理的措施减少病虫害的发生。管护期间应定期对植被生长情况进行巡视，及时清除染病、染虫植株，枯枝落叶集中处理，接触过染病植株的器具和人手经消毒后再与其他植株接触。

3) 牡蛎礁监测管护方案

(1) 限时限捕政策。对项目修复区域(沿护堤向海一侧 30 hm^2 海域)制定严格禁捕区，防止对修复牡蛎礁的潜在破坏。对项目修复区外围海域，制定明确采捕时间，采捕规格和采捕总量可保证牡蛎的可持续产出。禁止采捕处于生长初期或者规格较小的牡蛎。采捕总量的制定必须对当地海洋资源进行详尽调查，充分掌握牡蛎的分布范围、密度大小和年龄组成等后进行。

(2) 管护方案。牡蛎礁修复工程结束后1个月内，进行牡蛎礁区面积测量及GPS定位，绘制牡蛎礁分布的数字地图，并在礁体四周设置明显标志，每年至少开展一次常规维护，遇灾害事件过后应增加一次应急维护。

检查人工牡蛎礁体完整性和稳定性情况，对发生倾覆、破损、移位的人工礁体采取补救和修复措施。检查牡蛎礁表面及四周泥沙淤积和杂物堆积情况，视淤积程度开展相应的清洁维护工作。

在养护期内，若遇到极端天气造成牡蛎苗种附着差或脱落应及时补充，项目管护到期后应能达到批复实施方案绩效表中关于牡蛎礁生态系统面积增加率不小于30%的指标要求，且牡蛎礁根据相关技术规程处于"稳定"指标状态。

4) 效果评估

本项目开展详细的跟踪监测，并根据修复区域的本底信息、修复目标和监测数据开展定量的评估。基于跟踪监测，项目效果评估目的主要是通过监测手段分析项目实际实施内容与考核指标的符合性，评价项目实施的完成情况与实施效果。

7.2.5 效果分析

本项目通过对河口湿地生态系统进行生态修复，项目实施后，保护修复区域内盐沼修复区植被覆盖率将达到60%，盐沼生态系统面积增加率将达到60%，牡蛎礁生态系统面积增加率将达到30%。项目区不仅能够为水禽提供丰富的食物来源，繁茂的植物群丛也可以为水禽提供栖息繁殖所必需的安全空间，对于丰富生物多样性和增加生态系统的稳定性、调节当地气候、涵养水源、固碳造氧具有重要的意义。同时，本项目塑造了具有特色的滨水城市空间生态循环形象，提高了海洋生态系统的服务功能，有效改善了滨州地区海岸生态环境，满足人们休闲度假、观光旅游、养生保健、生物观察研究的需要，完善滨海岸线的完整和功能，促进人与滨海环境二者的融合统一，成为市民生态旅游、娱乐休憩、享受自然景观的重要场所。

7.3 梅山湾互花米草治理项目

7.3.1 项目概况

本项目位于宁波市北仑区梅山湾区域，地处浙江省"三港一湾"重要组成部分，是宁波舟山港的核心区，也是宁波城市海陆生态走廊上的重要节点，有海岛、海湾、滨海盐沼等典型生态系统，自然资源丰富(图7-23)。梅山湾"两岸三片"入海径流较多，导致湾内水体淡化明显，富营养化严重并导致赤潮频发，互花米草入侵，盐沼生态系统服务功能减弱，海洋环境压力较大。因此，亟须开展海洋生态保护修复治理，保障海洋生态安全，提高海洋生态系统质量。

本项目通过互花米草清理、盐沼生态系统重建和堤岸生态化改造，恢复梅山湾两岸滨海滩涂植被多样性，恢复海堤生态，优化梅山湾滨海盐沼生态系统功能。

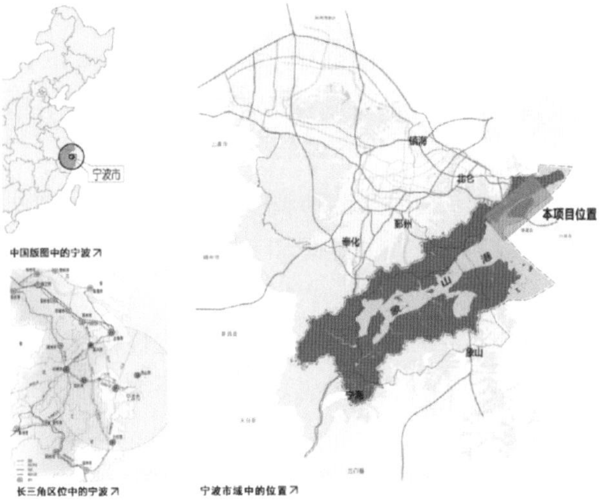

图 7 - 23　本项目位置图

7.3.2　主要生态问题

1）互花米草入侵导致本地盐沼生态系统受损

盐沼生态系统具有较大的生态服务功能，包括供给服务、调节服务、支持服务、文化服务等生态系统服务功能。梅山湾两侧互花米草入侵中高潮位盐沼，通过淤积使盐沼涂面抬高，进一步向周边扩展，极大地改变了原生盐沼生态系统结构，从而引起盐沼生态系统服务功能的变化。随着滩面淤涨，高程逐年增加，外来物种互花米草扩张迅速，形成优势种群，挤占其他动植物的栖息地；另外，互花米草与本地滩涂植物竞争生长空间，进一步导致滩涂植物的生长空间不足，对当地生物多样性造成威胁（图 7 - 24、图 7 - 25）。

图 7 - 24　梅山湾内被互花米草完全侵占的滩涂

图 7 - 25　外来入侵互花米草大量繁殖

2) 硬质海堤结构导致滨海湿地减少,岸线生态功能退化

为了加强海堤防护,建设的人工硬质堤坝在控制岸线后退、抵御台风风暴潮等海洋灾害侵袭的同时,也改变了自然岸线的长度、形态、景观和生态功能,破坏了海岸原有的动植物群落和自然景观,中断了陆海过渡带的生物廊道和生态缓冲带,导致海堤结构功能单一。

3) 植物种类单一,湿地生态多样性有待提升

除保护生物多样性、调节气候、净化水质、调节径流等生态功能之外,滨海盐沼湿地还具有观赏游憩、科普教育、科学研究等功能,其更强调滨海湿地生态的多样化特色。而梅山湾两岸及湾外滨海滩涂目前植被均以互花米草为优势种,互花米草的大面积分布及其致密、高达1～3 m的特性,使得梅山湾滨海滩涂景观极为单一,湿地生态多样性有待提升。

7.3.3 生态修复方案

7.3.3.1 总体设计思路

本项目针对梅山湾互花米草大范围入侵、海岸带生态功能较弱等问题,以生态自我恢复能力为内在动力,以生态友好的人工措施为辅助,重塑梅山湾本地海岸带生态群落,提升梅山湾海岸带生态系统结构与功能,形成水清、岸绿、滩美、物丰的魅力生态梅山湾。

1) 互花米草清除

采用现场踏勘、无人机航拍等手段,了解、分析本项目区域环境特点、互花米草分布的现状及特征;结合本项目互花米草分布特征、目前比较成熟的互花米草治理技术的适用条件,经过经济、效果、工期等综合比选,选取最佳治理措施清除外来入侵物种互花米草,为恢复本地海岸带生态群落形成基本的生长条件。

2) 梅山湾生态功能定位

综合梅山湾的相关功能规划定位,在分析本项目现状滩涂地形、生态环境及周边设施生态情况,提升梅山湾整体海岸带生态系统服务功能的基础上,由南到北重点塑造生物多样性良好、生态与景观协调的蔚蓝水岸、浪漫花岸、生态绿岸三大生态功能服务区(图7-26)。

图7-26 总体布置方案示意图

3) 海岸带生态系统的优化

为实现本项目区域的生态功能定位,对海堤生态化和堤前滩涂盐沼植被群落构建进行协调设计。在海堤的生态化区域,在保证海堤堤防功能的前提下,结合生态功能区的分布,采用生态材料,通过微地形塑造、植被种植等措施形成生态空间。在堤前滩涂区域,通过水系沟通、微地形塑造、盐沼植被群落恢复等措施,初步恢复本地盐沼生态

系统的同时，有意识地通过植被选种、地形塑造等协同提升三大生态功能区的生态与景观效益。

7.3.3.2 修复设计方案

1）总体设计方案

根据工程区域生态问题和建设指标，本项目主要包括互花米草清理、盐沼生态系统重建和堤岸生态化改造。在互花米草清理的基础上，通过水系沟通、微地形塑造和植被群落构建，实现盐沼生态系统重建和堤岸生态化改造，提升梅山湾整体海岸带生态系统服务功能。

项目包括互花米草治理面积 145.90 万 m^2，盐沼生态系统重建面积 141.45 万 m^2，海堤生态化改造长度 13.3 km，堤岸覆绿面积 17.56 万 m^2。

2）互花米草清除方案

本项目共清除互花米草 145.90 万 m^2，可划分为梅山湾内、梅山湾外两部分。梅山湾内清理面积 111.53 万 m^2，采用刈割＋翻耕或覆土的方案；梅山湾外清理面积 34.37 万 m^2，采用人工刈割＋人工翻耕的方式清除。清除布置如图 7－27 所示。

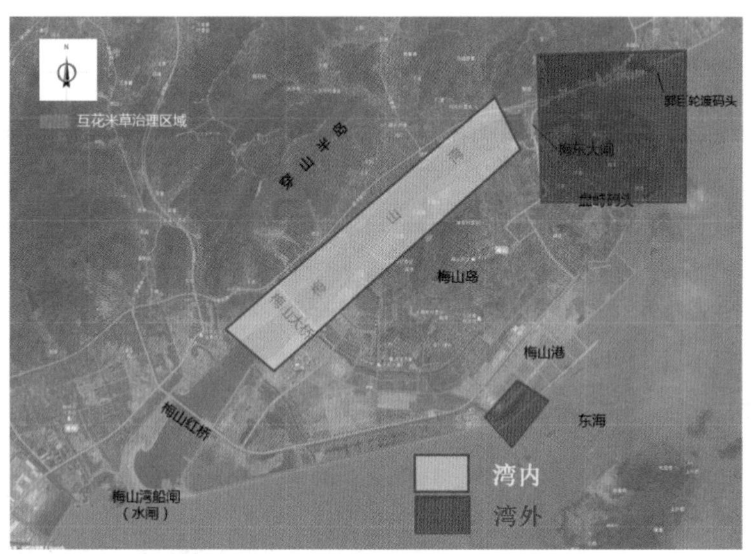

图 7－27 本项目互花米草清除布置图

互花米草刈割时间宜选在互花米草扬花期（梅山湾互花米草扬花期为 8—9 月）。互花米草的刈割主要以机械设备刈割为主，湾内高程 0.5 m 以下互花米草分布区域局部机械难以到达的区域采用人工刈割。刈割留茬高度不超过 10 cm。

在刈割完成后 10～15 d 内进行翻耕或覆土以破坏互花米草根系。根据梅山湾内互花米草基底特点，泥质区域采用机械（装配有旋耕机）翻耕，翻耕深度不小于 50 cm；海堤镇脚区域结合堤岸生态化改造工程，上覆种植土，种植土厚度约 50 cm。

3）水系沟通和微地形塑造方案

针对梅山湾互花米草治理区内水体交换较弱的现状，本次通过水系沟通、微地形塑造方式,改善水生态环境基底。

水系开挖宽度 2～70 m,开挖底高程为－0.5～0.0 m。水系开挖土方就近回填至植被种植区域用于微地形塑造,实现区域内的土方平衡。土方平衡后根据植物生长特性,在非水生植物区铺设 30 cm 厚度的种植土,并在临水坡面铺设土工格室防止水土流失。不同区域湿地岛屿及滩涂回填高程根据现状地形及对应植被种植要求综合确定。

堤岸生态化改造区域微地形塑造是在清表的基础上,回填 50 cm 种植土＋3 cm 营养土,构成完整的植被生长基底。

4) 盐沼生态系统重建和堤岸生态化改造方案

梅山湾内植被群落构建统筹考虑盐沼生态系统重建、堤岸生态化改造两部分,其中盐沼生态系统重建植被面积约为 67.34 万 m²,堤岸生态化改造植被面积约为 17.56 万 m²。

本项目主要修复区域分为蔚蓝水岸、浪漫花岸、生态绿岸三个主题。根据基底土壤、水和盐碱环境特征,依次选择耐盐碱的水生植物、地被植物与乔灌植物类,以提高盐碱环境植物存活率、营造多样的临水生态系统(图 7－28)。在此基础上,考虑"观海""观花""观林"主题色彩各异、观赏高度逐渐递增的立体生态景墙。

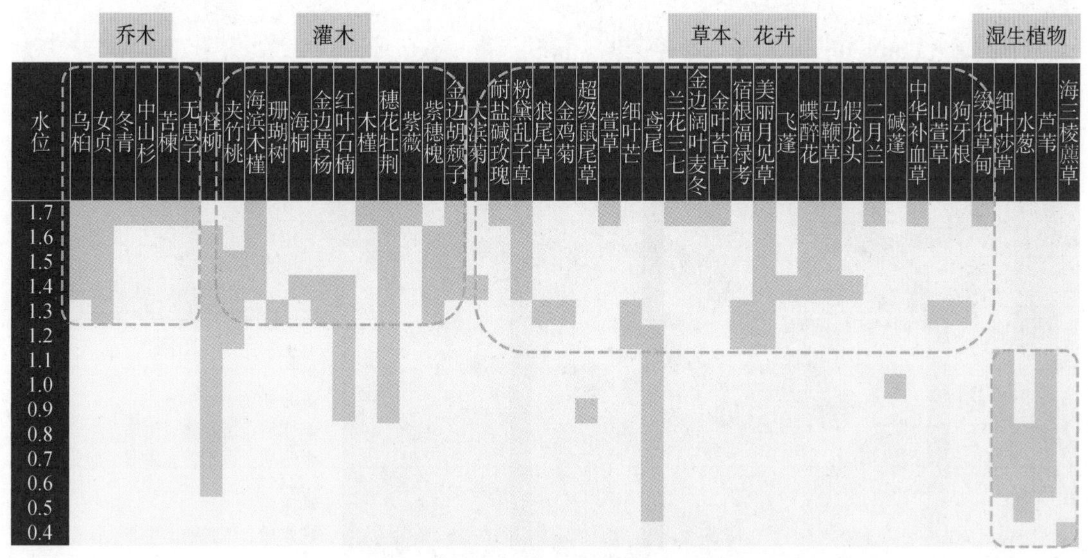

图 7－28　本项目生态修复植被选种

7.3.4　监测与效果评估

1) 互花米草清除监测

本项目互花米草清除后采用无人机巡视搭配人工巡视的方式进行互花米草清除后的监测,监测范围为本项目互花米草治理范围,监测时间为互花米草清除至植被养护期结束,频次为每月一次。

治理区内及附近 100 m 范围内,一旦发现互花米草,如出现零星发生的新发植株,应采用人工拔除和挖掘方式及时治理；如出现斑块状种群，宜结合现场情况，通过人工或机械措施进行刈割＋翻耕的措施及时治理。

2）海洋环境监测

在项目附近共布设 38 个调查站位，包括海区调查站位 19 个、汇流区调查站位 11 个、河流区调查站位 8 个。

主要监测内容包括：

水文气象要素：风速、风向、水深、透明度、海况等。

水质要素：水色、水温、悬浮物、盐度、pH 值、溶解氧、化学需氧量、活性磷酸盐、硝酸盐、亚硝酸盐、铵盐、活性硅酸盐等。

生物要素：叶绿素 a、浮游植物、浮游动物、底栖生物、渔业资源。

沉积物要素：油类、硫化物、重金属等。

监测站位布置如图 7－29 所示。

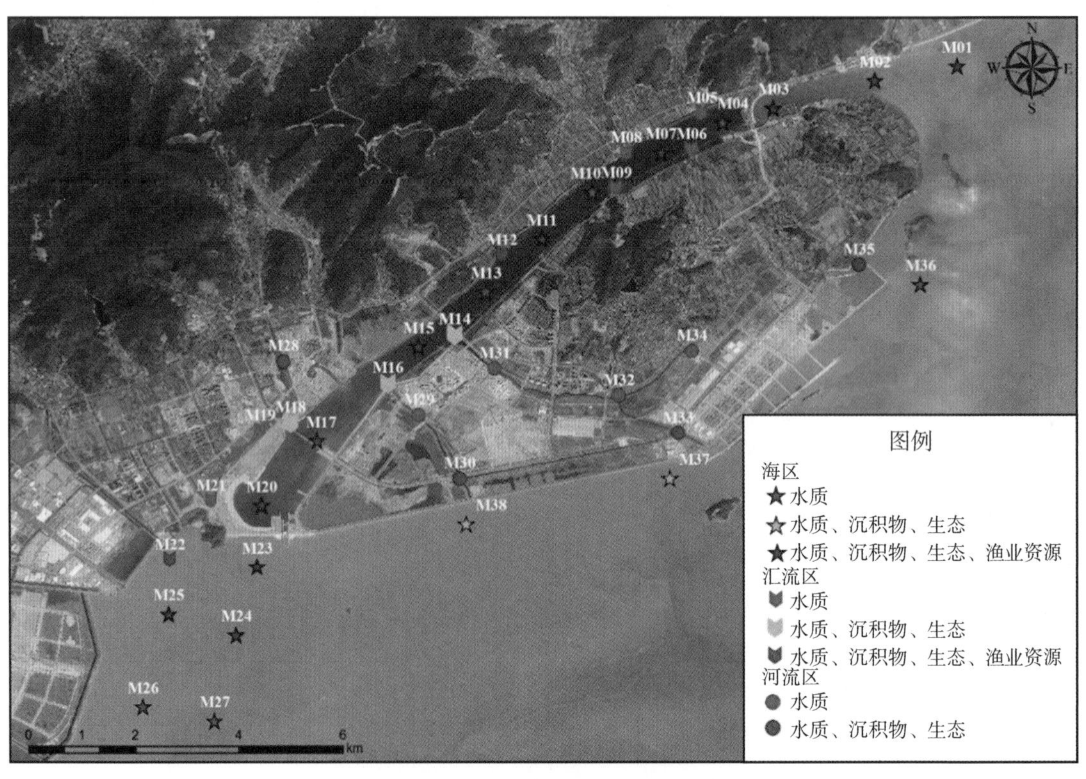

图 7－29　监测站位布置图

3）效果评估

综合运用恢复生态学、生态系统服务价值评估、层次分析法等理论方法，提取具有滨海城镇特色的海岸带生态修复效果评价指标，建立滨海城镇生态修复效果评价体系，以期综合评定梅山湾生态修复工程实施后效果。

7.3.5 效果分析

本项目针对梅山湾互花米草大范围入侵、海岸带生态功能较弱等问题，以生态自我恢复能力为内在动力，以生态友好的人工措施为辅助，通过清理互花米草面积 145.90 万 m^2、重建盐沼生态系统面积 141.45 万 m^2、堤岸生态化改造长度 13.3 km 等措施，重塑梅山湾本地海岸带生态群落，提升梅山湾海岸带生态系统结构与功能，形成水清、岸绿、滩美、物丰的魅力生态梅山湾(图 7－30)。同时，本项目实施后改变了当地海湾生态不足的现状，塑造了生态可持续的海湾、滩涂和湿地空间，为广大人民群众创造了优美、舒适、和谐的自然生活环境，满足当地人民不断提高的精神文明和生活水平需要，产生了良好的社会效益。

图 7－30 修复后项目现场实拍图

7.4 连云新城滨海湿地修复项目

7.4.1 项目概况

为了整合连云港市连云新城滨海区域的滩、海、岛等景观要素，打造鸟类栖息地，同时为市民提供一个集生态性能与活力景观于一体的滨水城市生活空间，拟开展连云新城滨海湿地修复项目。修复工程的范围为三洋港闸以下、临洪河东岸滩涂湿地，面积约 310 hm^2(其中养殖水面约 215 hm^2)，滩面标高 2.00～4.00 m。项目建设内容包括水系构建、植被修复以及海堤生态化建设等。连云新城滨海湿地修复项目位置如图 7－31 所示。

7.4.2 主要生态问题

临洪河口的开发利用始于 20 世纪 50 年代，即围垦后的粮食种植；20 世纪 80 年代，开发利用过渡到盐田生产和港口建设等二产开发；21 世纪，填海造地、渔业养殖等城市用地功能被引入该区域，湿地系统出现萎缩。其中，临洪河口东侧、现有河闸北侧及连云新城三期围堤西侧海域滩涂，目前为大面积的围塘养殖。临洪河口以围垦养殖为主的湿地资源利用形式属于高端资源的低端利用，盲目围垦改变了天然湿地用途，直接造成湿地面积减少、功能退化。

图 7-31 连云新城滨海湿地修复项目位置

1) 水质污染程度趋于上升,湿地生态功能逐步退化

目前临洪湿地东侧有近 700 hm^2 的滩涂养殖污水排入该次实施的临洪湿地范围,污染湿地水质,不仅使水质恶化,还对湿地的生物多样性造成严重危害。

2) 不合理开发时有发生,湿地资源不断萎缩

该次实施的临洪湿地范围有约 215 hm^2 的滩涂养殖水面,滩涂植被破坏殆尽,养殖使得湿地的供水能力和生态系统受到严重影响,造成湿地面积丧失和功能退化。

3) 外来有害生物入侵,对湿地生态系统构成威胁

由于固滩需要引进的互米花草大量繁殖,侵占了当地物种的生存空间。一个稳定的生态系统是经过长期自然选择的结果,物种之间相互制约,并能维持其物质循环和能量流动过程,对外界干扰具有一定的自我调节能力,以恢复其动态平衡。互米花草的大肆扩张蔓延,使食物链各能量营养级的组成发生变化,导致生态平衡被破坏,甚至造成本地生物的灭绝。

4) 海岸线人工化,生态功能缺失

连云新城填海造地工程完成后,形成了外侧人工硬质堤坝。硬质海堤改变了自然岸线的长度、岸线形态,由此导致海岸带生态系统被破坏,以及自然岸线的景观、污染物净化等功能的丧失等问题。

7.4.3 生态修复方案

7.4.3.1 总体设计思路

水产养殖带来的污染是主要威胁因子,该区为重要的生态保护区,整体设计以“退养还湿,退塘还滩”的环保优先及和谐共赢为建设理念,进行生态修复时,力求保持该区域原貌,

考虑适当将现有鱼塘退还为浅水滩地，重现滩涂、河流、湖泊等自然形成景象。主要修复思路如下：整合利用现有的鱼塘、围堰等环境要素，通过水系构建和植被修复来进行环境打造，对自然生态系统进行重新塑造与整合，集生态减灾功能与活力景观于一体。一方面，充分发挥湿地生态系统消浪弱流、促淤固岸、防洪蓄水等减灾功能，构建湿地生态屏障，有效降低和缓解灾害冲击烈度，提高湿地的抗灾及减灾能力；另一方面，呈现理想生态活力湿地保护区，为市民提供绿色的生态城市生活空间，为城市创造具有包容力的多元栖息地。

7.4.3.2 修复设计方案

设计整体考虑利用现状鱼塘肌理营造湿地景观，通过海岸带生态湿地水动力修复技术——退养还湿和水系连通、海岸带生态湿地植被修复技术——湿地生态绿化、海岸带生态廊道构建技术——海堤生态化建设等措施，以及鸟类栖息地的打造、相关配套设施的设置，提升连云新城滨海区域的生态性与景观性(图 7-32)。

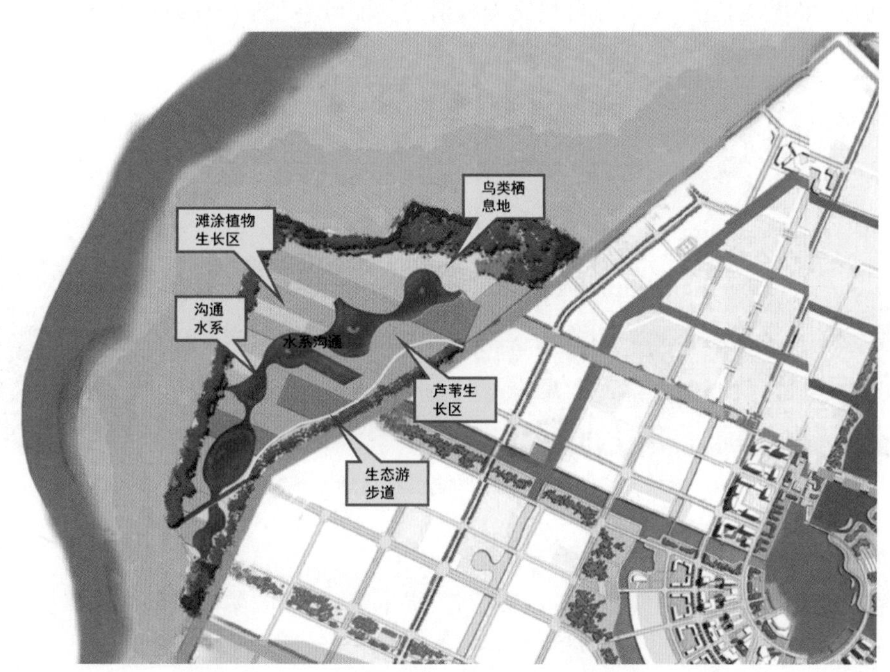

图 7-32 连云新城滨海湿地修复项目总体布局方案

1) 海岸带生态湿地水动力修复技术——退养还湿和水系连通

整治 215 hm^2 鱼塘形成生态湿地环境，完成湿地最外侧原养殖围堰的绿化改造，形成滨海林带。清除外来大米草入侵区域，疏浚原有排水渠 730 m，河底标高－1.00 m。利用清除大米草和疏浚水系的淤泥，就近将部分鱼塘改造成为滩涂植物培育区，剩余没有回填疏浚淤泥的鱼塘，打通水系，作为水生植物培育区。整体以因地制宜，不对现状做大的改造为原则。

2) 海岸带生态湿地植被修复技术——湿地生态绿化

生态湿地按总体布局可分为陆地绿化种植区和滩涂植被保育区，引种当地易于成活的湿地树种、草种。在原有鱼塘围堰、养殖进场道路、渔民聚居点等较高区域进行陆地绿化种植。由陆向海依次布置，在场地北侧以生态林为主，南侧依次为水生林区，以柽柳和柳树为主；水生林区和湖南岸之间为水生植物生长培育区；在临海一侧的区域为滩涂植物生长培育区。

3）海岸带生态廊道构建技术——海堤生态化建设

考虑在现状海堤堤身、堤后进行生态化建设，形成堤身生态带和堤后防护带两大区块。前方强调"修复"，后侧突出"防护"。"修复"讲求自然，借助人工通过条件创造，再现虽由人作宛自天开的自然景致，体现人与自然的和谐。"防护"是利用植物配植以达到保持水土、防风固沙、涵养水源、调节气候、减少污染的目的。

4）鸟类栖息地

水面以外的滩涂区布置鸟类栖息地。通过对地形塑造、植被恢复、鱼类及底栖生物恢复等工程，建造多个与河岸相连的小型半岛、草甸、沼泽等，吸引鸻形目、雁形目、鹈形目鸟类前来栖息、迁徙、繁育，创造一个人与自然完美和谐的美丽画卷（图 7－33）。

图 7－33 鸟类栖息地

5）配套设施

设置必要的配套设施：生态游步道、警示牌、提示牌、垃圾收集等湿地相关保护设施。

连云新城滨海湿地修复项目效果如图 7－34 所示。

7.4.4 监测与管养

海洋生态修复作为一种行之有效的生态恢复和重建的手段，通过污染管控、湿地恢复等修复措施，在一定程度上促进了海湾生态的修复。但由于目前海洋生态修复技术尚不完善，人们关注的重点局限于海洋生态恢复的方案设计及施工，同时过分强调植被恢复和湿地绿化面积的增加，忽略了对湿地生态系统结构和功能的恢复，对生态恢复措施实施后的成效评估工作也少有涉及，很难评估生态修复效果的好坏与否，也难以为其他湿地的生态修复提供实践的成败经验。由于湿地生态系统构建的技术手段储备不足，生态恢复工程实施后恢复效果不佳甚至完全失败。因此，需要加强后期的监测与管养，以确保生态系统达到自然稳定状态。

图7-34 连云新城滨海湿地修复项目效果图

1) 绿植的后期监测与管养

为确保后期绿植的成活率，应加强对植物进行浇水、施肥、治虫灭病、除草、防火等日常维护工作。

(1) 浇水。对多种植被、植物、树木要适时适量浇水，保证水分满足多种植被的生长需要，无因干旱而植物枯萎旱死的情况。同时适度浇水，还可淡化土壤盐化，逐步减少土壤碱化现象。

(2) 施肥。对生长不旺的植被、植物、树木要适时适量施肥增状。肥料的选择要综合考虑盐碱地的土壤成分。施肥时，要将植物周围土壤翻开，将肥料均匀撒下，然后用土回填覆盖。施肥完毕要及时给足水分，以利肥力发挥。对于肥料用完后的各类包装物，不得随地丢弃，要在施肥结束后，整理后扔进附近垃圾桶内。

(3) 灭虫。经常观察植被、植物的生长情况，掌握多种病、虫害的发生规律，在病、虫害易发和高发期前，普通施药预防，每月 2 次，一旦发病，要立即施药杀灭，勿使其蔓延泛滥。喷洒农药时，要做好个人的防护工作，以防农药中毒。

(4) 防火。海边风大且植物多选择落叶树种，故冬季及初春的防火压力巨大。为此，针对生态防护林要有火险预警监测系统、防火信息管理与指挥系统，不断加强生态林防火队伍能力建设，提升消防专业水平，降低火险发生概率。

2) 鸟类栖息地的后期监测与管养

(1) 水位和植被管理。依据鸻鹬类的生态习性，白腰杓鹬、环颈鸻、灰鸻等目标物种适宜栖息、觅食在 10 cm 以下的浅水、湿润生境；半蹼鹬、小青脚鹬、阔嘴鹬、黑尾塍鹬、斑尾塍鹬等目标物种适宜栖息觅食在 15 cm 左右的浅水、湿润生境。在临洪湿地，鸻鹬类每年 3—5 月、7—11 月为迁徙期，6—8 月、12 月至次年 2 月为繁殖期，因此后期管理中将根据不同月份迁徙鸟种的不同，做针对性的水位调控和植被管理。冬季在预留越冬鸟类反嘴鹬的栖息空间后，周边浅滩按一定的时间顺序依次排干，确保食物供给，再依次补水，适当提高水位，让水淹没浅滩，防止来年杂草入侵。

(2) 开展滨海湿地监测和评估。每月定期对水鸟种群和数量及水质、生境演替等方面进行监测，用以评估湿地恢复成效和强化保护措施。

(3) 开展宣传和公众教育。结合临洪湿地公园定位，在栈桥处增加鸟类保护科普相关内容，如设置生态观鸟点、科普长廊等，不定期开展中小学生科普活动。

7.4.5 效果分析

1) 生态效果分析

该项目建成后，其主要功能是提升城市环境和城市海岸线品位，符合建设现代化海滨新城的要求。

对已经建成的连云新城海堤实施生态化改造，充分发挥湿地、防护林等生态系统防潮御浪、固堤护岸等减灾功能，有利于构建蓝色生态屏障和防灾减灾体系。

该项目对连云新城临洪河口进行综合整治修复，通过滨海湿地修复、临洪河口海堤生态化建设等工程，改善海水水质，对增加生物多样性、调节当地气候、涵养水源及营造鸟类栖息地具有重要意义。通过地形塑造和湿地构建，将该湿地区打造为鹭科鸟类的觅食地和鸻鹬类鸟类高潮栖息地，有利于对该地区鸟类的保护。

在工程区加强海洋生态环境监测，实现对周边海洋水文、气象、水质、岸滩变化、湿地及生物资源等进行持续监测和综合评价。从长远看，受损岸线、海湾得到修复，有利于维持临洪河口生态、资源及环境的动态平衡，形成生态价值更为突出的湿地旅游资源，构建起自我调节能力较强的生态系统，逐步实现“水清、岸绿、滩净、湾美、物丰”的海洋生态文明建设目标。

2) 社会效果分析

通过该项目的建设，突出连云新城生态、景观、文化、休闲的功能，向市民展现优美的自然滨海湿地景观。同时，可以很好地借助湿地景观宣传环境保护的重要性，提高居民的环保意识，打造生态教育基地，丰富居民的生活内容，提高公众对政府公共服务的满意度，形成良好的社会氛围和社会秩序。

连云新城滨海湿地修复项目部分修复前后现场对比如图 7－35～图 7－38 所示。

图 7－35　互花米草清理前后项目现场对比图

图 7 - 36 鱼塘修复前后项目现场对比图

图 7 - 37 游步道入口修复前后项目现场对比图

图 7 - 38 海堤生态化建设前后项目现场对比图

参考文献

[1] ALVAREZ T L. South Florida greenways: a conceptual framework for the ecological reconnectivity of the region [J]. Landscape and Urban Planning, 1995,33:247-266.

[2] AULTMAN-HALL L, ROORDA M, BAETZ B. Using GIS for evaluation of neighborhoods pedestrian accessibility [J]. Urban Planning and Development, 1997, 123(1):7-10.

[3] BIRD E. Coastal geomorphology [M]. New York: John Wiley & Sons, 2000.

[4] BOOPATHY R, SHIELDS S, NUNNA S. Biodegradation of crude oil from the BP oil spill in the marsh sediments of southeast Louisiana, USA [J]. Applied Biochemistry and Biotechnology, 2012,167(6):1560-1568.

[5] COSTANZA R, D'ARGE R, DE GROOT R, et al. The value of the world's ecosystem services and natural capital [J]. Nature, 1997,387(6630):253-260.

[6] CROWE A, ELIZABETH M. Quebec 2000: millennium wetland event program with abstracts [R]. Quebec, 2000.

[7] DAVIS C A, SMITH L M. Ecology and management of migrant shorebirds in the Playa Lakes Region of Texas [J]. Wildlife Monographs, 1998:3-45.

[8] EERTMAN R H M, KORNMAN B A, STIKVOORT E, et al. Restoration of the Sieperda tidal marsh in the Scheldt estuary, the Netherlands [J]. Restoration Ecology, 2002,10(3):438-449.

[9] EISMA D. Intertidal deposits: river mouths, tidal flats, and coastal lagoons [M]. New York: CRC Press, 1998.

[10] FITZSIMONS J, BRANIGAN S, BRUMBAUGH R D,等.贝类礁体修复指南[M].程珺,刘青,王月,译.美国:大自然保护协会,2019.

[11] FLOOD P J, DURAN A, BARTON M, et al. Invasion impacts on functions and services of aquatic ecosystems [J]. Hydrobiologia, 2020,847:1571-1586.

[12] 国家环境保护总局.海水水质标准:GB 3097—1997[S].北京:环境科学出版社,2004.

[13] KUANG C, PAN Y, ZHANG Y, et al. Performance evaluation of a beach nourishment project at West Beach in Beidaihe, China [J]. Journal of Coastal Research, 2011,27(4):769 - 783.

[14] NELLEMANN C, CORCORAN E, DUARTE C M, et al. Blue Carbon: the role of healthy oceans in binding carbon [R]. United Nations Environment Programme, GRID-Arendal, 2009:1 - 80.

[15] Organization for Economic Cooperation and Development (OECD). OECD environmental indicators: development, measurement and use [EB/OL]. [2004 - 05 - 20].

[16] ROCHMAN C M, BROWNE M A, HALPERN B S, et al. Classify plastic waste as hazardous [J]. Nature, 2013,494:169 - 171.

[17] SUNIRMAI B. Design charts for double-walled cofferdam [J]. Journal of Geotechnical Engineering, 1993,119(2):214 - 222.

[18] WILSON W H. Relationship between prey abundance and foraging site selection by semipalmated sandpipers on a Bay of Fundy mudflat [J]. Journal of Field Ornithology, 1990:9 - 19.

[19] WINKEL A, COLMER T D, PEDERSEN O. Leaf gas films of spartina anglica enhance rhizome and root oxygen during tidal submergence [J]. Plant Cell and Environment, 2011,34(12):2083 - 2092.

[20] XIAO S. Risk identification and evaluation of science and technology collaborative innovation in Jiangxi Province [J]. Scientific Journal of Economics and Management Research, 2021,3(2):54003 - 55011.

[21] 北戴河海岸侵蚀灾害治理工程[N]. 秦皇岛日报,2012 - 06 - 08(11).

[22] 曹飞凤,代可,陶琦茹,等. 杭州湾区近岸海域污染状况分析及治理对策研究[J]. 环境科学与技术,2020,43(10):60 - 69.

[23] 曹文平,刘喜坤,赵天晴,等. 基于压力-状态-响应(PSR)模型的潘安湖湿地水环境健康评价[J]. 环境工程,2021,39(5):231 - 237,245.

[24] 曾晓琳. 生态廊道的设计理念及其功能实现[J]. 现代园艺,2021,44(13):102 - 104.

[25] 陈琳. 海岸带生态景观规划整治研究:以石狮市海岸带生态景观规划设计为例[D]. 北京:北京林业大学,2017.

[26] 陈宪云,陆海生,陈波. 广西海岸带海洋环境污染现状及防治对策[J]. 广西科学,2014,21(5):555 - 560.

[27] 陈烨同. 生物强化技术用于海岸带修复的研究[D]. 北京:中国石油大学(北京),2017.

[28] 邓亚倩. 城市滨水绿道慢行系统规划设计方法研究[D]. 北京:北京林业大学,2020.

[29] 董丽红. 海滩养护剖面设计的数值与实验模拟应用研究[D]. 大连:大连理工大学,2012.

[30] 方雪娟,任海波,毋瑾超,等.海岸带景观生态格局研究进展及启示[J].科技创新与生产力,2019(11):33-37.

[31] 高伟,陆健健.长江口潮滩湿地鸟类适栖地营造实验及短期效应[J].生态学报,2008,28(5):2080-2089.

[32] 戈萍燕,杨棠武,张鹏,等.基于鸟类栖息需求的盐城海岸湿地生态修复工程:以陈家港水库生态修复工程为例[J].湿地科学与管理,2021,17(4):33-36.

[33] 广东省林业局.红树林造林技术规程:DB44/T 284—2005 [S]. 2011.

[34] 顾宽海,李海玲,王家宁,等.无围堰吹填技术在连云港某岸线修复工程的应用[J].水运工程,2023(8):190-196.

[35] 国家海洋局.2014 年中国海洋环境状况公报[EB/OL].(2015-03-11)[2023-08-20]. http://gc.mnr.gov.cn/201806/t20180619_1797643.html.

[36] 顾宽海,肖望,刘艳双,等.一种生态化海堤结构:CN214460100U[P].2021-10-22.

[37] 顾宽海,谢立全,肖望,等.一种无围堰的吹填土地基以及快速成陆吹填方法:CN114737525A [P]. 2022-07-12.

[38] 顾宽海,张勇,谢立全,等.一种海岸吹填地基及其排盐方法:CN114351653A [P]. 2022-04-15.

[39] 国家海洋局.中国海洋发展报告[R].北京:海洋出版社,2011.

[40] 全国营造林标准化技术委员会.造林技术规程:GB/T 15776—2023 [S].北京:中国标准出版社,2023.

[41] 全国林木种子标准化技术委员会.主要造林树种苗木质量分级:GB 6000—1999 [S].北京:中国标准出版社,2004.

[42] 国家林业局植树造林司.沿海防护林体系工程建设技术规范:LY/T 1763—2008 [S].北京:中国标准出版社,2008.

[43] 国家林业局造林绿化管理司.红树林建设技术规程:LY/T 1938—2011 [S].北京:中国标准出版社,2011.

[44] 国家海洋标准计量中心.海洋调查规范 第 9 部分:海洋生态调查指南:GB/T 12763.9—2007 [S].北京:中国标准出版社,2008.

[45] 哈长伟.江苏淤泥质海岸侵蚀与沉积特征研究[D].上海:华东师范大学,2009.

[46] 中国海洋工程咨询协会.海岸带生态减灾修复技术导则 第 2 部分:红树林:T/CAOE 21.2—2020 [S]. 2020.

[47] 中国海洋工程咨询协会.海岸带生态减灾修复技术导则 第 3 部分:盐沼:T/CAOE 21.3—2020 [S]. 2020.

[48] 海洋生态环境司.营口市-团山(北海)岸段[EB/OL].(2021-09-08)[2022-12-01]. https://www.mee.gov.cn/home/ztbd/2021/mlhwyxalzjhd/algs/lns/202109/t20210906_900031.shtml.

[49] 河北省质量技术监督局.滨海盐土芦苇栽植技术规程:DB13/T 1848—2013 [S]. 2013.

[50] 黄世昌,姚文伟,刘旭,等. 淤泥质海床相邻的岬湾沙滩剖面特征研究[J]. 海岸工程,2016,35(4):1-9.

[51] 中华人民共和国住房和城乡建设部. 混凝土结构工程施工质量验收规范:GB 50204—2015 [S]. 北京:中国建筑工业出版社,2015.

[52] 纪晶. 翅碱蓬(*Suaeda heteroptera*)种群修复技术与模式研究[D]. 青岛:中国海洋大学,2014.

[53] 季小强,陆培东,喻国华. 离岸堤在海岸防护中的应用探讨[J]. 水利水运工程学报,2011(1):35-43.

[54] 冀媛媛. 天津滨海新区海岸带盐碱地生态化发展研究[D]. 天津:天津大学,2009.

[55] 江文斌. 滨海盐沼湿地生态修复技术及应用研究[D]. 大连:大连理工大学,2020.

[56] 中华人民共和国交通运输部水运局. 防波堤与护岸设计规范:JTS 154—2018 [S]. 北京:人民交通出版社,2018.

[57] 中华人民共和国交通运输部水运局. 海港总体设计规范:JTS 165—2013 [S]. 北京:人民交通出版社,2014.

[58] 匡翠萍,潘毅,张宇,等. 北戴河中直六、九浴场养滩工程效果分析与预测[J]. 同济大学学报(自然科学版),2010,38(4):509-514.

[59] 黎维祥,刘家驹. 沙质海岸突式建筑物下游离岸堤防护的试验研究[J]. 水利水运科学研究,1991(3):227-232.

[60] 李兵. 福建砂质海岸侵蚀原因和防护对策研究[D]. 青岛:中国海洋大学,2008.

[61] 李超然. 黄土丘陵区微地形生境热缓冲效应与群落功能多样性变化[D]. 咸阳:中国科学院教育部水土保持与生态环境研究中心,2017.

[62] 李来武,黄世昌,姚文伟,等. 象山县下沙和大岙沙滩修复工程设计研究与实施效果[J]. 浙江水利科技,2020,48(4):65-68.

[63] 李增尧,赵兴凯,朱清科. 陕北黄土区微地形土壤有效水饱和度[J]. 干旱地区农业研究,2017,35(4):88-94.

[64] 辽宁省海洋与渔业厅. 河口潮滩湿地碱蓬景观生态工程构建技术规程:DB21/T 2408—2015 [S]. 2015.

[65] 廖宝文,张乔民. 中国红树林的分布、面积和树种组成[J]. 湿地科学,2014,12(4):435-440.

[66] 林丰. 功能湿地理论下的闽南城市慢行系统设计研究[D]. 泉州:华侨大学,2017.

[67] 刘红玉,周奕,郭紫茹,等. 盐沼湿地大规模恢复的概念生态模型:以盐城为例[J]. 生态学杂志,2021,40(1):278-291.

[68] 刘彦. 人工鱼礁水动力特性数值与实验研究[D]. 大连:大连理工大学,2014.

[69] 陆琳莹,邵学新,杨慧,等. 浙江滨海湿地互花米草生长性状对土壤化学因子的响应[J]. 林业科学研究,2020,33(5):177-183.

[70] 骆梦,王青,邱冬冬,等. 黄河三角洲典型潮沟系统水文连通特征及其生态效应[J]. 北京

师范大学学报(自然科学版),2018,54(1):17-24.

[71] 吕剑,骆永明,章海波.中国海岸带污染问题与防治措施[J].中国科学院院刊,2016,31(10):1175-1181.

[72] 满晓.威海九龙湾海岸侵蚀与防护研究[D].青岛:中国海洋大学,2013.

[73] 农业部外来入侵生物预防与控制研究中心.中国外来入侵物种数据库[DB].[2016-05-03].

[74] 彭群洁.城市新区道路慢行交通系统规划研究[D].武汉:武汉理工大学,2013.

[75] 戚德辉,温仲明,王红霞,等.黄土丘陵区不同功能群植物碳氮磷生态化学计量特征及其对微地形的响应[J].生态学报,2016,36(20):6420-6430.

[76] 秦皇岛新闻891.河北秦皇岛:9大生态修复工程助力海岸环境改善[EB/OL].(2021-04-17)[2022-07-30]. https://mp.weixin.qq.com/s/UXE0jnWWGis43AI4n_jSMA.

[77] 汝海丽,张海东,焦峰,等.黄土丘陵区微地形对草地植物群落结构组成和功能特征的影响[J].应用生态学报,2016,27(1):25-32.

[78] 宋创业,黄翀,刘庆生,等.黄河三角洲典型植被潜在分布区模拟:以翅碱蓬群落为例[J].自然资源学报,2010,25(4):677-685.

[79] 宋厚燃,顾宽海,谢立全,等.淤泥质滨海湿地修复技术及综合利用:以滨州套尔河河口生态湿地为例[J].环境工程,2023,41(S2):973-977.

[80] 苏永全,吕迎春.盐分胁迫对植物的影响研究简述[J].甘肃农业科技,2007(3):23-27.

[81] 孙晓明,徐建国,施佩歆,等.环渤海地区海(咸)水入侵特征与防治对策[J].地质调查与研究,2006,29(3):203-211.

[82] 索安宁,关道明,孙永光,等.景观生态学在海岸带地区的研究进展[J].生态学报,2016,36(11):3167-3175.

[83] 覃辉煌,唐建新,邓健康.深圳近岸海域生态廊道构建关键技术研究[J].中国高新科技,2022(20):123-125.

[84] 汤臣栋.上海崇明东滩互花米草生态控制与鸟类栖息地优化工程[J].湿地科学与管理,2016,12(3):4-8.

[85] 唐承佳,陆健健.围垦堤内迁徙鸻鹬群落的生态学特性[J].动物学杂志,2002,37(2):27-33.

[86] 唐辉,李占斌,李鹏,等.模拟降雨下坡面微地形量化及其与产流产沙的关系[J].农业工程学报,2015,31(24):127-133.

[87] 唐慧燕,顾宽海,刘磊,等.海堤堤身的生态化改造形式及案例分析[J].环境工程,2023,41(S2):1173-1177.

[88] 田丽娜.潮间带原油污染对弹涂鱼抗氧化酶活性的影响及评价[D].舟山:浙江海洋大学,2021.

[89] 王丽娜.海洋近岸溢油污染微生物修复技术的应用基础研究[D].青岛:中国海洋大学,2013.

[90] 王强,张莉莉,马友华,等.微地形土壤养分空间变异特征及养分管理研究[J].安徽农业大学学报,2016,43(6):932-938.

[91] 王艳红.废黄河三角洲海岸侵蚀过程中的变异特征及整体防护研究[D].南京:南京师范大学,2006.

[92] 韦菁.滨海盐碱地土壤不同改良措施研究:以金山围填海项目为例[J].安徽农业科学,2021,49(4):69-72.

[93] 肖国强,王福,印萍,等.我国海岸带地质调查工作回顾与展望[J].华北地质,2022,45(1):92-100.

[94] 徐化凌,陈纪香,高翠琴,等.黄河三角洲泥质海岸柽柳冲浪林带建设技术[J].中国水土保持,2008(9):43-45.

[95] 徐啸,余小建,毛宁,等.人工沙滩研究[M].北京:海洋出版社,2012.

[96] 徐长坤.基于 FCE 的海岸生态化建设效果评价方法[D].大连:大连理工大学,2021.

[97] 央广网.详解十三五:实施“南红北柳”湿地修复工程[EB/OL].(2016-07-11)[2021-09-04]. https://china.cnr.cn/ygxw/20160711/t20160711_522642728.shtml.

[98] 衣伟虹.我国典型地区海岸侵蚀过程及控制因素研究[D].青岛:中国海洋大学,2011.

[99] 易雨君,谢泓毅,宋劼,等.黄河口盐沼湿地植被群落适宜生境模拟Ⅰ:理论[J].水利学报,2021,52(3):255-264.

[100] 詹旭奇.海岸带生态廊道设计理论研究[D].大连:大连理工大学,2019.

[101] 张波,吴强,金显仕.1959—2011 年莱州湾渔业资源群落食物网结构的变化[J].中国水产科学,2015,22(2):278-287.

[102] 张宏芝,朱清科,赵磊磊,等.陕北黄土坡面微地形土壤化学性质[J].中国水土保持科学,2011,9(5):20-25.

[103] 张慧荟.黄土人工掏挖坡耕地地表微地形侵蚀分形特征研究[D].咸阳:西北农林科技大学,2017.

[104] 张妙,徐力波,严婧,等.滨海生态廊道构建指标体系研究:以杭州湾北岸上海段为例[J].海洋开发与管理,2022,39(9):11-16.

[105] 张文婷.北京滨水绿道慢行空间规划设计研究[D].北京:北京林业大学,2013.

[106] 张仲胜,于小娟,宋晓林.水文连通对湿地生态系统关键过程及功能影响研究进展[J].湿地科学,2019,17(1):1.

[107] 赵刚.海湾综合治理及生态修复关键施工技术[J].国防交通工程与技术,2021,19(3):86-88.

[108] 赵荟,朱清科,秦伟,等.黄土高原干旱阳坡微地形土壤水分特征研究[J].水土保持通报,2010,30(3):64-68.

[109] 赵可夫,冯立田,张圣强,等.黄河三角洲不同生态型芦苇对盐度适应生理的研究Ⅱ:不同生态型芦苇的光合气体交换特点[J].生态学报,2000,20(5):795-799.

[110] 赵龙山,梁心蓝,张青峰,等.裸地雨滴溅蚀对坡面微地形的影响与变化特征[J].农业

工程学报,2012,28(19):71-77.

[111] 赵平,袁晓,唐思贤,等.崇明东滩冬季水鸟的种类和生境偏好[J].动物学研究,2003,24(5):387-391.

[112] 赵效鹏.城市街道的步行适宜性研究[D].南京:东南大学,2012.

[113] 中国海洋工程咨询协会.海岸带生态减灾修复技术导则 第6部分:牡蛎礁:T/CAOE 21.6—2020 [S]. 2020.

[114] 中国海洋工程咨询协会团体标准化技术委员会.围填海工程海堤生态化建设标准:T/CAOE 15—2020 [S]. 北京:中国标准出版社,2020.

[115] 中华人民共和国水利部.堤防工程施工规范:SL 260—2014 [S].北京:中国水利水电出版社,2014.

[116] 中华人民共和国水利部国际合作与科技司.海堤工程设计规范:GB/T 51015—2014 [S].北京:中国计划出版社,2015.

[117] 中华人民共和国水利部.堤防工程设计规范:GB 50286—2013 [S].北京:中国计划出版社,2013.

[118] 中华人民共和国自然资源部.海滩养护与修复技术指南:HY/T 255—2018 [S].北京:中国标准出版社,2019.

[119] 仲启钺,王江涛,周剑虹,等.水位调控对崇明东滩围垦区滩涂湿地芦苇和白茅光合、形态及生长的影响[J].应用生态学报,2014,25(2):408-418.

[120] 周曾,陈雷,林伟波,等.盐沼潮滩生物动力地貌演变研究进展[J].水科学进展,2021,32(3):470-484.

[121] 朱强,俞孔坚,李迪华.景观规划中的生态廊道宽度[J].生态学报,2005,25(9):2406-2412.

[122] 自然资源部国土空间生态修复司.渤海生态修复典型案例:河北省秦皇岛岸线整治修复项目[EB/OL].(2022-07-04)[2022-07-30].

[123] 邹志利.海岸动力学[M].4版.北京:人民交通出版社,2009.

[124] 上海水务海洋.秋尽冬生 崇明横沙海塘的"大片"留有秋日暖意[EB/OL].(2022-11-08)[2024-01-21]. https://j.eastday.com/p/1667908638049097.

[125] 中交一航局.冲刺!一航局多个项目开启年末"加速度"[EB/OL].(2023-12-20)[2024-01-22]. https://www.sohu.com/a/745720368_121123749.

[126] 冯光海.黄河口柽柳[EB/OL].(2017-04-27)[2024-01-21]. http://bhq.papc.cn/sf_3463528933b343dcb9f8c77d1a7dab72_275_8fcb4d0e495.html.

[127] 盘锦身边事.孙众志:红海滩"红色承诺"邀医护人员免费游 2020文旅品质再提升[EB/OL].(2020-02-18)[2024-01-21]. https://www.163.com/dy/article/F5M81634053792H0.html.